AF090332

Kohlhammer

David Marten

Feuerwehr in Polizeilagen

Einsatz bei Gewaltereignissen

1. Auflage

Verlag W. Kohlhammer

Dieses Werk einschließlich aller seiner Teile ist urheberrechtlich geschützt. Jede Verwendung außerhalb der engen Grenzen des Urheberrechts ist ohne Zustimmung des Verlags unzulässig und strafbar. Das gilt insbesondere für Vervielfältigungen, Übersetzungen, Mikroverfilmungen und für die Einspeicherung und Verarbeitung in elektronischen Systemen.
Die Wiedergabe von Warenbezeichnungen, Handelsnamen und sonstigen Kennzeichen in diesem Buch berechtigt nicht zu der Annahme, dass diese von jedermann frei benutzt werden dürfen. Vielmehr kann es sich auch dann um eingetragene Warenzeichen oder sonstige geschützte Kennzeichen handeln, wenn sie nicht eigens als solche gekennzeichnet sind.
Die Abbildungen stammen – soweit nicht anders angegeben – vom Autor.

1. Auflage 2019

Alle Rechte vorbehalten
© W. Kohlhammer GmbH, Stuttgart
Umschlagbild: Gerhard Berger
Gesamtherstellung: W. Kohlhammer GmbH, Stuttgart

Print:
ISBN 978-3-17-034928-5

E-Book-Formate:
pdf: ISBN 978-3-17-034930-8
epub: ISBN 978-3-17-034931-5
mobi: ISBN 978-3-17-034932-2

Für den Inhalt abgedruckter oder verlinkter Websites ist ausschließlich der jeweilige Betreiber verantwortlich. Die W. Kohlhammer GmbH hat keinen Einfluss auf die verknüpften Seiten und übernimmt hierfür keinerlei Haftung.

Inhaltsverzeichnis

Vorwort **9**

1 Einleitung **11**

2 Sicherheitsbehörden **13**
    2.1 Landespolizei 14
    2.1.1 Einheiten und Zuständigkeiten 18
    2.1.2 Aufgaben und Ablauforganisation 23
    2.2 Bundespolizei 35
    2.2.1 Einheiten und Zuständigkeiten 35
    2.3 Kooperierende Behörden und weitere Akteure 36

3 Täter **40**
    3.1 Wirkmittel 42
    3.1.1 Schusswaffen 42
    3.1.2 Stichwaffen 42
    3.1.3 Sprengstoffe 43
    3.1.4 ABC-Gefahr- und Kampfstoffe 44

4 Polizeilagen **48**
    4.1 Gewalttaten 48
    4.1.1 Türöffnung 50
    4.1.2 Messerattacken 50
    4.2 Attacken mit Reizstoffen 53
    4.3 Pulverfunde 54
    4.4 Sprengstoffexplosionen 55
    4.4.1 Sprengung von Geldautomaten 55
    4.4.2 Bombendrohung 56
    4.5 Suizidandrohung 58
    4.5.1 Person droht zu springen 60
    4.6 Beispielszenarien für die Zusammenarbeit von Feuerwehr und
          Polizei 62
    4.6.1 Szenario 1: »Person droht zu springen« 62
    4.6.2 Szenario 2: Unterstützung einer Ermittlung 63

Inhaltsverzeichnis

5 Große Polizeilagen **64**
    5.1 Unfriedliche Versammlungen und Ansammlungen: Tumult- und
         Krawallsituationen 64
    5.1.1 Beispiele für Unfriedliche Versammlungen 70
    5.1.2 Einsatzgrundsätze bei Versammlungen und Ansammlungen 77
    5.2 Terroranschläge 82
    5.2.1 Beispiele für Terroranschläge 85
    5.2.2 Tabellarischer Überblick 90
    5.3 Amoktaten 92
    5.3.1 Amoklauf 95
    5.3.2 Amokläufe an Schulen 103
    5.3.3 Amokfahrten 106
    5.3.4 Tabellarischer Überblick 109
    5.4 Geiselnahmen 110
    5.4.1 Beispiele für Geiselnahmen 110
    5.4.2 Tabellarischer Überblick 115

6 Zusammenarbeit mit der Polizei **117**
    6.1 Individuelle Zusammenarbeit 119
    6.2 Amtshilfe 121
    6.3 Zusammenarbeit an der Einsatzstelle 123
    6.3.1 Organisationsübergreifende Kommunikation 125
    6.3.2 Fachsprache der Polizei 126
    6.3.3 Verbindungsbeamte 132
    6.4 Zuständigkeiten bei Polizeilagen 134
    6.4.1 Anforderung der Polizei 134
    6.4.2 Unterscheidung zwischen Feuerwehr- oder Polizeilagen 135
    6.5 Einsatzvor- und -nachbereitung 137
    6.5.1 Einsätze planen 139
    6.5.2 Beispiele für eine Zusammenarbeit von Feuerwehr und Polizei .. 145
    6.6 Aus- und Fortbildung 147
    6.6.1 Übungsformen 148

7 Führung in Großen Polizeilagen **151**
    7.1 Führungsvorgang 152
    7.1.1 Lagefeststellung 154
    7.1.2 Beurteilung 158
    7.1.3 Taktische Möglichkeiten zur Abwehr einer Gefahr 168

Inhaltsverzeichnis

7.1.4 Taktische Grundsätze	176
7.1.5 Befehlsgabe	177
7.1.6 Szenario 3: Randalierer	183

8 Verletztenversorgung ... **188**
- 8.1 Verletzte ... 188
- 8.2 Medizinische Versorgung ... 195
- 8.2.1 Szenario 4: Überörtliche Hilfe bei einer Polizeilage ... 200
- 8.3 Krankenhaus ... 201

9 Psychosoziale Aspekte ... **203**
- 9.1 Belastungen für Einsatzkräfte ... 205
- 9.2 Psychosoziale Notfallversorgung ... 209

10 Presse- und Öffentlichkeitsarbeit ... **218**
- 10.1 Soziale Medien ... 219
- 10.2 Warnung der Bevölkerung ... 223
- 10.3 Taktische Kommunikation: Handlungsempfehlungen für die Bevölkerung ... 225
- 10.3.1 Verhaltensanweisung bei Schusswaffengebrauch ... 226
- 10.3.2 Handlungsempfehlung des FBI und der Londoner Polizei ... 228

11 Fazit ... **230**

Danksagung ... **232**

Abkürzungsverzeichnis ... **234**

Literaturverzeichnis ... **237**

Stichwortverzeichnis ... **245**

Anhang: Mögliche Lösungen für die Szenarien ... **247**
- Szenario 1: »Person droht zu springen« ... 247
- Szenario 2: Unterstützung einer Ermittlung ... 248
- Szenario 3: Randalierer ... 248
- Szenario 4: Überörtliche Hilfe bei einer Polizeilage ... 250

Inhaltsverzeichnis

Zur besseren Lesbarkeit werden in diesem Buch personenbezogene Bezeichnungen, die sich zugleich auf Frauen und Männer beziehen, generell nur in der im Deutschen üblichen männlichen Form angeführt, also z. B. »Einsatzabschnittsleiter« statt »Einsatzabschnittsleiterin« oder »Einsatzabschnittsleiterinnen«

Diese Vereinfachung soll jedoch keinesfalls eine Geschlechterdiskriminierung oder eine Verletzung des Gleichheitsgrundsatzes zum Ausdruck bringen.

Vorwort

Feuerwehr und Polizei scheinen wie Brüder – gleich und doch ungleich.

Gleich ist das Bestreben, Menschen in Notsituationen zu helfen. Die Polizei kann mit ihrem Gewaltmonopol Gerechtigkeit schaffen und Leben und Eigentum schützen. Die Feuerwehr kann mit dem Einsatz von Technik und Medizin gefährdetes Leben erhalten und Schäden vermindern. Beide haben auch die gleiche Grenze in ihrem Handeln. Viele Einsätze können nur bedingt vorgeplant werden und immer wieder ist es notwendig, trotz unklarer Faktenlage schnelle Entscheidungen zu treffen und umzusetzen.

Ungleich ist jedoch ihre organisatorische Zuordnung – die Feuerwehr zu den Kommunen und die Polizei zu den Landesverwaltungen. Dementsprechend sind auch Ausbildung, Ausrüstung, Dienstrecht und Organisation sehr verschieden.

Die in den letzten Jahren erfolgte Veränderung der Bedrohungen macht eine enge und effektive Zusammenarbeit immer notwendiger. Für die Feuerwehr kann eine Brandbekämpfung durch eine unzureichende Absperrung sehr behindert werden und die Personensuche nach einem Hauseinsturz kann an einer unzureichenden Zeugenbefragung scheitern. Für die Polizei wiederum kann eine Geiselbefreiung scheitern, wenn Feuerwehr und Rettungsdienst nicht bestmöglich im Einsatzgeschehen mitwirken.

Dieses Buch ist eine Hilfe für alle Feuerwehrangehörigen, die Arbeitsweise der Polizei zu verstehen und die Zusammenarbeit bei verschiedenen Einsatzszenarien bestmöglich zu gestalten. Es macht aber auch deutlich, dass der gegenseitige Respekt und das gegenseitige Vertrauen, gestärkt durch persönliche Bekanntschaft, genauso bedeutsam sind.

Stephan Neuhoff
Direktor der Feuerwehr Köln i. R.

1 Einleitung

Es liegt in der Natur der Sache, dass durch die technische (und gesellschaftliche) Weiterentwicklung das Einsatzspektrum der Feuerwehr immer breiter wird und Risiken zunehmen (Schläfer, 1998). Aufgrund verschiedener Faktoren gewinnen Einsätze der Feuerwehr oder des Rettungsdienstes mit Beteiligung der Polizei, sogenannte Polizeilagen, an Bedeutung. In einigen Ländern Europas herrscht aufgrund einer zeitweise fast allgegenwärtigen Gefahr durch internationalen Terrorismus eine dauerhaft angespannte Sicherheitslage. Hinzu kommt, dass die Bevölkerung gegenüber Einsatzkräften der nichtpolizeilichen Gefahrenabwehr zumindest gefühlt immer öfter Ignoranz oder gar offen ablehnende Verhaltensweisen entgegenbringt, die von Respektlosigkeit bis zur körperlichen Gewalt reichen. In den Medien lesen wir allzu oft von Gewalt durch Hooligans, Clangewalt durch arabische Großfamilien, Auseinandersetzungen zwischen Rockergruppen oder gewalttätigen Demonstrationen. Außerdem entstehen neue Kriminalitätsphänomene, wie beispielsweise das Sprengen von Geldautomaten, vermutlich durch organisierte Banden durchgeführt, wovon die Feuerwehren zwangsläufig mitbetroffen sind.

Keine anderen Organisationen sehen sich täglich mehr mit gesellschaftlichen und politischen Problemen konfrontiert wie Polizei, Rettungsdienst und Feuerwehr. Keine anderen Behörden stehen gegenwärtig stärker im Fokus des öffentlichen Interesses. Ihre Einsatzkräfte stellen die demokratische Ordnung sicher, indem sie den Staat und seine Bürger schützen und versorgen (Döding, 1998).

Ziel dieses Buches ist es, zu einer effektiven Aufgabenerledigung von Feuerwehr und Rettungsdienst in Polizeilagen beizutragen. Von zentraler Bedeutung ist dabei die reibungslose Zusammenarbeit mit der Polizei. Viel zu lange wurde sie als selbstverständlich angesehen und erst nach besonderen Einsätzen in diese Zusammenarbeit investiert.

Polizeilagen, die durch Gewalttäter hervorgerufen werden, unterliegen im Vergleich zu den physikalischen Gesetzmäßigkeiten eines Wohnungsbrandes einer ganz individuellen Schadensentwicklung, die nicht vorhergesagt werden kann. Deshalb kann es auch hierfür keine Patentlösungen oder Standardeinsatzregeln geben. Vielmehr werden Grundlagen, Entscheidungskriterien und Erfahrungen aus konkreten Einsätzen dargestellt. Dadurch lassen sich Schwerpunkte identifizieren, die bei der Einsatzplanung und im Führungsvorgang Berücksichtigung finden können. Das Buch stellt Handreichungen und Überlegungen zur Erarbeitung eigener Konzepte zur Verfügung und unterstützt bei der Entwicklung eigener Lösungen.

1 Einleitung

Einsatz- und Führungskräfte der Feuerwehr, von der Einsatzkraft über den Fahrzeugführer bis zum Verbandsführer, sollen mit dem notwendigen Verständnis für und Wissen über Gefahren und die Möglichkeiten, sich vor ihnen zu schützen, mit Informationen über die Organisation und die Arbeit der Polizei, für den sicheren und erfolgreichen Einsatz in Polizeilagen ausgestattet werden.

Neben Wissen und Training ist für solche Einsätze auch Routine wichtig. Letztere ist jedoch aufgrund der Seltenheit von polizeilichen Großlagen kaum zu erlangen. Daher müssen wir Wissen aus den Erfahrungen anderer schöpfen (trial and error). Mit anderen Worten: Ein kluger Mann kann nicht alle Erfahrungen selbst machen, sondern er muss auch anderen eine Chance geben.[1]

Dieses Buch setzt sich mit einigen Einsätzen auseinander, stellt getroffene Entscheidungen dar und spiegelt die gewonnenen Erkenntnisse wieder. Außerdem werden taktische Muster erläutert, die bei solchen Lagen wiederkehren. Dieses Buch beinhaltet einige Hinweise, die auf die lokalen Gegebenheiten der Feuerwehr (mit oder ohne Trägerschaft des Rettungsdienstes) übertragen werden müssen.

Auch wenn nicht jede Kommune von einer Polizeilage betroffen sein wird, besteht die Möglichkeit, im Rahmen der überörtlichen Hilfe zu Großeinsätzen in fremden Kommunen oder Kreisen hinzugezogen zu werden. Auch hier ist das Verständnis für das Wesen von Polizeilagen hilfreich, um optimal in die Abläufe eingebunden zu werden.

---

[1] »Ein kluger Mann macht nicht alle Fehler selbst. Er gibt auch anderen eine Chance.« (Winston Churchill)

2 Sicherheitsbehörden

Im Bereich der Inneren Sicherheit sind eine Vielzahl von Akteuren vertreten. Dabei haben Bundes-, Landespolizei, Ordnungsamt, Stadtpolizei und private Sicherheitsdienste unterschiedliche Aufgaben, sind aber für den Bürger oft optisch kaum voneinander zu unterscheiden.

Innerhalb der Gefahrenabwehr ist die Polizei einer der größten Institutionen. Mit 274.441 (Vollzugs-)Beamten (Stand 2017) des Bundes und der Länder stellt sie zudem einen Großteil des öffentlichen Dienstes (Die Welt, 2017). Aufgrund von Überlastung durch fehlendes Personal bzw. viele Einsatzanlässe sowie der anstehenden Pensionierungswellen geburtenstarker Jahrgänge schaffen viele Länder zusätzliche Ausbildungsstellen. Wie auch bei Rettungsdienst und Feuerwehr ist es nicht einfach, geeignete Bewerber zu finden.

Bei der Ausbildung von Polizistinnen und Polizisten gehen die Bundesländer unterschiedliche Wege. Während es bei der Bundespolizei, in Baden-Württemberg und Bayern sowie sämtlichen ostdeutschen Bundesländern noch den mittleren Polizeivollzugsdienst gibt, sehen einige westliche Bundesländer nur noch die Laufbahnen des gehobenen und höheren Dienstes vor. Daraus ergibt sich für den gehobenen Dienst das Abitur als Zugangsvoraussetzung. Diese Akademisierung der Polizeilaufbahn wird mit erhöhten Anforderungen begründet.

Polizisten werden für drei zentrale Aufgaben eingesetzt: Entweder wird Gefahrenabwehr betrieben, Ordnungswidrigkeiten ermittelt oder es werden Straftaten verfolgt (Strafverfolgung). Unter Gefahrenabwehr werden Maßnahmen wie das Sperren einer Straße, die Verkehrsregelung oder die Gewährleistung eines Einsatzes von Feuerwehr und Rettungsdienst verstanden. Zur Strafverfolgung gehört die Ursachenermittlung nach einem Unfall, die Todesermittlung oder die Identitätsfeststellung (Kuschewski, 2013).

Weil die Polizei die Innere Sicherheit in der Bundesrepublik Deutschland aufrechterhält, darf sie im Rahmen des staatlichen Gewaltmonopols als einzige Institution physische Gewalt anwenden. In den 1970er Jahren wurde versucht, die Aufgabenwahrnehmung der Polizei bundesweit zu vereinheitlichen. Die Polizeigesetze der einzelnen Bundesländer unterscheiden sich jedoch nach wie vor voneinander (Groß, 2012). Aktuell gibt es neue Diskussionen über Anstrengungen für ein einheitliches Polizeigesetz aller Bundesländer (Deutschlandfunk, 2018). Größtenteils einheitlich ist das Erscheinungsbild der Polizei in blau. Dies liegt begründet in der europäischen Harmonisierung. Problematisch ist dabei, dass eine Verwechslungsgefahr mit der blauen Dienstkleidung der Feuerwehr besteht. Hierauf wurde mit dem roten Feuerwehrschriftzug auf der Brusttasche reagiert. Auch in anderen Bereichen wird die Ausstattung der Polizei ständig weiterentwickelt. So wird der Einsatz von Tasern[2] oder der Einsatz von Bodycams im Streifendienst getestet, teilweise auch schon gesetzlich legitimiert.

Im Vergleich mit Polizeien in anderen Staaten gilt die deutsche Polizei als »bürgernah«, d. h. sie agiert partnerschaftlich mit der Bevölkerung. Der Großteil der Bürger begegnet diesem Ansatz mit großer Akzeptanz, jedoch gibt es Randgruppen, die diesen Ansatz mit Respektlosigkeit quittieren.

2.1 Landespolizei

Ist umgangssprachlich von »der« Polizei die Rede, geht es meistens um die Landespolizei, die unter die Kompetenz der einzelnen Bundesländer fällt. Heute arbeiten rund 220.000 Polizistinnen und Polizisten für die Landespolizeien der 16 Bundesländer (Groß, 2012). 1973 waren es nur rund 150.000. Statistisch ist damit heute ein Polizist für 375 Einwohner zuständig (Groß, 2012).

In vielen Belangen gibt es Schnittstellen zwischen der Polizei und einzelnen Kommunen bzw. der Stadtverwaltung. Neben der Feuerwehr arbeitet die Polizei regelmäßig mit weiteren Ämtern wie dem Ordnungsamt, Jugendamt und Sozialamt zusammen. Dabei stellen für eine Kreispolizeibehörde die unterschiedlichen Ämterstrukturen der kreisangehörigen Kommunen eine Herausforderung dar. Dadurch, dass die polizeilichen und nichtpolizeilichen Behörden unterschiedlichen Verwaltungsträgern (Kommune bzw. Landesbehörde) zugeordnet sind, ist die gemeinsame übergeordnete Stelle das jeweilige Innenministerium.

Meldewesen

Die Landespolizei untersteht in allen Bundesländern dem jeweiligen Innenminister. Sein Innenministerium überwacht die Polizei und unterhält in jedem Land ein übergeordnetes Lagezentrum sowie im Bedarfsfall mehrere untergeordnete Lagezentren. Dort wird die sogenannte Sicherheitslage erhoben und kontrolliert. In Niedersachsen und Nordrhein-Westfalen beispielsweise teilen Polizeibehörden in sogenannten WE-Meldungen **wichtige Ereignisse** dem Lagezentrum mit. Die

---

2 Beim Taser handelt es sich um eine Elektroschockwaffe, die auf eine Person mit dem Ziel der Immobilisation verschossen wird. Die Waffe kann bis zu einer Distanz von 10,6 m genutzt werden (Wunderlich et al., 2018).

2.1 Landespolizei

Meldungen sind Quelle für polizeiliche Lagebilder und für die Unterrichtung politischer Entscheidungsträger. Sie dienen dazu, auf aktuelle Entwicklungen im Bereich der Inneren Sicherheit angemessen reagieren zu können. Gemeldet werden Ereignisse, die geeignet sind, die öffentliche Sicherheit erheblich zu gefährden oder zu stören oder in der Öffentlichkeit Beunruhigung zu erregen, beispielsweise Kapitalverbrechen, Notfallereignisse mit einer größeren Anzahl Verletzter oder auch Unwetter (Ministerium für Inneres und Sport, 2017).

Als Landesbehörde ist die Polizei eine viel größere Organisation als eine kommunale Feuerwehr. Daraus ergeben sich erhebliche Unterschiede im Aufbau und in der Vorgehensweise. Der Aufbau der Polizeibehörden ist in den Ländern unterschiedlich festgelegt. Die Aufgaben der Polizeibehörden sind in den jeweiligen Polizeigesetzen geregelt (o. A, 2001). In der Regel umfassen die Aufgaben der Polizei die Abwehr von Gefahren für die öffentliche Sicherheit und Ordnung, Kriminalitätsbekämpfung und -prävention, Amts- und Vollzugshilfe für andere Behörden sowie den Bereich Verkehrssicherheit. Dementsprechend unterscheidet man nach ihrer Funktion zwischen Schutz-, Kriminal-, Bereitschafts- und Verkehrspolizei.

Aufbau von Polizeibehörden
In einigen Bundesländern, wie Baden-Württemberg oder Nordrhein-Westfalen, ist die Polizei nach dem Einheitssystem organisiert (Groß, 2012). Das bedeutet, dass der Begriff Polizei hier die Polizeibehörden und den Polizeivollzugsdienst zusammen erfasst.

In Baden-Württemberg gliedern sich Polizeibehörden beispielsweise in vier Ebenen:

1. Oberste Landespolizeibehörde (Innenministerium). Das Innenministerium übernimmt die Aufsicht über nachgeordnete Landespolizeibehörden sowie über den Polizeivollzugsdienst.
2. Landespolizeibehörden sind die Regierungspräsidien. Sie übernehmen die Aufsicht über die Polizeibehörden.
3. Kreispolizeibehörden und
4. Ortspolizeibehörden.

Beim Trennungssystem wird zwischen Polizeivollzugsdienst und Polizeiverwaltungsbehörden (Ordnungsbehörden, o. ä.) unterschieden (Döding, 1998). Der Aufbau der Polizeibehörden in den Bundesländern ist sehr unterschiedlich. Er wird meist durch einen Erlass des Landes geregelt (Fischer, 2014 und Ministerium für Inneres und Kommunales, 2010).

2   Sicherheitsbehörden

In Nordrhein-Westfalen ist die Landespolizei zweistufig aufgebaut und gliedert sich in:
1. Bezirksregierungen (als Polizeibehörden) und
2. Kreispolizeibehörden (Fischer, 2014).

Eine Sonderstellung nimmt das Landeskriminalamt ein.

Die Feuerwehr hat meist mit den Kreispolizeibehörden Kontakt. Kreispolizeibehörden sind die Polizeipräsidien mit mindestens einer kreisfreien Stadt sowie die Landrätinnen sowie Landräte bei einem Landkreis.

Praxistipp:
Je nach Bundesland und Größe der Polizeibehörde kann sich der Aufbau stark von den hier abgebildeten Beispielen unterscheiden. Schauen Sie sich das Organigramm und den Geschäftsverteilungsplan Ihrer örtlichen Polizeibehörde an. Meist befinden sich die Dokumente im Downloadbereich der Landespolizei-Homepage. Diese stellen jedoch nur die Alltagsorganisation der Polizei dar. Fragen Sie bei gemeinsamen Einsätzen die Kollegen nach der Wache oder dem Revier. Es zahlt sich einsatzpraktisch aus, Kenntnis über die Organisation der örtlichen Polizei zu haben.

Aufbau einer Kreispolizeibehörde, am Beispiel des Rhein-Kreis-Neuss (Nordrhein-Westfalen)

Der Landrat vertritt die Behörde nach außen und verantwortet die Erledigung der Dienstgeschäfte im Landkreis. Dabei ist jedoch zu berücksichtigen, dass die Leitung der Polizeibehörde nur einen kleinen Teil des Aufgabenfeldes eines Landrats einnimmt. Dem ihm unterstellten Abteilungsleiter Polizei sind die Mitarbeiterinnen und Mitarbeiter der Kreispolizeibehörde im Rhein-Kreis Neuss unterstellt. Der Abteilungsleiter Polizei ist verantwortlich für die Beurteilung der Sicherheitslage im Kreisgebiet. Er legt in Abstimmung mit dem Landrat die Leitlinien und Schwerpunkte polizeilichen Handelns fest. Er koordiniert und kontrolliert die polizeiliche Aufgabenwahrnehmung in den verschiedenen Fachdirektionen (Gefahrenabwehr/Einsatz, Kriminalität, Verkehr und Zentrale Aufgaben).

Der Leitungsstab ist organisatorisch unmittelbar dem Abteilungsleiter Polizei unterstellt und unterstützt ihn bei allen zentralen Steuerungs- und Controllingaufgaben.

Der Direktion Gefahrenabwehr sind neben der Führungsstelle, der Führungs- und Lagedienst sowie die einzelnen Polizeiwachen zugeordnet. Zu dem Aufgabenbereich des Führungs- und Lagedienstes gehören neben der Entgegennahme von Notrufen und ihrer anschließenden Bearbeitung die Erhebung und Sammlung von polizeilich

2.1 Landespolizei

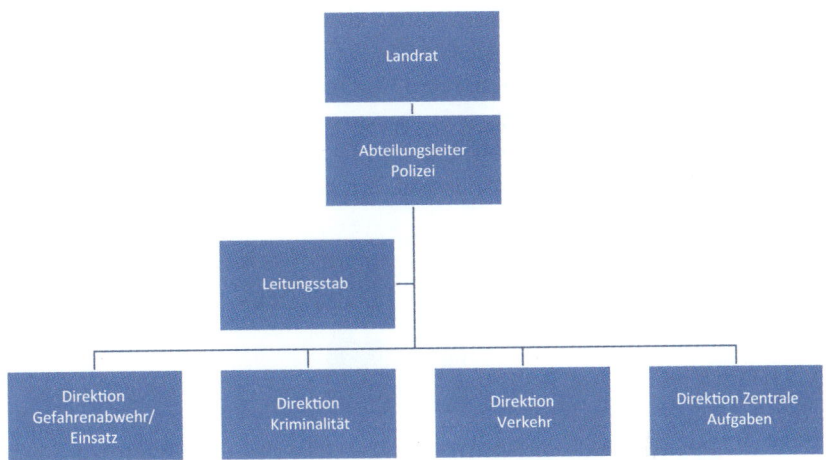

Bild 1: *Organisation der Kreispolizeibehörde Rhein-Kreis-Neuss*

bedeutsamen Informationen und ihre Verarbeitung in aktuellen Lagebildern. Dies geschieht heute vornehmlich automatisiert durch IT-gestützte Leitstellensysteme. Ausführlichere Berichte zu bestimmten Deliktfeldern, wie Organisierte Kriminalität oder Jugendkriminalität, werden auch durch die Landeskriminalämter erhoben und sind als Lagebilder teilweise im Internet verfügbar.

Die einzelnen Polizeiwachen sind für die jeweiligen Städte/Gemeinden örtlich zuständig. Sie führen Kriminalitäts- und Verkehrsunfallbekämpfung sowie den Wachdienst (klassischer Streifendienst) durch. Die Wachen werden durch Wachleiter geführt, die im Schichtdienst tätigen Dienstgruppen durch Dienstgruppenleiter.

Als Polizeisonderdienste werden im Rhein-Kreis Neuss der Einsatztrupp und die Diensthundeführerstaffel geführt, die im ganzen Kreis eingesetzt werden (Ministerium für Inneres und Kommunales, 2010).

Die Direktion Kriminalität gliedert sich in zwei Kriminalinspektionen, hierunter versteht man die sogenannte Kriminalpolizei. Sie ist u. a. für die Ermittlung von Verbrechen wie Tötungsdelikten oder Branddelikten zuständig. Die einzelnen Kriminalkommissariate sind auf bestimmte Delikte spezialisiert. Außerhalb der Regelarbeitszeit nimmt der sogenannte Kriminaldauerdienst (KDD) die Ermittlung wahr, so dass nach einer vermuteten Brandstiftung an der Einsatzstelle mit dem KDD zusammengearbeitet wird.

Die Direktion Verkehr besteht aus einer Führungsstelle, dem Verkehrsdienst und Verkehrskommissariaten. Schwerpunkt der Arbeit ist die Verhinderung von Verkehrsunfällen durch die Überwachung des Verkehrsverhaltens, die Auswertung von schweren Verkehrsunfällen und Spurensicherung z. B. bei Delikten wie Unfallflucht. In den Polizeipräsidien Bielefeld, Dortmund, Münster, Düsseldorf und Köln gehört auch die Autobahnpolizei zur Direktion Verkehr.

Die Direktion Zentrale Angelegenheiten beschäftigt sich mit Fragen der internen Organisation (Personal, Haushalt, Beschaffung, Technik usw.).

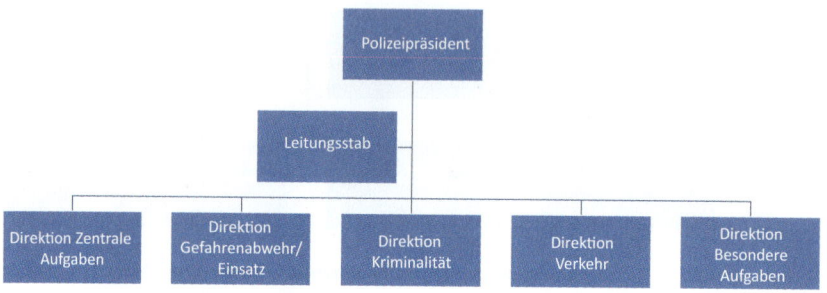

Bild 2: *Organisation des Polizeipräsidiums Köln*

Aufbau eines Polizeipräsidiums, am Beispiel der Polizei Köln (Nordrhein-Westfalen)
Der Aufbau ähnelt hinsichtlich der vier Direktionen dem Aufbau der Kreispolizeibehörde, wird jedoch durch eine zusätzliche Direktion für Besondere Aufgaben ergänzt. Sie unterhält drei Bereitschaftspolizeihundertschaften, eine technische Einsatzeinheit, jeweils ein Spezial- und ein Mobiles Einsatzkommando. Geführt werden diese Einheiten durch einen ständigen Stab, der für die Durchführung von besonderen Einsatzlagen zuständig ist. Die einzelnen Stabsfunktionen sind fest besetzt, so dass diese Stäbe sehr professionell und routiniert arbeiten.

Unterschiede gibt es jedoch in der Anzahl unterstellter Inspektionen. So unterstehen der Direktion Gefahrenabwehr insgesamt sieben Polizeiinspektionen. Teilweise verfügt eine dieser Inspektionen über mehr Kräfte als manche Kreispolizeibehörde.

2.1.1 Einheiten und Zuständigkeiten

Zur Bewältigung der Aufgabenvielfalt der Polizei gibt es Einheiten mit einem hohen Spezialisierungsgrad in Form besonderer Ausbildung oder Ausstattung. Dazu zählen

2.1 Landespolizei

Verhandlungsgruppen, Beratergruppen, Tatortgruppen sowie Kräfte für unkonventionelle Spreng- und Brandvorrichtungen (USBV), Hubschrauber, Hunde- oder Reiterstaffel.

Verhandlungsgruppen werden für kritische Einsatzlagen und Fälle schwerster Gewaltkriminalität vorgehalten, um durch taktische Gesprächsführung den Täter von seiner Tat abzuhalten. Solche Ausnahmesituationen können Suizidandrohungen, Geiselnahmen, Entführungen oder Erpressungen sein. Zudem beraten die Verhandlungsgruppen den Polizeiführer.

Technische Einsatzeinheiten (TEE) gehören meist der Bereitschaftspolizei an und unterstützen sie mit speziellen technischen Hilfsmitteln. Dazu gehören u. a. Spezialfahrzeuge, Kamera- oder Lichttechnik. Die TEE sind meist auf bestimmte Aufgaben spezialisiert. So werden sie beispielsweise eingesetzt, um Befehlsstellen aufzubauen, Kontrollstellen auszuleuchten, polizeiliche Absperrungen zu errichten oder Einsätze zu dokumentieren. Daneben gibt es Wasserwerfer- bzw. Sonderwagengruppen. Die Wasserschutzpolizei stellt eine besondere Sparte der Schutzpolizei dar. Sie ist für die Ermittlung von Gefahren für den Schiffsverkehr und deren Abwehr sowie die Überwachung des Schiffsverkehrs zuständig. Wasserschutzpolizei und Autobahn-

Bild 3: *Eine Reiterstaffel und ein Wasserwerfer bei einer Demonstration (www.bf-koeln-einsaetze.de)*

polizei sind relativ eigenständig organisiert. Das Landeskriminalamt unterhält ebenfalls spezielle Einheiten, wie z. B. das USBV-Team.

Spezialeinsatzkommando (SEK)
Das SEK besteht aus Spezialeinheiten der Polizei zur Bekämpfung schwerster Gewaltkriminalität (o. A, 2001). Mit Spezialeinsatzkommandos (SEK) und Mobilen Einsatzkommandos (MEK) verfügt die Kriminalpolizei über speziell trainierte Kräfte zur Durchführung polizeilicher Maßnahmen mit hohem Gefährdungsgrad, z. B. für den bewaffneten Einsatz gegen Gewalttäter. Das MEK wird beispielsweise zur Observation Verdächtiger oder bei mobilen Lagen eingesetzt.

Bild 4: *SEK-Beamte werden per Hubschrauber an die Einsatzstelle gebracht (www.bf-koeln-einsaetze.de)*

Der Führungsgrundsatz bei Spezialeinheiten lautet: Führung von vorne. Das bedeutet, dass der Kommandeur einen Zugriff begleitet. Das Überraschungsmoment ist eines der stärksten Werkzeuge erfolgreicher Spezialeinheiten (Wegener et al., 2016).

2.1 Landespolizei

Bild 5: *Einsatz einer Hundertschaft der Bereitschaftspolizei in der Düsseldorfer Innenstadt (Gerhard Berger)*

Bereitschaftspolizei der Länder
Die Bereitschaftspolizeieinheiten der Länder sind besonders auf den gemeinsamen Einsatz ausgerichtet, weshalb die Ausbildung stärker auf militärischen Prinzipien beruht. Von geschlossenen Einheiten spricht man bei taktisch gegliederten und unter einheitlicher Führung stehenden Kräften, wie sie eine Hundertschaft der Bereitschaftspolizei darstellt (o. A., 2001). Die Bereitschaftspolizei hat eine eigene Organisation: Eine Hundertschaft besteht aus drei taktischen Zügen.

Der Bund trägt die Sachkosten der Bereitschaftspolizei (z. B. Fahrzeuge oder Ausstattung), während die Länder die übrigen Kosten tragen. Die Länder leisten sich mit der Bereitschaftspolizei untereinander Beistand bei größeren Einsätzen (Groß, 2012).

Die Gliederung der Bereitschaftspolizei folgt militärischem Vorbild. Eine Abteilung gliedert sich in 3 Hundertschaften. Die (Einsatz-)Hundertschaft besteht aus etwa 80 bis 120 Kräften. Sie untergliedert sich in Züge und Gruppen. Eine Hundertschaft besteht aus mehreren Zügen. Jeder Zug besteht aus zwei Gruppen mit je 8 bis 12 Einsatzkräften. Nachfolgend wird die taktische Kennzeichnung der Führungskräfte von geschlossenen Einheiten von Bereitschafts- und Bundespolizei dargestellt.

Bild 6: *Taktische Kennzeichnung der Führungskräfte von geschlossenen Einheiten der Bereitschafts- und Bundespolizei*

Gruppenführung   Zugführung

Hundertschaftsführung   Führungsgehilfen der Hundertschaftsführung

Abteilungsführung   Führungsgehilfen der Abteilungsführung

Die Bereitschaftspolizei verfügt über spezialisierte Polizeikräfte, wie die Beweissicherungs- und Festnahmeeinheiten (BFE). Insbesondere in Tumult- und Krawallsituationen gehen diese Kräfte gegen Störer vor und führen beweissichernde Festnahmen durch.

Der Polizei stehen zudem spezielle Einheiten zur Verfügung.

Polizeiärztlicher Dienst

Polizeiliche Verbände, wie Einsatzhundertschaften oder die Bereitschaftspolizei, verfügen über eigenes rettungsdienstlich qualifiziertes Personal. Dabei handelt es sich um Rettungshelfer, -sanitäter, -assistenten (Tietz, 2010) oder Notfallsanitäter. Der polizeiärztliche Dienst kann auch eigene Rettungsmittel wie Rettungswagen oder Notarzt-Einsatzfahrzeuge (NEF) stellen, die bei vorgeplanten Einsätzen zur Versorgung von Polizisten eingesetzt werden.

Polizeieinsatzärzte sind gewohnt, auch in Gefahrensituationen zu arbeiten. Primär sind sie für die Versorgung von Polizeibeamten zuständig, jedoch werden sie auch tätig, um anderen Personen Hilfe zu leisten (Tietz, 2010). Polizeieinsatzärzte dürfen nicht mit sogenannten Polizeiärzten verwechselt werden, bei Letzteren handelt es sich um Betriebsärzte, dem Arbeitsmediziner ähnlich.

Die Spezialeinsatzkommandos verfügen über eigene Ärzte sowie über sogenannte Medics (mindestens ausgebildet zum Rettungssanitäter). Bei der Versorgung von Verletzten ergeben sich Schnittstellen zwischen polizeiärztlichem Dienst und zivilem Rettungsdienst.

2.1 Landespolizei

2.1.2 Aufgaben und Ablauforganisation

Aufgrund ihrer gesetzlichen Aufgaben zur Gefahrenabwehr einschließlich der Gefahrenvorsorge, der vorbeugenden Bekämpfung von Straftaten und Ordnungswidrigkeiten sowie der Verfolgung von Straftaten und Ordnungswidrigkeiten hat die Polizei u. a. taktische Ziele wie:

- Abwehr von Gefahren und Schäden,
- Verhinderung einer Schadensvergrößerung,
- Ermittlung von Ursachen,
- Beweissichere Verfolgung von Straftaten,
- Sicherstellung des ungehinderten Einsatzes von Fachdiensten.

Weil nicht alle Ziele gleichzeitig zu erreichen sind, ist unter Zeitdruck zu entscheiden, welches Ziel Vorrang hat und welche Maßnahmen deshalb zu treffen sind. Dabei sind der Einsatz technischer Führungs- und Einsatzmittel (FEM) sowie deren Einsatzmöglichkeiten und Grenzen zu beachten. Da die Polizei auch viele Grundrechte einschränken darf, wird besonderer Wert auf die Prüfung gelegt, ob die Maßnahmen auch rechtlich zulässig sind (Zeitner, 2015).

Die taktischen Ziele unterscheiden sich nicht nur teilweise von den Zielen von Feuerwehr und Rettungsdienst, sie führen insbesondere zu einer anderen Sichtweise. Um die Ziele zu erreichen, schlagen die für Einsatzanlässe vorbereiteten Einsatzakten verschiedene taktische Sofortmaßnahmen vor.

Info:
Was im polizeilichen Kontext als »Einsatzakte« benannt wird, ist im nichtpolizeilichen Bereich besser als »Einsatzplan« bekannt.

Diese Sofortmaßnahmen überschneiden sich teilweise mit den Maßnahmen von Feuerwehr und Rettungsdienst:

Tabelle 1: *Maßnahmen von Feuerwehr und Polizei im Vergleich*

Maßnahmen, die sich mit den Maßnahmen von Feuerwehr und Rettungsdienstes überschneiden	Spezifische Maßnahmen, die sich von den Aufgaben der Feuerwehr und des Rettungsdienstes unterscheiden
- Aufklärung des Schadensumfangs und der Gefahren,	- Strafverfolgung (z. B. Festnahme, Durchsuchung, Fahndung),

Tabelle 1: *Maßnahmen von Feuerwehr und Polizei im Vergleich – Fortsetzung*

Maßnahmen, die sich mit den Maßnahmen von Feuerwehr und Rettungsdienstes überschneiden	Spezifische Maßnahmen, die sich von den Aufgaben der Feuerwehr und des Rettungsdienstes unterscheiden
• Unterstützung bei der Menschenrettung, Erste-Hilfe leisten,	• Verkehrsmaßnahmen (Freimachen, Sperren, ab- und umleiten),
• Absperrung,	• Beweissicherung und Dokumentation,
• Räumung des Schadensortes,	• Aufklärung von Gefahrenursachen,
• Einsatzbegleitende Presse- und Öffentlichkeitsarbeit,	• Einsatzlehre.
• Warnung gefährdeter Personen.	

Für ihre Aufgaben werden Polizisten sehr breit, d. h. in vielfältigen Bereichen wie Rechtsgrundlagen, Psychologie, Kommunikation, Soziologie des Gruppenverhaltens, kulturspezifisches Verhalten, Politikwissenschaft, Verkehrslehre, Führungslehre über die Organisationen der Polizeiarbeit und die Führung in Organisationen an den Fachhochschulen für öffentliche Verwaltung in NRW ausgebildet (Zeitner, 2015). Innerhalb der Einsatzlehre werden die Beamten mit Hilfe von Leitfäden, Dienstvorschriften und Einsatzgrundsätzen auf Einsätze vorbereitet. Die Einsatzlehre wird systematisch durch Erfahrungswissen, z. B. durch die Auswertung von Einsätzen, ständig weiterentwickelt (Altenhofen, 2017).

Leitfäden sind als Verhaltensrichtlinien mit Empfehlungscharakter anzusehen, die nicht verbindlich sind (Gasser et al., 2004). Dienstvorschriften sind verbindliche Handreichungen für die Bewältigung von Fallgruppen, d. h. nicht für den einzelnen Einsatz. Zum Vergleich regelt z. B. die FwDV 500 ABC-Einsätze und schränkt das Ermessen des Einsatzleiters ein (Gasser et al., 2004). Die Polizei-Dienstvorschrift (PDV) 100 *VS-NfD* ist die wichtigste Dienstvorschrift, vergleichbar mit der Feuerwehr-Dienstvorschrift (FwDV) 100 hat sie Grundlagencharakter. Seit 1975 legt sie grundlegend Führung und Einsatz der Polizei fest und wird ständig aktualisiert. Die PDV 100 ist bundesweit einheitlich, damit Polizeikräfte aus verschiedenen Behörden oder aus verschiedenen Bundesländern im Einsatz auf der gleichen Grundlage taktisch zusammenarbeiten können (Zeitner, 2015).

Es gibt PDV, die als Landesteile zur PDV 100 *VS-NfD* oder als Einsatzkonzeptionen nur in einzelnen Ländern eingeführt sind. Im Landesteil M der Polizei NRW zur PDV 100 *VS-NfD* sind z. B. die Grundsätze der Zusammenarbeit zwischen Polizei, Rettungsdienst und Betreuungsdienst in besonderen Lagen geregelt. Für besondere

2.1 Landespolizei

Einsätze wie Geiselnahmen oder Staatsbesuche gibt es spezielle Dienstvorschriften (Zeitner, 2015), vergleichbar mit Standardeinsatzregeln bei den Feuerwehren.

Neben Vorschriften gibt es Einsatzgrundsätze, die – wie der Name schon sagt – Grundsätze festlegen und bei der Bewältigung von Einsätzen zu befolgen sind. Auch hier ist der Vergleich mit den Einsatzgrundsätzen des Atemschutzeinsatzes nach FwDV 7 angebracht. Die Einsatzgrundsätze der Polizei umfassen dabei auch sozialpsychologische Aspekte, z. B. wie eine Gruppe gewaltbereiter Menschen auf eine polizeiliche Maßnahme reagiert.

Ausbildung
Ähnlich wie an Feuerwehrschulen trainiert die Polizei in regionalen Trainingszentren. Neben Schießbahnen gibt es auch Trainingsräume, in denen Einsatzsituationen, wie Einsätze bei häuslicher Gewalt, Verkehrskontrollen oder die Reaktion bei einem Amoklauf, trainiert werden. Wie in der Atemschutzübungsstrecke werden die Teilnehmer hier über Kameras überwacht (o. A., 2001), so dass die Trainer anschließend die Situationen mit Teilnehmern nachbereiten können. Im Hinblick auf lebensbedrohliche Einsatzlagen gewinnen Aspekte wie Sicherung, Entwaffnung, Fesselung und Durchsuchung an Bedeutung (Altenhofen, 2017).

Allgemeine Aufbauorganisation (operativer Aufbau)
Bei der Aufgabenwahrnehmung wird konsequent unterschieden, ob die Polizei einen Einsatz im Rahmen ihrer Alltagsorganisation (Allgemeine Aufbauorganisation) oder in einer besonderen Aufbauorganisation (BAO) leistet (Tietz, 2010). Als Allgemeine Aufbauorganisation (AAO) wird die ständige Aufbauorganisation (Alltagshierarchie) gemäß Geschäftsverteilungsplan bezeichnet, in der die Polizei ihre Aufgaben bewältigt (Zeitner, 2010). Die jeweiligen Inspektionen (Wachen, Reviere) sind für Einsätze zuständig und bearbeiten diese. Dabei führt bei den sogenannten Einzeldienstlagen der Streifenführer vor Ort den Einsatz.

Sind mehrere Streifenwagenbesatzungen eingesetzt und der Einsatzanlass erfordert es, eine Führungsstruktur zu bilden, so können z. B. Einsatzabschnitte gebildet werden und der jeweilige Dienstgruppenleiter (DGL) übernimmt die Führung vor Ort. Wenn ein Revier- oder Wachleiter die Führung übernimmt, kann dies je nach Bundesland bereits eine besondere Aufbauorganisation darstellen.

Besondere Aufbauorganisation (BAO)
Eine sogenannte Besondere Aufbauorganisation kommt dann ins Spiel, wenn die Lage aufgrund des Kräftebedarfs oder der Notwendigkeit einer einheitlichen Führung, z. B. bei verschiedenen polizeilichen Zuständigkeiten, nicht mehr im Rahmen

der AAO bewältigt werden kann (Gasser et al., 2004). Dabei kann es sich um spontane Lagen handeln, aber auch um lang anhaltende Ermittlungen, wie z. B. nach einem Tötungsdelikt. Der Begriff BAO beschreibt dabei nur eine Organisationsform.

Besondere Aufbauorganisationen werden in Bezug auf Art, Umfang und Intensität der Maßnahmen sowohl für Sofortlagen als auch für Zeitlagen anlassbezogen vorbereitet.

Diese Einsätze beginnen meist mit Sofortmaßnahmen innerhalb der AAO und gehen dann anlassbezogen in die BAO über. Angepasst an die Erfordernisse des Einsatzes wird eine hierarchisch gegliederte Aufbauorganisation gebildet (Kuschewski, 2013). Dabei kann eine Führungsunterstützung in Form eines Führungsstabes oder einer Führungsgruppe gebildet werden. Die Alltagshierarchie wird dabei aufgehoben, so dass es zu neuen Unterstellungsverhältnissen kommt.

Phase 1

In der BAO-Phase 1 übernimmt zunächst meist der Dienstgruppenleiter der Leitstelle (Polizeiführer Phase 1) die Einsatzleitung, bis ein zwischenzeitlich alarmierter Führungsstab einsatzbereit ist.

Phase 2

In der Phase 2 übernimmt der Polizeiführer (Beamter des höheren Polizeivollzugsdienstes) die polizeiliche Einsatzleitung. Der Polizeiführer steht an der Spitze der

Bild 7: *Führungsstab des Polizeipräsidiums Mannheim (masterpress)*

2.1 Landespolizei

BAO und ist gesamtverantwortlich, ggf. muss er sein Handeln gegenüber dem zuständigen Innenministerium bzw. Parlament rechtfertigen.

Ihn unterstützt ein Führungsstab oder eine Führungsgruppe (Gasser et al., 2004), dem/der er selbst nicht angehört (Kuschewski, 2013). Der Stab soll die Umstände der Einsatzlage abbilden, Lösungsvorschläge und Einsatzmöglichkeiten ausarbeiten. Die Stabsbereiche unterscheiden sich dabei von den bekannten Stabsgebieten nach FwDV 100. Die Kommunikation verläuft sternförmig über den Stabsbereich Lagezentrum. Dadurch wird verhindert, dass die Einsatzabschnitte »Querkommunikation« betreiben und sich verselbstständigen.

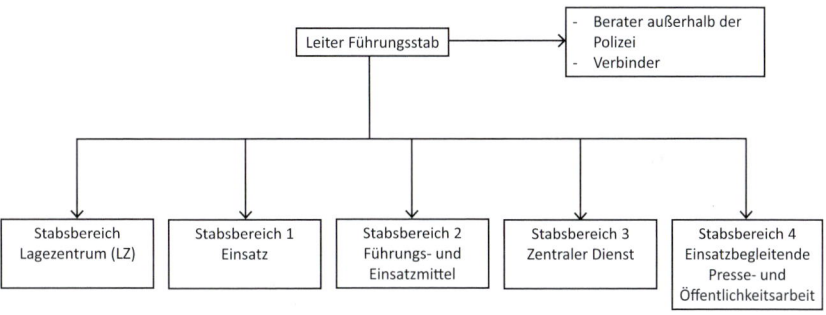

Bild 8: *Besetzung eines Führungsstabs (nach Tietz, 2012)*

Befehlsgabe

Es herrscht oftmals dahingehend ein Irrglaube, dass die Polizei immer zentral aus der Leitstelle und selten vor Ort führt. Aus Feuerwehrsicht sagt man, dass die Polizei von hinten führt. Dies ist jedoch nicht ganz richtig, da im Alltag nahezu immer und in einzelnen Ländern auch im Rahmen einer BAO Polizeieinsätze sehr wohl vor Ort geführt werden. Im Alltag ist die Leitstelle dabei jedoch jederzeit gegenüber den Einsatzkräften weisungsbefugt und löst z. B. Kräfte aus einem Einsatz heraus, um sie an anderer, dringender Stelle einzusetzen.

Bei größeren Einsätzen ist allein aufgrund der Aufgabenfülle aus polizeilicher Sicht eine reine Führung von vorne oftmals problematisch, da der Einsatzleiter 90 % seiner Konzentration auf einen Einsatzabschnitt lenken muss und so den Überblick verlieren könnte. So kommt es vor, dass kleine Einsätze wie Demonstrationen auch vom DGL aus der Wache heraus mit Kräften der AAO geführt werden.

Die angeblich stärkere Rolle von zentraler Führung ist mit der Überzeugung verbunden, dass die Sicherheitslage in einer Stadt/Region bzw. einem Bundesland miteinander zusammenhängt. Die Lagemeldung der Einsatzkräfte vor Ort ist dabei besonders wichtig, da die übergeordnete Führung immer abgesetzt vom Geschehen arbeitet. Während sich bei einem Feuerwehreinsatz die Leitstelle aus den Rückmeldungen im besten Fall ein Bild der Lage machen kann, muss bei der Polizei auf die Rückmeldungen ein Befehl folgen können. Deshalb sind hier die Rückmeldungen auch besser. Der Merksatz »Führung ist blind« bedeutet, dass die Entscheider auf die Rückmeldungen von vor Ort angewiesen sind, um sachgerechte Entscheidungen zu treffen. Dazu zählt z. B. auch, dass eine Lagemeldung umfänglich ist, damit sich die Führung ein Bild der Lage machen kann.

Vorwiegend wird durch Auftragstaktik geführt – einer Technik der Befehlsgabe. Dabei legt der Vorgesetzte lediglich das Ziel und die zur Verfügung stehenden Mittel fest (Freudenberg, 2013). Der Beauftragte kann nun unter Berücksichtigung der verfügbaren Mittel den besten Lösungsweg selbst identifizieren. Damit das Führen mit Auftrag funktioniert, sind einige Voraussetzungen zu erfüllen: So müssen die beauftragten Führungskräfte fähig sein, selbstständig zu handeln, und der Vorgesetzte muss seine Absicht deutlich machen, da nur so Beauftragte auch in diesem Sinne handeln können. Durch diese Taktik wird zugleich eine Informationsüberlastung des Polizeiführers verhindert.

Damit bei Großeinsätzen die Entscheidungen nachgeordneter Einsatzabschnitte im Sinne des Polizeiführers getroffen werden, gibt der Polizeiführer eine Einsatzphilosophie vor und kann sie beispielsweise in Form von Leitlinien konkretisieren, die eine Orientierung für die Führungskräfte vor Ort bieten. Der Einsatz bestimmter Mittel steht unter dem Entscheidungsvorbehalt des Polizeiführers, so dass für ihren Einsatz seine Zustimmung erforderlich ist.

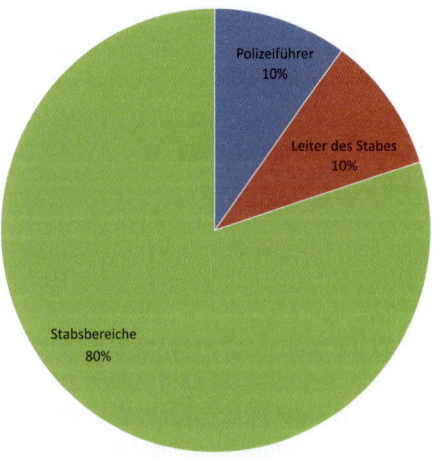

Bild 9: *Verteilung der Entscheidungen im Führungsstab*

2.1 Landespolizei

Der größte Vorteil der Auftragstaktik liegt darin, dass bei einer Lageveränderung die taktische Einheit, beispielsweise der Trupp- bzw. der Einheitsführer, selbständig entscheiden und den Auftrag durchführen kann (Wegener. 2016). Dieses Prinzip kommt auch im Führungsstab zum Tragen. So werden 80 % der Entscheidungen in den Stabsbereichen entschieden. Nur 10 % entscheidet der Leiter des Stabes und weitere 10 % werden durch den Polizeiführer entschieden (Kuschewski, 2013).

Führungsübernahme
Während die allgemeine Gefahrenabwehr kommunal organisiert ist, ist die Polizei Ländersache bzw. regional organisiert (AGBF-Bund, 2017). So verlagert sich beispielsweise in Rheinland-Pfalz und Nordrhein-Westfalen die Führung bei besonders schweren Delikten (Amok, Terror) auf größere, festgelegte Polizeipräsidien. In Rheinland-Pfalz sind dies fünf Polizeipräsidien (Kaiserslautern, Koblenz, Ludwigshafen, Mainz und Trier) (Schöttler, 2017). In NRW wechselt der Einsatz zu den als Kriminalhauptstellen (sogenannte § 4-Behörden nach Kriminalhauptstellen-Verordnung) festgelegten Präsidien in Bielefeld, Dortmund, Düsseldorf, Essen, Münster und Köln. Diese Präsidien unterhalten zudem Ständige Stäbe, die im Ereignisfall den Kern eines einzurichtenden Führungsstabes bilden. Dabei nehmen die Sachbearbeiter im Stab regelmäßig die gleichen Aufgaben wahr, so dass solche Stäbe entsprechend eingespielt arbeiten. Zudem unterstehen diesen Präsidien auch Spezialkräfte. Diese Einsätze werden schon ab der BAO-Phase 1 von der übergeordneten Dienststelle übernommen. Bei Vermisstenfällen wird der Einsatz zunächst von der Kreispolizeibehörde geführt, in deren Zuständigkeitsbereich die vermisste Person als wohnhaft gemeldet ist. Dies kann dazu führen, dass die Kriminalpolizei in einer fremden Gebietskörperschaft einen Einsatz durchführt, dabei jedoch kaum Kenntnisse der örtlichen nichtpolizeilichen Gefahrenabwehr hat.

> **Exkurs**
> In der Stadt Bonn kommt es zu einer Polizeilage, an der die Feuerwehr Bonn beteiligt ist. Nachdem eine BAO gebildet worden ist, wechselt die polizeiliche Zuständigkeit nach Einordnung der Lage im Sinne der Kriminalhauptstellen-Verordnung zum dann zuständigen Polizeipräsidium Köln.
> Wechselt im laufenden Einsatz die Zuständigkeit zu einem größeren und unter Umständen auch weiter entfernten Polizeipräsidium, stellt dies den Einsatzleiter der Feuerwehr vor Schwierigkeiten. Die Ansprechpartner des Polizeipräsidiums sind ihm meist persönlich nicht bekannt, zudem muss der Verbindungsbeamte der Feuerwehr in einem ihm unbekannten Führungsstab arbeiten und hat auch eine längere Anfahrt.

Sitzt der Führungsstab der Polizei in einer anderen Kommune, muss darüber nachgedacht werden, ob im Rahmen einer überörtlichen Führungsunterstützung ein Verbinder aus dieser Kommune entsandt werden soll. Im oben genannten Beispiel fordert die Feuerwehr Bonn dann einen Führungsdienst der Feuerwehr Köln als Verbindungsbeamten an und entsendet diesen in den Führungsstab der Polizei Köln.

Bildung von Einsatzabschnitten

Mit einer BAO werden stets Einsatzabschnitte (EA) gebildet. Hier werden die spezifischen Aufgaben durchgeführt. Die Polizei bildet anlassbezogen eine Führungsstruktur, die aufgrund der gleichen militärischen Grundlagen der Führungsstruktur der Feuerwehr ähnelt.

Gegen eine rein numerische Benennung der Einsatzabschnitte spricht eine hohe Verwechselungsgefahr. Deshalb werden Einsatzabschnitte örtlich (objekt- oder raumbezogen) und nach Aufgaben (verrichtungsorientiert) gebildet und benannt (Gasser et al., 2004).

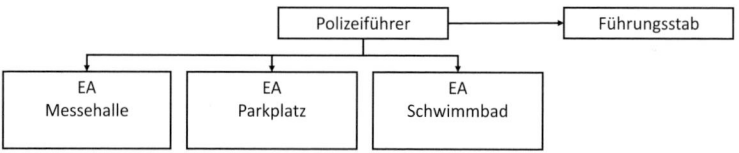

Bild 10:   *Raumbezogene Bildung von Einsatzabschnitten (nach Zeitner, 2015)*

Einsatzabschnitte werden u. a. dann nach den vorgesehenen Maßnahmen gebildet, wenn die Hinzuziehung besonderer Einheiten, wie Spezialkräfte oder Spezialeinheiten, erforderlich ist. Vorteil einer solchen Gliederung ist, dass die Führer der Einsatzabschnitte auf die entsprechenden Maßnahmen spezialisiert sind und über eine hohe Routine verfügen. Nachteilig ist hierbei, dass der abgestimmte Einsatz der

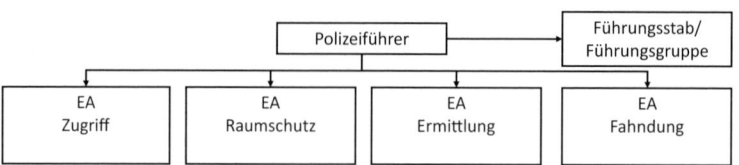

Bild 11:   *Verrichtungsorientierte Gliederung von Einsatzabschnitten (nach Zeitner, 2015)*

2.1 Landespolizei

Bild 12: *Absprache zwischen Einsatzabschnittsführern (masterpress)*

einzelnen Abschnitte untereinander viel Koordinierung (Wechselwirkungen) und Entscheidungen durch den Polizeiführer bzw. seinem Stab erfordert (Zeitner, 2015).

Bei einer Großen Polizeilage kann davon ausgegangen werden, dass die in Bild 13 dargestellten Einsatzabschnitte gebildet werden. Je nach Einsatzanlass kann dieser Abschnitt auch Tatobjekt, Gefahrenbereich oder Ereignisort heißen. Der EA Absperrung beinhaltet die Durchführung der äußeren Absperrung sowie die notwendigen Verkehrsmaßnahmen. Der EA Ermittlungen wird von Beginn an den Auftrag der Strafverfolgung durchführen.

Um Reserven zu bilden, wird der EA Kräftesammelstelle gebildet. Der EA Betreuung wird in der Regel nur bei Amoktaten, Geiselnahmen, größeren Schadenslagen[3] oder Anschlägen gebildet. Hierunter wird aufgrund der möglichen Vielzahl von unterschiedlich Beteiligten die taktische Betreuung verstanden, die in Kapitel 9.2 »Psychosoziale Notfallversorgung« dargestellt wird. Im EA Medienbetreuung werden zunächst nur Medienvertreter betreut, so zeitnah wie möglich sollten auch die Sozialen Medien bedient werden. Im weiteren Verlauf wird der Abschnitt in einsatzbegleitende Presse- und Öffentlichkeitsarbeit umbenannt.

---

3 Zu den verschiedenen Fachbegriffen der Polizei vgl. Abschnitt 6.3.2 »Fachsprache der Polizei«, S. 131.

2 Sicherheitsbehörden

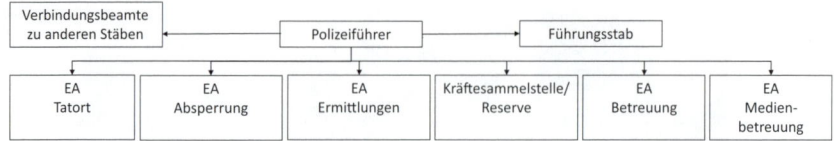

Bild 13: *Einsatzabschnitte bei einer Großen Polizeilage*

Bei der Anzahl der Einsatzabschnitte fällt auf, dass der Polizeiführer mehr als fünf Abschnitte führt. Da Einsatzabschnitte mit organisatorischen bzw. logistischen Aufgaben einen geringen Führungsaufwand erzeugen, sind weitere Abschnitte, sogenannte Service-Abschnitte, die für Verpflegung oder die Gefangenensammelstelle zuständig sind, möglich. Insgesamt sollte die Zahl der EA jedoch sieben bis neun nicht übersteigen.

Weiterhin kann der Polizeiführer Führungsorgane zu seiner Entlastung einsetzen, die Auftragstaktik einsetzen oder die Einsatzabschnitte mit zeitversetztem Auftrag führen (Zeitner, 2015).

Praxistipp:
Versuchen Sie im Rahmen der Einsatzvorbereitung Einblick in die Einsatzakten der Polizei zu erhalten. Sie geben Ihnen Auskunft über die vordefinierten Einsatzabschnitte der Polizei.

Polizeiliche Taktik

Polizeiliche Taktiken werden aus den Erfahrungen von Einsätzen weiterentwickelt. Während in Deutschland die Amokläufe an den Schulen in Erfurt, Winnenden und Ansbach zu einem taktischen Umdenken bei der Polizei führten (Altenhofen, 2017), war dies in den USA der Anschlag auf die Columbine Highschool in Littleton (Berkowsky, 2016). In der Vergangenheit wurde bei solchen Lagen auf Spezialkräfte gewartet. Deshalb wurde der Polizei nach dem Amoklauf in Erfurt von der Öffentlichkeit der Vorwurf gemacht, sie sei zu langsam und zaghaft vorgegangen, obwohl lange unklar war, ob es sich um einen oder zwei Täter handelte. Als Folge dieses Einsatzes wurde der Einsatzanlass AMOK entwickelt. Dabei handelt sich um eine akute Bedrohungssituation mit dynamischem Geschehensablauf, der sich von einer Geiselnahme unterscheidet.

Die Polizei hat so einen Paradigmenwechsel von der statischen Lage und Bereitstellung hin zur aktiven Einwirkung auf Täter vollzogen (Fürst, 2018). Das Einsatz- und Ausbildungskonzept AMOK sieht eine unverzügliche offensive Intervention aller

2.1 Landespolizei

Polizeibeamten vor, wenn Menschen in akuter Gefahr sind. Damit trägt die Polizei dem hohen gesellschaftlichen Handlungsdruck Rechnung, auch unter Inkaufnahme eines eigenen Restrisikos. Einsatzgrundsätze, wie das Warten auf Spezialeinheiten, gehören bei solchen Lagen seitdem der Vergangenheit an. Diese Erstintervention ist bis zum Eintreffen des Spezialeinsatzkommandos (SEK) für einen Zeitraum von 30 Minuten bis zu mehreren Stunden durchzuführen. Das Interventionsteam besteht aus vier Polizisten. Spezielle Amoktrainings wurden bei allen Polizeien des Bundes und der Länder eingeführt (Zeitner, 2015).

Die Weiterentwicklung dieser Anti-AMOK-Einsatztaktik wurde zudem für die wirksame Bekämpfung von taktisch vorgehenden Tätern notwendig, die kampf- und teilweise kriegserfahren sind und mit Kriegswaffen sowie Sprengstoff agieren. Speziell für ein urbanes Umfeld wurde das Konzept KLE (Komplexe lebensbedrohliche Einsatzlagen) entwickelt (Zeitner, 205). Die polizeiliche Reaktion orientiert sich dabei an zum Teil befremdlich wirkenden Attributen, wie Entscheidungswille, Aggressivität, Schnelligkeit, Selbstbeherrschung, Rücksichtslosigkeit und Überraschungseffekt (Zeitner, 205). Nach entsprechenden Situationstrainings werten die Teilnehmer gemeinsam mit Trainern die Übung aus, um neue Erkenntnisse zu gewinnen. Das KLE-Training soll sich durch Einfachheit, Wiederholung und Schnelligkeit auszeichnen.

Für Polizeibeamte stellt der Einsatz in einer Amok- oder Terrorlage eine Extremsituation dar. Einerseits sind die Polizeibeamten in Lebensgefahr, andererseits muss der Täter außer Gefecht gesetzt werden. Trotz der Stresssituation muss die Einsatzkraft handlungsfähig bleiben. Deshalb setzen sich Polizeibeamte mit der Situation vorab auseinander und stellen sich ethisch darauf ein, einen Menschen (Täter) eventuell ohne Zögern töten zu müssen (Bockow, 2017, Ocansey, 2017 und Bayerischer Landtag, 2017 d).

Geheimhaltung

Polizeibehörden sind rigoros, wenn es um die Bekanntmachung von Strategien und Taktiken der Polizei geht. Der Großteil der Dienstvorschriften unterliegt dem Geheimschutz und ist als Verschlusssache (*VS-NfD* – Verschlusssache nur für den Dienstgebrauch) eingestuft. Hinzu kommt, dass bei der Auswertung von Einsätzen Erkenntnisse nicht weitergegeben werden dürfen, wenn noch staatsanwaltliche Ermittlungen laufen. Hier muss es entsprechende Rechtssicherheit für die Dienststellen geben.

Dieses Buch basiert zum Großteil auf bereits veröffentlichten Informationen. Dabei werden in vielen Veröffentlichungen – u. a. in polizeieigenen Zeitschriften – interessante Informationen über die Vorgehensweisen der Polizei mitgeteilt.

2 Sicherheitsbehörden

Bild 14: *Polizisten auf einem Bahnsteig (David Young)*

Zusätzlich besteht die Forderung, dass Führungskräfte, z. B. Verbindungsbeamte der Feuerwehr, eine Sicherheitsüberprüfung benötigen, um im Führungsstab der Polizei eingesetzt werden zu können. Auf Seiten der Polizei wird dies damit begründet, dass ein großer Aufwand betrieben wird, um den Geheimschutz im Führungsstab sicherzustellen. Die Forderung nach einer Sicherheitsüberprüfung wirkt jedoch der Multifunktionalität von Führungskräften der Feuerwehr entgegen. Grundsätzlich haben alle Mitarbeiter von Feuerwehr und Rettungsdienst Dienstgeheimnisse zu wahren und den Schutz personenbezogener Daten zu gewährleisten. Ein Kompromiss stellt eine Verpflichtungserklärung dar, die der Verbindungsbeamte kurz vor dem Zutritt zum Führungsstab unterschreibt.

Die Geheimhaltung von polizeilichen Konzepten oder eine fehlende Sicherheitsüberprüfung darf nicht dazu führen, dass Einsatzkräfte von Feuerwehr/Rettungsdienst mit den spezifischen Verfahrensweisen nicht vertraut sind oder ihnen Einsatzinformationen vorenthalten werden. Deshalb ist ein pragmatischer Umgang mit der Geheimhaltung zu finden, der die Gesamtstrategien vertraulich behandelt, jedoch einzelne Handlungsweisen für Einsatzkräfte offen legt.

2.2 Bundespolizei

Mit dem Bundesgrenzschutz wurde in den 1950er Jahren eine starke Polizeireserve des Bundes aufgebaut. Seit 2005 in Bundespolizei umbenannt, sind die Hauptaufgaben des früheren Grenzschutzes, die Sicherheit des Bahn- und Schienenverkehrs, Schutz der Grenzen des Bundesgebietes sowie die Luftsicherheit zu gewährleisten. Regelmäßig trifft man Bundespolizisten an Bahnhöfen und Flughäfen an, wo sie an wichtigen Verkehrsknotenpunkten für Sicherheit sorgen. Die Bundespolizei kann auch zur Unterstützung der Landespolizei hinzugezogen werden. So wird die Bundespolizei beispielsweise auch oft bei Großdemonstrationen eingesetzt (Knelangen, 2008). Dem Präsidium der Bundespolizei in Potsdam sind 10 Direktionen unterstellt.

> **Praxistipp:**
> Im Einsatz sollte immer daran gedacht werden, dass an Bahnhöfen, Flughäfen, Bahnanlagen usw. nicht nur mit der Landespolizei, sondern auch mit der Bundespolizei zusammengearbeitet werden muss. Im Einsatz stimmen sich Bundes- und Landespolizei meist ab, wer jeweils objektbezogen »den Hut auf« hat.

2.2.1 Einheiten und Zuständigkeiten

Grenzschutzgruppe 9

Die Grenzschutzgruppe 9 (GSG 9) des Bundesgrenzschutzes wurde 1973 speziell zur Bekämpfung von Gewaltkriminalität gebildet. Dies war eine Reaktion auf die Entführung von Mitgliedern der israelischen Olympiamannschaft durch das palästinensische Terrorkommando »Schwarzer September« 1972 in München. Beim missglückten Befreiungsversuch am Flughafen Fürstenfeldbruck starben 17 Menschen, darunter 13 Geiseln und ein Polizist (Wegener et al., 2016).

Der bekannteste Einsatz der GSG 9 war die Befreiung der entführten Lufthansa-Maschine »Landshut« am Flughafen der somalischen Hauptstadt Mogadischu am 18. Oktober 1977. Die Einheit war auf die Erstürmung von Luftfahrzeugen spezialisiert, so dass alle Geiseln gerettet werden konnten und es auch unter den Befreiern keine Verluste gab (Wegener et al., 2016).

Bestand die Einheit nach ihrer Gründung unter anderem aus Präzisionsschützen sowie Stoßtrupps, entwickelte sie sich stetig weiter und verfügt heute über maritime Einheiten sowie Luftlandeeinheiten. Seit ihrem Bestehen hat die GSG 9 etwa 1.900

Einsätze gegen Schwerstkriminalität sowie Terrorismus durchgeführt (Wegener et al., 2016).

Bundesbereitschaftspolizei
Ähnlich wie die Landespolizei verfügt die Bundespolizei über Einsatzhundertschaften, Beweissicherungs- und Festnahmehundertschaften sowie Technische Einsatzhundertschaften. Zusätzlich verfügen die Bundespolizeiabteilungen über Unterstützungseinheiten zur Beweissicherung- und Dokumentation und zur Aufklärung.

Bundeskriminalamt
Darüber hinaus unterhält der Bund das Bundeskriminalamt (BKA), das die Kriminalpolizei der Länder bei der Verhütung und Verfolgung länderübergreifender Kriminalität unterstützt (Kirchhof, 2011). Bei terroristischen Straftaten ist das BKA originär zuständig, hierfür unterhält es eine eigene Fachabteilung Terrorismus (TE). Um die Zusammenarbeit der Sicherheitsbehörden von Ländern und Bund zu gewährleisten, wurde ein Gemeinsames Terrorismusabwehrzentrum (GTAZ) geschaffen (Groß, 2012). Es sorgt für den Informationsaustausch zwischen Polizei und Nachrichtendiensten unter Einhaltung der organisatorischen Trennung zwischen diesen Diensten. Zudem ist das BKA für die Sicherheit bei Staatsbesuchen zuständig. Bundespolizei und Bundeskriminalamt sind dem Bundesministerium des Innern unterstellt.

Kommt es in der Bundesrepublik zu einem Terroranschlag, wird der Einsatz gemeinsam vom BKA und der örtlich zuständigen Landespolizei bewältigt. Die Ermittlungsverantwortung geht dabei auf das BKA über, während die Gefahrenabwehrlage durch die örtlich zuständige Landespolizei durchgeführt wird (Tietz, 2010).

2.3 Kooperierende Behörden und weitere Akteure

Bundeszollverwaltung
Der Zoll untersteht dem Bundesministerium für Finanzen und nimmt eine wichtige Rolle bei der Bekämpfung von Organisierter Kriminalität sowie der Terrorismusbekämpfung ein. Seine Vollzugsbeamten haben grundsätzlich die gleichen Rechte wie die Polizei, jedoch hat der Zoll gegenüber anderen Sicherheitsbehörden umfangreiche Befugnisse, was das Abhören, Überwachen oder den Einsatz von V-Leuten angeht (Schmidt, 2017). Für seine Aufgaben verfügt er auch über Observationseinheiten und sogar eine eigene Spezialeinheit, die Zentrale Unterstützungsgruppe

2.3 Kooperierende Behörden und weitere Akteure

Zoll (ZUZ), die im gesamten Bundesgebiet für Zugriffe auf verdächtige Personen eingesetzt wird (Generalzolldirektion, 2017).

Nachrichtendienste
Die Verfassungsschutzbehörden der Länder und des Bundes sammeln und bewerten im Wesentlichen Informationen über verfassungsfeindliche Bestrebungen oder sicherheitsgefährdende Tätigkeiten. Darunter fallen auch terroristische Aktivitäten. Hier sammelt der Verfassungsschutz frühzeitig Erkenntnisse über Mitglieder von verdächtigen Gruppen noch bevor konkrete Anschlagsplanungen stattfinden und die Polizei überhaupt zuständig wird.

Übrigens kann der Verfassungsschutz nicht in Amtshilfe für die Polizei tätig werden, um zum Beispiel eine Person zu beobachten, sondern nur auf der Grundlage von Informationen aus dem eigenen Zuständigkeitsbereich aktiv werden. Grund dafür ist das gesetzliche Trennungsgebot, das verhindert, dass Polizeibehörden und Verfassungsschutzämter zusammenarbeiten können. Die Nachrichtendienste wiederum haben keine polizeilichen Befugnisse. Als weitere Nachrichtendienste gibt es den Bundesnachrichtendienst (BND), der im Ausland aufklärt, sowie den Militärischen Abschirmdienst (MAD), der die Bundeswehr vor Spionage und Sabotage schützt.

Man darf nicht annehmen, dass Sicherheitsbehörden alle Informationen aus ihrem Zuständigkeitsbereich mitteilen. Zum Teil dürfen sie Informationen unter anderem aus rechtlichen Gründen nicht mit anderen Behörden teilen (Bruch et al., 2013).

Europäische Polizei
Die meisten Straftaten haben einen lokalen oder regionalen Hintergrund. Jedoch gibt es im Bereich der Organisierten Kriminalität, in den Bereichen Rauschgifthandel, Menschenhandel, Schleusungskriminalität oder Geldwäsche grenzüberschreitende Straftaten. Ähnlich ist es beim Terrorismus, bei dem Täter über Staatsgrenzen hinweg zusammenarbeiten. Im Bereich Internetkriminalität verlieren nationale Grenzen komplett an Bedeutung. Durch die Globalisierung nimmt die grenzüberschreitende polizeiliche Zusammenarbeit zu. Deshalb wurde mit Interpol eine internationale kriminalpolizeiliche Organisation gebildet.

Bundeswehr
Die Bundeswehr (BW) kann im Landesinneren nur im Rahmen der Amtshilfe tätig werden oder gemäß Artikel 35 des Grundgesetzes zur Hilfe bei einer Naturkatastrophe oder einem besonders schweren Unglücksfall eingesetzt werden. Damit die

Bundeswehr im Rahmen der Amtshilfe effektiv mit Feuerwehren zusammenarbeiten kann, ist ein regelmäßiger Austausch mit dem Landeskommando der Bundeswehr wünschenswert. Ansprechpartner auf kommunaler Ebene sind Kreisverbindungskommandos (KVK).

Bei besonders schweren Unglücksfällen katastrophischen Ausmaßes dürfen die Streitkräfte auch spezifisch militärische Mittel einsetzen (Wiegold, 2017). Ein Terrorattentat soll laut Experten ein solcher Unglücksfall sein (Proll/Feldmann, 2017). 2017 fand eine Stabsübung Gemeinsame Terrorismusabwehr-Exercise (GETEX) zwischen Bundeswehr und einigen Landespolizeien statt. Ziel war es, Hilfeleistungen wie die Entschärfung von Sprengstoffen und den Transport von Verletzten zu üben. Eine Erkenntnis dieser Übung war, dass die Bundeswehr aus rechtlichen Gründen die Wahrnehmung hoheitlicher Aufgaben ablehnen müsste. Beispielsweise könnte das Bundeswehr-Kommando Spezialkräfte (KSK) nicht für eine Geiselbefreiung eingesetzt werden. Die Debatte um den Einsatz der Bundeswehr im Innern, insbesondere zur Terrorbekämpfung, wird weiter fortschreiten (Wiegold, 2017).

Ordnungsamt
Das Ordnungsamt ist innerhalb der Kommunalverwaltung für die generelle Abwehr von Gefahren für die öffentliche Sicherheit und Ordnung verantwortlich, soweit die Gefahrenabwehr nicht speziellen Behörden (Feuerwehr, Polizei) zugewiesen ist. Deshalb kann die Feuerwehr bei vielen Fragen der Sicherheit mit dem Ordnungsamt zusammenarbeiten. Verfügt die Ordnungsbehörde über einen Vollzugsdienst, der beim Ordnungsamt angesiedelt ist, wird dieser meist als kommunaler Ordnungsdienst bezeichnet. Seine Aufgabe ist vor allem die Gewährleistung der öffentlichen Sicherheit und Ordnung, das Vorgehen gegen Ruhestörungen, gegen die offene Drogenszene und Verkehrssicherung. Die Befugnisse der Ordnungsdienste sind in Baden-Württemberg und Nordrhein-Westfalen sehr weitreichend. Zum Teil gibt es auch Doppelstreifen von Polizei und Ordnungsdienst. Bei länger andauernden Feuerwehreinsätzen werden oftmals Straßensperren durch den kommunalen Ordnungsdienst besetzt.

Freiwilliger Polizeidienst
Ähnliche Aufgaben wie der Kommunale Ordnungsdienst übernimmt der freiwillige Polizeidienst, der auch als Sicherheitswacht bezeichnet wird. Dies können der Schutz von Veranstaltungen, Sicherung von Gebäuden, Verkehrsregelung, Streifendienst oder allgemeine Unterstützungsaufgaben sein. Sogenannten Hilfspolizeibeamten werden als Privatpersonen polizeiliche Befugnisse durch einen Beleihungsakt über-

tragen. Es gibt diese freiwilligen Kräfte in Baden-Württemberg und Bayern (o. A., 2001).

Private Sicherheitsdienste
Zum privaten Objekt- und Personenschutz werden private Sicherheitsdienste eingesetzt. Zum Schutz von Unternehmen oder Großveranstaltungen wurden im Jahr 2017 insgesamt 258.000 Sicherheitsmitarbeiter beschäftigt (Statista, 2019). Dabei verfügt die überwiegende Zahl der Sicherheitsmitarbeiter nur über eine Sachkundeprüfung. Vor allem Führungskräfte haben einen für das Bewachungsgewerbe einschlägigen Ausbildungsberuf, Fachkraft für Schutz- und Sicherheit, erlernt. Dies trägt der Spezialisierung der Aufgaben Rechnung, so dass etwa Daten der Videoüberwachung ausgewertet oder private Alarmempfangsstellen besetzt werden.

Mitarbeiter private Sicherheitskräfte zählen aufgrund ihrer Anwesenheit oftmals zu den ersten Hilfeleistenden an einer Einsatzstelle. Durch ihre Kenntnisse des jeweiligen Objekts sowie der Ansprechpartner sind sie wichtige Ansprechpartner bei Einsätzen in Gebäuden, die durch Sicherheitsdienste geschützt werden.

3-S-Zentralen an Bahnhöfen der Deutschen Bahn AG
Die Deutsche Bahn AG (DB) unterhält an 28 Bahnhöfen (Stand 2018) sogenannte 3S-Zentralen, die Service, Sauberkeit und Sicherheit an Bahnhöfen gewährleisten. Die Zentralen koordinieren das DB-Sicherheitspersonal, sind Meldestelle für Notrufe, haben Zugriff auf Videokameras auf dem Bahngelände und werten die Kamerabilder entsprechend aus (Deutsche Bahn, 2018). Damit können sie im Einsatz als Ansprechpartner genutzt werden.

3 Täter

Obwohl man sich nur annähernd in die Perspektive des Täters versetzen kann, lassen sich dadurch Erkenntnisse für den Eigenschutz oder einsatztaktische Konsequenzen ableiten (Karutz, 2018). Getreu dem Motto: »Ein Gegner, den man gut kennt, verliert seinen Schrecken« (Füllgrabe, 2017).

Gewalttäter sind nicht unintelligent. Teilweise bestreiten sie mit Straftaten ihren Lebensunterhalt und beherrschen deshalb »ihr Handwerk«, zu dem nicht nur der Einsatz von Kampftechniken und Waffen zählt. Sie verfügen oftmals über ein »hohes Maß an Straßenintelligenz«, dazu gehört eine große Menschenkenntnis, das schnelle Erfassen von Gegenständen, die als Waffen verwendet werden können, oder von günstigen Gelegenheiten für einen Angriff. Selten beginnt ein Angriff unvermittelt, vielmehr beobachtet und erkundet der Täter sein Opfer (Hoffmann, 2017), da er eine Auseinandersetzung meidet, wenn Gegenwehr zu erwarten ist.

Menschen, deren Verhalten vom Gewohnten und Normalen abweicht, lösen bei Einsatzkräften Unbehagen und Unsicherheit aus. Deshalb müssen Einsatzkräfte vorurteilsfrei auf diese Menschen eingehen, jedoch stets auf die Gefahren achten, die von diesem Personenkreis ausgehen können. Psychisch Kranke werden vor allem in Kombination mit Drogen aggressiv oder wenn sie Wahnvorstellungen entwickeln.

Unter psychischen Störungen können vor allem folgende Krankheitsbilder verstanden werden:

- Bei einer **Borderline-Persönlichkeitsstörung** spricht man vereinfacht davon, dass dem Betroffenen »positive Bilder« fehlen. Die Betroffenen unterliegen einer gesteigerten Impulsivität und raschen Stimmungswechseln (VHW, 2018).
- Unter einer **schizophrenen Psychose** wird eine Störung bezeichnet, die fast alle Bereiche der Wahrnehmung und des Denkens beeinflusst. Schizophrene Menschen leiden laut Krankheitsbild oft unter Verfolgungsangst, teilweise werden krankheitsbedingt auch nicht vorhandene Stimmen gehört. Reizüberflutung ist für Schizophrene irritierend und kann ebenfalls zu gewalttätigem Verhalten führen. Auch Sicherungsmaßnahmen können die betroffene Person zu gewalttätigen Handlungen provozieren (Füllgrabe, 2011).
- **Demenz** bezeichnet eine Erkrankung des Gehirns, dadurch sind das Kurzzeitgedächtnis und das Denkvermögen betroffen (VHW, 2018).

Beim Umgang mit psychisch Kranken bietet es sich an:
- eine ruhige Umgebung zu schaffen (Sondersignal abschalten),
- Publikum zu vermeiden,
- möglichst nur einen geschulten Ansprechpartner zu stellen,
- sich langsam zu nähern,
- zuzuhören,
- nicht zu unterbrechen (Füllgrabe, 2011)
- und eine Vertrauensperson des Kranken hinzuzuziehen.

Als **Gefährder** werden Personen bezeichnet, die begründet verdächtigt werden, politisch motivierte Straftaten von erheblicher Bedeutung begehen zu wollen (Musharbash, 2018). Es handelt sich also um Personen, von denen in Zukunft möglicherweise die Gefahr einer terroristischen Tat ausgeht. Die Polizeibehörden führen sogenannte Gefahrenermittlungen durch, indem das Gefährdungspotenzial einzelner Personen, Straftaten zu verüben, bewertet wird. Die Ermittler gehen dabei immer vom Schlimmsten aus, um auch Unvorhergesehenes zu berücksichtigen. In das Zentrum des Interesses geraten dabei gegenwärtig vorwiegend Personen, deren Nähe zu islamistischen Positionen oder islamistisch ausgerichteten Personen bekannt ist. Man schätzt, dass aktuell (Stand November 2017) 711 islamistische Gefährder in Deutschland leben (Musharbash, 2018).

Als **Relevante Personen** werden Personen des terroristischen/extremistischen Spektrums bezeichnet, die als Unterstützer oder Akteure fungieren. Diesen Personen wird zugetraut, politisch motivierte Straftaten zu fördern oder gar zu begehen (Musharbash, 2018).

600 in Deutschland lebende Gefährder und Relevante Personen besitzen die deutsche Staatsangehörigkeit, können also nicht abgeschoben werden (Musharbash, 2018) und werden auch in Zukunft ein Sicherheitsrisiko darstellen.

Ausländische terroristische Kämpfer sind Personen, die über Erfahrungen aus bewaffneten Konflikten, beispielsweise in Syrien, verfügen. Sie haben oftmals eine militärische Ausbildung absolviert. Durch sie verübte Anschläge werden besonders zielgerichtet und brutal ausgeführt (Ocansey, 2017), weil sie im Umgang mit Kriegswaffen, wie Sturmgewehren und unkonventionellen Spreng- und Brandvorrichtungen, geschult sind. Diese Kämpfer flüchten zum Teil traumatisiert und desillusioniert aus den Konfliktgebieten wieder in ihre Heimatländer.

Die Europäische Union hat 2017 eine Richtlinie zur Terrorismusbekämpfung erlassen, die auch den Umgang mit Gefährdern und der Terrorismusfinanzierung festlegt. Diese Richtlinie wird in nationales Recht umgesetzt.

3 Täter

Die Leitstelle der Polizei erhält bei der Einsatzeröffnung im Einsatzleitrechner anhand der Anschrift möglicherweise sogenannte **Hinweise auf Eigensicherung**. Sofern es Anhaltspunkte gibt, wie beispielsweise psychische Ausnahmesituationen, angedrohter Suizid usw., kann über die Polizei-Leitstelle im Einzelfall eine Nachfrage zu Personen erfolgen, ob Hinweise zur Eigensicherung vorliegen (Bockow, 2017).

3.1 Wirkmittel

3.1.1 Schusswaffen

Während bei Unfällen, Selbstmordversuchen und Gewaltverbrechen oftmals Handfeuerwaffen, wie Pistolen oder Revolver, eingesetzt werden, sind es bei Terroranschlägen oder Amokläufen eher Langwaffen (von Lübken et al., 2018).

Das bekannteste Sturmgewehr der Welt ist die Kalaschnikow. Die Urversion wird AK-47 bezeichnet, die neueren Modelle AK-M, AK-74 und AK-100 unterscheiden sich äußerlich nur gering voneinander. Noch heute wird die Kalaschnikow in 17 Ländern der Welt gebaut. Sie gilt als die Terroristenwaffe schlechthin und wurde auch 2015 bei den Anschlägen in Paris eingesetzt. Die mittlere Kampfentfernung beträgt 300 bis 400 m, die Höchstschussweite 1.500 m. Im Magazin befinden sich 30 Patronen (von Bresinski, 2017). Im Hinblick auf die Bewaffnung mit einer Kalaschnikow stellt die polizeiliche Standard-Maschinenpistole MP 5 keine adäquate Bewaffnung für Polizeibeamte dar. Darüber hinaus bietet ein Streifenwagen für Polizeikräfte keine Deckung gegenüber einer Kalaschnikow (von Bresinski, 2017). Laut der Firma Heckler & Koch hat die Ablösung der MP 5 durch die leistungsfähigere MP 7 bei der Polizei begonnen (Roth, 2016).

In den USA wurde bei mehreren Amokläufen (Aurora 2012, San Bernadino 2015, Parkland Florida 2018) das Sturmgewehr AR 15 genutzt. Dabei handelt es sich um die zivile Version des Gewehrs M 16, der Standardwaffe US-amerikanischer Soldaten.

3.1.2 Stichwaffen

Messer sind deshalb eine bevorzugte Waffe, weil sie fast überall verfügbar sind. Ein Blick nach Großbritannien zeigt, dass dort die Zahl der Messerattacken stark angestiegen ist. Im Jahr 2016 wurden trotz hoher Gefängnisstrafen von bis zu vier Jahren 34.000 Attacken gezählt. Messer werden wegen Nichtigkeiten, zur Erpressung oder zum Raub als Waffe eingesetzt. Unbestritten ist, dass Messer selbst für

Jugendliche stets verfügbar sind. Die Verletzungen, die sie verursachen, sind häufig tödlich (Kurz, 2018).

Nach einer Untersuchung sind Messerangreifer durch einen Schützen (Polizeibeamten) am besten zu stoppen, wenn sich der Schütze mehr als sieben Meter vom Angreifer entfernt befindet. Die Zeit zum Überwinden der Distanz benötigt der Schütze, um seine Waffe zu ziehen und einen gezielten Schuss abzugeben. In der polizeilichen Alltagspraxis ist diese Distanz von sieben Metern allerdings kaum einzuhalten (Hoffmann, 2011).

3.1.3 Sprengstoffe

Bei der Explosion von Sprengstoffen handelt es sich um eine sehr schnell ablaufende chemische Reaktion. Voraussetzung dafür ist die Reaktion eines brennbaren Stoffes im Verbund mit dem Oxidationsmittel Sauerstoff. Die Zündung kann elektrisch (funkbasiert), mechanisch, chemisch oder magnetisch ausgelöst werden (Stolt, 2009). 88 % aller terroristischen Anschläge wurden bislang in Form von Sprengstoffanschlägen durchgeführt (Achatz/Riemert, 2017).

Als Sprengstoffe dienen **Hochexplosivstoffe** oder **gewöhnliche Explosivstoffe**. Hochexplosivstoffe (»high order explosives«) sind Substanzen mit höchster Reaktionsgeschwindigkeit, wie Nitroglycerin (NTG), Dynamit oder Trinitrotoluol (TNT). Die Detonation erfolgt mit extrem hohem Druck und hoher Temperatur. Gase expandieren mit Überschallgeschwindigkeit in Form einer Druckwelle (Schockwelle). Militärische Sprengstoffe wie TNT sind schwer zu beschaffen, deshalb werden sogenannte Selbstlaborate aus handelsüblichen Chemikalien hergestellt. Triacetontriperoxid (TATP) ist ein solcher Sprengstoff, der durch Terroristen im Nahen Osten seit längerem eingesetzt wird. Er wurde bei den Anschlägen auf die Londoner U-Bahn 2005 (Stolt, 2009) und vermutlich auch im Pariser Club Bataclan eingesetzt (Kupiers, 2017). Ebenso wurden Chemikalien zur Herstellung von TATP bereits mehrmals in Deutschland entdeckt, beispielsweise bei Anschlagsvorbereitungen in Chemnitz (Kranz, 2017).

Gewöhnliche Explosivstoffe (»low order explosives«) sind Substanzen mit langsamer Energieabgabe, wie z. B. ein Molotow-Cocktail. Bei der Explosion entsteht eine Deflagration (Verpuffung) ohne Schockwelle und ein Explosionswind mit umherfliegenden Fragmenten.

Unkonventionelle Spreng- und Brandvorrichtungen

Unter Unkonventionellen Spreng- und Brandvorrichtungen (USBV) werden von Laien hergestellte bzw. selbstgebaute Sprengeinrichtungen/Sprengfallen verstanden. Im Englischen spricht man von einer Improvised Explosive Device (IED). Eine spezielle Form der USBV stellen Brief- und Paketbomben dar (Stolt, 2009). Die Bundespolizei bildet ihre Einsatzkräfte aus, damit sie die verschiedenen Erscheinungsformen (Sprengstoffweste u. a.) erkennen und einordnen können (Altenhofen, 2017).

3.1.4 ABC-Gefahr- und Kampfstoffe

Der Einsatz von Gift- oder Kampfstoffen sowie die Freisetzung von ABC-Gefahrstoffen bei Terroranschlägen kommen zwar weltweit vor, sind jedoch in Europa glücklicherweise noch die Ausnahme (Paschen, 2017). Dabei gibt es verschiedene Möglichkeiten zur Freisetzung, indem industriell genutzte Stoffe z. B. beim Transport freigesetzt werden oder es zum Angriff/Sabotage auf Anlagen oder Forschungseinrichtungen kommt.

Biologische Kampstoffe
Unter dem Stichwort »Dreckiges Dutzend« werden die zwölf biologischen Agenzien (Milzbrand, Pest, Pocken, Rizin und weitere) zusammengefasst, die sich laut der US-Armee am ehesten für einen bioterroristischen Anschlag als waffenfähig eignen. Je nach Schwere der Erkrankung, dem Infektionsrisiko und den Therapiemöglichkeiten lassen sie sich in 4 Risikostufen einordnen, die auch in der FwDV 500 beschrieben sind. Biologische Kampfstoffe führen nicht wie chemische Kampfstoffe sofort zu Symptomen, akute Erkrankungen können vielmehr erst nach einigen Tagen oder Wochen auftreten. Zum Teil verursachen diese Erreger hohe Letalitätsraten, die Gabe von Antibiotika oder eine Schutzimpfung als Gegenmaßnahme ist zu prüfen. Dass die Gefahr durch biologische Kampfstoffe besteht, zeigt der Rizin-Fund in einem illegalen Labor in Köln (2018).
   Weitere Informationen zu biologischen Gefahren enthalten die Veröffentlichungen des Bundesamtes für Bevölkerungsschutz und Katastrophenhilfe.

Chemische Kampfstoffe
Es ist möglich, dass chemische Attentate auch in Europa verübt werden. In Syrien wurde in den vergangenen Jahren Chlor- und Senfgas eingesetzt und dadurch wurden viele Menschen verletzt oder sogar getötet. Restbestände chemischer

3.1 Wirkmittel

Kampfstoffe können durch Terroristen, die auf sie Zugriff haben, eingesetzt werden. Unter Giftgas werden verschiedene chemische Kampfstoffe verstanden.

> **Beispiel:**
> Am 20. März 1995 gegen 8 Uhr morgens verübte eine japanische Sekte ein Attentat auf die Tokioter U-Bahn. In fünf Pendlerzügen befanden sich mit dem Nervengift Sarin bestückte Kunststoffbeutel, die zeitgleich zur Explosion gebracht wurden. Sarin ist ein synthetisch hergestelltes Nervengift, eine klare, farb- und geschmacklose Flüssigkeit. Durch die austretenden Dämpfe wurden ca. 15 U-Bahn-Stationen kontaminiert: 13 Menschen starben, 50 Personen wurden schwer und über 6.000 leicht verletzt (Blaschke, 2015).
>
> Die Verletzten wurden in Krankenhäuser eingeliefert, wo die Symptome für die behandelnden Ärzte zunächst unklar waren. Ein spezielles Gegengift (Antidot) sowie Atropin als allgemeines Gegenmittel halfen. Die Polizei hatte bereits zuvor Informationen über einen bevorstehenden Anschlag mit Sarin, aber kommunizierte den Verdacht nicht. Darauf entgegnete einer der behandelnden Ärzte: »lieber eine Fehlinformation« verteilen »als gar keinen Hinweis« zu geben (Blaschke, 2015).

Allgemein werden bei Vergiftungen als Versorgungsstrategien unterstützende Therapien (ABCDE-Schema), beispielsweise in Form von Sauerstoffgabe, Giftelimination sowie Antidot-Gabe, angewendet.

Die Feuerwehr ist aufgrund ihrer Ausstattung in der Lage, einen wesentlichen Beitrag zur Erkundung und Bewertung von ABC-Gefahren zu leisten (AGBF-Bund, 2017).

Während der Länderübergreifenden Krisenmanagementübung (LÜKEX Übung) 2009/2010 in Köln wurde ein Übungsszenario mit einer »Schmutzigen Bombe« beübt. Dabei handelt es sich um eine USBV in Verbindung mit Uran. Diese sogenannte »dirty bomb« nimmt eine Sonderstellung ein, da es sich um konventionelle Explosivstoffe handelt, denen radioaktive Stoffe beigemischt sind. Auch wenn die Wirkung überschätzt zu sein scheint, ist die psychologische Wirkung vermutlich erheblich (Sefrin, 2017), da Anschläge mit ABC-Stoffen die Bevölkerung weit mehr als konventionelle Anschläge beunruhigen.

Reizstoffe

Die gefühlte Sicherheitslage hat die Bevölkerung in Deutschland dazu verleitet, sich mit sogenannten Abwehrsprays zur Selbstverteidigung auszustatten. Da Reizstoffsprühgeräte mittlerweile sehr verbreitet sind, kommen sie auch vermehrt zum Einsatz. Teilweise werden sie missbräuchlich eingesetzt. Im Land Hessen gab es im Jahr 2014 insgesamt 1.747 Körperverletzungen durch sogenanntes Reizgas. 2016

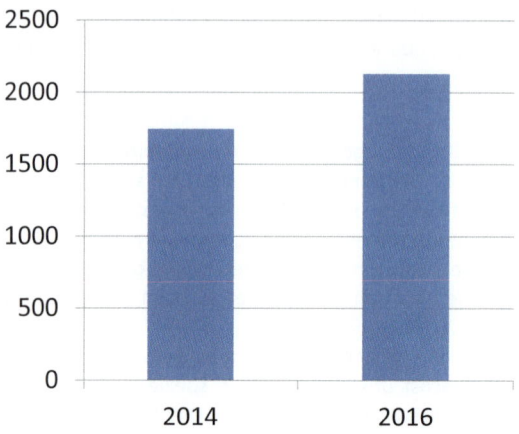

Bild 15: *Anzahl der Körperverletzungen durch Reizgas in Hessen*

Bild 16: *Reizstoffsprühgeräte (masterpress)*

stieg diese Zahl um 22 % auf 2.130 Fälle (Honekamp, 2018). Mittlerweile sinkt die Nachfrage nach Abwehrsprays bereits wieder, so dass die Verbreitung in der Bevölkerung wieder abnimmt. Sobald die Haltbarkeit der in Privathaushalten befindlichen Sprays überschritten ist, wird auch deren Stärke und Reichweite sinken. Entsprechend schätzt man, dass ab 2021 der Missbrauch nachlassen wird (Honekamp, 2018).

Aufgrund der beschriebenen Verfügbarkeit ist es zu vielen Einsätzen gekommen (Honekamp, 2018), da Reiz- und Tränengas missbräuchlich in Diskotheken, Schulen oder andernorts eingesetzt wurde. Typische Symptome sind Hustenreiz, Kratzen im

3.1 Wirkmittel

Hals, Tränen der Augen sowie Juckreiz. Gasförmige Augenreizstoffe werden als Tränengas bezeichnet. Als Basis für Tränengas werden die Wirkstoffe

- CN (Chloracetophenon),
- CS-Gas (Chlorbenzylidenmalonsäuredinitril),
- OC (Oleoresin Capsicum), sogenanntes Pfefferspray,

eingesetzt.

Pfefferspray gilt als gesundheitlich ungefährlich, da es aus Chilischoten gewonnen wird und nicht giftig ist. Der früher verwendete Wirkstoff CN wurde aufgrund seiner gesundheitsschädigenden Wirkung durch CS-Gas ersetzt. Auf CS-Gas haben jedoch viele Menschen nicht reagiert bzw. ließ die Reizwirkung schnell nach. Der im Pfefferspray enthaltene Wirkstoff wirkt dagegen schneller und hat deshalb das CS-Gas abgelöst.

Eine Studie hat ergeben, dass im Jahr 2015 bei 10 Patienten der Einsatz von Tränengas bei entsprechender Vorerkrankung ursächlich oder zumindest mitursächlich für den Tod war. Die Patienten litten unter Asthma, hatten Drogen konsumiert oder befanden sich in einer psychischen Ausnahmesituation (Knapp, 2018).

4 Polizeilagen

In diesem Kapitel werden vorwiegend Einsatzanlässe vorgestellt, die mehr oder weniger regelmäßig im Einsatzgeschehen von Feuerwehr und Rettungsdienst vorkommen.

4.1 Gewalttaten

Gewalt wird überwiegend aus zwei Motiven ausgeübt:
- aus dem Affekt, als Reaktion auf eine Provokation
- oder als Mittel, um einen Nutzen aus der Tat zu ziehen (Zweck).

Organisierte Kriminalität
In den letzten fünf Jahren ist in Nordrhein-Westfalen die Gewaltkriminalität statistisch angestiegen (Polizei Nordrhein-Westfalen, 2018). Dabei trugen insbesondere türkische Angehörige krimineller Organisationen und Mitglieder von Outlaw Motorcycle Gangs (OMCG) bzw. rockerähnliche Gruppierungen Konflikte und Konkurrenzkämpfe aus. Als besonderes Phänomen werden ethische abgeschottete Subkulturen (türkisch-arabische Großfamilien) aufgeführt, häufig wird fehlender Respekt gegenüber Polizei und Rettungsdienst und aggressives Verhalten im Rahmen von sogenannten Tumultlagen festgestellt (Polizei Nordrhein-Westfalen, 2018).

> **Beispiel Körperverletzung unter Jugendlichen**
> Eine Streifenbesatzung wird zu einer Schlägerei zwischen mehreren Jugendlichen gerufen. Gemäß dem gesetzlichen Auftrag muss die Polizei die Körperverletzung beenden und die begangenen Straftaten verfolgen. Durch die Streifenbesatzung sind nun mehrere Aufgaben durchzuführen: Die Körperverletzung muss beendet und die Jugendlichen voneinander getrennt werden. Es muss hinsichtlich der Straftaten geklärt werden, wer die Täter sind, Personalien aufgenommen und Platzverweise ausgesprochen werden. Wenn jedoch der Kräfteansatz zu gering ist, muss, auch unter Berücksichtigung des polizeilichen Eigenschutzes, eine Lagebeurteilung und Entschluss erfolgen und eine Maßnahme priorisiert werden.

Häusliche Gewalt
Häusliche Gewalt umfasst physische, sexuelle und psychische Gewalt zwischen Personen in meist häuslicher Gemeinschaft. 2016 gab es in Nordrhein-Westfalen

4.1 Gewalttaten

Bild 17: *Rettungsdienstliche Versorgung nach einer schweren Körperverletzung (Gerhard Berger)*

28.227 Strafanzeigen wegen häuslicher Gewalt. Meist handelt es sich dabei um Körperverletzung oder gefährliche Körperverletzung[4] (Polizei Nordrhein-Westfalen, 2017). Typisch ist hierbei, dass die Situation sich zunächst beruhigt und der Gewaltausübende plötzlich wieder aggressiv wird.

> **Beispiel Häusliche Gewalt**
>
> Eine Streifenbesatzung wird zu einem Familienstreit (Fall häuslicher Gewalt) gerufen. Hierbei kann bereits die Annäherung an den Einsatzort problematisch sein. Bei Fällen häuslicher Gewalt ist mit stark emotional belasteten Beteiligten zu rechnen. Eine irrationale Reaktion der Beteiligten kann gerade beim Eintreffen der Polizei zur Eskalation führen, so dass sich die Situation zu einer Bedrohungslage entwickeln könnte. Dieser möglichen Gefahrensteigerung wird vorgebeugt, indem man sich ohne Einsatzhorn dem Einsatzobjekt nähert und z. B. zunächst bei den Nachbarn klingelt.

---

4 Gesteigerte Wahrscheinlichkeit, dass das Opfer infolge der Tat erhebliche Verletzungen erleidet.

4.1.1 Türöffnung

Häufig ist auch ein Einsatz der Feuerwehr zur Türöffnung. Dabei ist immer abzuschätzen, ob Feuerwehreinsatzkräfte gefährdet werden können. Wenn Anhaltspunkte dafür vorliegen, dass der Täter bewaffnet sein könnte, sollte sich die Amtshilfe auf die Zur-Verfügung-Stellung von Türöffnungswerkzeug beschränken. Pragmatisch kann es z. B. sein, den Polizeikräften hierfür eine Türramme zur Verfügung zu stellen. Daneben gibt es andere Werkzeuge (Motorkettensäge, Axt, Halligan-Tool, Fräse, o. ä.), die zur Türöffnung geeignet sein können.

Soll trotz Gefahr durch einen Gewalttäter durch die Feuerwehr eine Tür geöffnet werden, kann ein ballistischer Schutzvorhang genutzt werden, der ähnlich wie ein Rauchschutzvorhang angebracht wird.

> **Exkurs Türöffnung**
>
> Am 24. Mai 2017 wird die Feuerwehr Bonn von der Polizei zu einer Türöffnung angefordert. Vermutet wurde ein Fall häuslicher Gewalt. Vor Ort teilte die Polizei mit, dass Mutter und Kind vermisst würden und die Wohnung kontrolliert werden müsse. Der Polizei wurde anschließend rückwärtig über den Balkon sowie durch die Wohnungseingangstür Zugang in die Wohnung verschafft. Nachdem die Polizei die Wohnung kontrolliert hatte, wurden Mutter und Kind leblos aufgefunden. Die Badezimmertür wurde verschlossen vorgefunden, so dass die Feuerwehr auch diese Tür öffnen sollte. Nachdem die Tür gewaltsam geöffnet wurde, stürmte eine stark verletzte Person, mit einem Messer bewaffnet, auf die Feuerwehrangehörigen zu. Die Person konnte durch Schusswaffengebrauch der Polizei gestoppt werden und verstarb (Feuerwehr Bonn, 2017).

4.1.2 Messerattacken

Messerattacken oder umgangssprachlich Messerstechereien stellen einen häufigen Einsatzanlass dar, der den Rettungsdienst zur Versorgung von Verletzten einbezieht. Charakteristisch ist dabei, dass der Gewaltkonflikt noch im Gange ist bzw. die Lage unübersichtlich ist und weiter Gefahr vom Täter ausgeht.

Dabei kann es sinnvoll sein, einen Führungsdienst mit an die Einsatzstelle zu entsenden. Gerade bei Rettungsdiensteinsätzen fehlt allzu oft eine ausgebildete Führungskraft[5] vor Ort, welche die Möglichkeit hat, sich mit der Erkundung der

---

5   Mindestens mit Gruppenführerqualifikation.

4.1 Gewalttaten

Gefahrensituation zu beschäftigen, und die Kommunikation mit den Polizeikräften sicherstellt.

In jedem Fall wird eine alarmierte Rettungswagenbesatzung zunächst einen Bereitstellungsraum anfahren und dort im Fahrzeug warten, bis die Streifenbesatzung die Situation unter Kontrolle hat und erst dann die Versorgung von Verletzten aufnehmen. Dabei müssen aber sichere und praktische Kommunikationswege gefunden und genutzt werden, um ein sofortiges Handeln einzuleiten und sicherzustellen, sobald die Polizei die Situation unter Kontrolle gebracht hat. Muss eine Streifenbesatzung einem Rettungswagen in Bereitstellung erst über zwei Leitstellen ausrichten lassen, dass die Situation nun unter Kontrolle ist und der Einsatz gefahrlos möglich, ist der Zeitverzug zu groß.

> **Beispiel: Attentat auf Politiker**
>
> Der damalige saarländische Ministerpräsident Oskar Lafontaine wurde am 25. April 1990 während eines Wahlkampfauftritts in Köln durch eine Messerattacke schwer verletzt. An diesem Abend fand eine Veranstaltung in der Mülheimer Stadthalle im gleichnamigen Kölner Stadtteil statt. Neben einem RTW und NEF befand sich ein Beamter der Berufsfeuerwehr als Brandsicherheitswache vor Ort. Diese Brandsicherheitswache war nicht offiziell angefordert worden. Nachdem die Leitstelle mitbekommen hatte, dass die Teilnehmerzahl mit 1.500 Besuchern sehr hoch war, wurde ein Führungsdienst zur Erkundung entsendet. Dieser ließ ad hoc ein Fahrzeug außer Dienst nehmen und setzte die Fahrzeugbesatzung als Sicherheitswachdienst ein (Fritzen, 1990).
>
> Das Attentat auf den saarländischen Ministerpräsidenten wurde gegen 20:45 Uhr verübt. Durch eine Stichverletzung mit einem Messer wurde er am Hals schwer verletzt. Anschließend wurden weitere Rettungsmittel, Notärzte, ein Rettungsbus sowie ein Löschgruppenfahrzeug alarmiert. Weil die Lage vor Ort unübersichtlich war, in Notrufen war von Knallgeräuschen und Schüssen die Rede, forderte der Einsatzleiter (Oberbeamter vom Alarmdienst[6]) noch während der Anfahrt gemäß Alarmplan »Massenanfall von Verletzten« Kräfte nach bzw. erhöhte im Laufe der Anfahrt noch um eine weitere Alarmstufe und forderte darunter 2 Rettungshubschrauber an. Im Nachhinein stellte sich heraus, dass die Knallgeräusche von umfallenden Möbeln erzeugt wurden, als die Menschen aus dem Veranstaltungsraum flüchteten. Vor Ort stimmte der Einsatzleiter mit der Polizei die Raumordnung (Landeplätze RTH) sowie Absperrungen ab. Anschließend wurde der verletzte Politiker in eine Kölner Klinik transportiert (Fritzen, 1990). Aufgrund des hohen Informationsinteresses wurde noch in der Nacht gegen 1.00 Uhr eine Pressekonferenz abgehalten, so dass für den Einsatzleiter der Einsatz erst danach abge-

---

6 Vgl. Beamter des höheren feuerwehrtechnischen Dienstes mit Verbandsführerqualifikation.

schlossen war. Neben dem großen Medieninteresse war auch auf politischer Ebene ein großer Informationsbedarf zu befriedigen. So mussten für die Kommunal- und Landespolitik schriftliche Berichte zum Ablauf gefertigt werden. An dieser Stelle muss wohl kaum erwähnt werden, dass jedes Detail anschließend kritisch analysiert wurde. Insbesondere wurde bei der Aufarbeitung des Einsatzes die Kommunikation zwischen Sanitätsdienst, Brandsicherheitswache und eintreffenden Einsatzkräften überprüft (Fritzen, 1990).

Ein weiteres bekanntes Opfer einer Messerattacke war die Kölner Oberbürgermeisterin Frau Henriette Reker. Sie wurde am 17. Oktober 2015 auf einer Wahlkampfveranstaltung von einem Einzeltäter mit einem Messer attackiert. Für die eintreffenden Kräfte der Kölner Berufsfeuerwehr stellte sich eine statische Lage dar, da der Täter bereits überwältigt worden war. Da vier weitere Personen durch den Täter verletzt worden waren, sind nach dem Eintreffen eines RTW und NEF ein RTH, LF, zwei RTW und ein zweites NEF nachgefordert worden. Da die Tat wenige Tage vor der Kölner Oberbürgermeisterwahl geschah, war die politische Brisanz[7] dieser Tat und damit das Medieninteresse immens. Der Oberbeamte vom Alarmdienst (OVA)[8] erkannte diese politische Brisanz und begab sich an die Einsatzstelle. Sofort informierte er den Amtsleiter der Feuerwehr, den ärztlichen Leiter Rettungsdienst sowie den Pressesprecher des Oberbürgermeisters. Aufgrund der stattgefundenen Wahlkampfveranstaltung hielten sich mehrere politische Amtsträger an der Einsatzstelle auf. Diese gaben auch Auskunft gegenüber den eintreffenden Medienvertretern.

Umgehend wurde Kritik an der Feuerwehr geäußert, sie wäre zu spät eingetroffen, da eine in der Nähe befindliche Polizeistreife etwas schneller vor Ort war. Da der Feuerwehreinsatz von den Medien kritisch hinterfragt wurde, musste die Feuerwehr belegen, dass die Hilfsfrist eingehalten worden war.

Es gibt viele Möglichkeiten, wie ein Einsatz zum Politikum wird bzw. politischen Stellenwert bekommt. Es ist immer dann der Fall, wenn ein Politiker Opfer einer Straftat wird. Daneben kann die Berührung eines politischen Themas, also eines Elements des aktuellen öffentlichen Diskurses (beispielsweise Brand in einer Asylunterkunft, Amoktat in einer Schule), politische Bedeutung gewinnen. In der Folge rückt der Feuerwehr- oder Rettungseinsatz besonders in den Fokus der Öffentlichkeit, die jedes Detail kritisch überprüft und hinterfragt. Begibt sich in einer solchen Situation ein Amtsträger an die Einsatzstelle, sollte der Amtsleiter oder ersatzweise die höchste im Dienst befindliche Einsatzkraft den Amtsträger vor Ort empfangen.

---

7 Zündstoff für Konflikte und Diskussionen liefernd.
8 Vergleichbar A-Dienst.

4.2 Attacken mit Reizstoffen

Bild 18: *Reizgasaustritt in einem Kölner Einkaufszentrum (www.bf-koeln-einsaetze.de)*

Nach einem Attentat auf einen Politiker wird eine Polizeibehörde aufgrund der politischen Bedeutung dieses Anschlags an das zuständige Innenministerium melden. In vielen Bundesländern melden die Feuerwehren nicht regelhaft an Aufsichtsbehörden bis hin zu Schnittstellen in die Politik. Gerade bei Großen Polizeilagen und damit oftmals Einsätzen mit politischer Relevanz ist aber die Unterrichtung von politischen Entscheidungsträgern auf kommunaler Ebene wichtig und muss über klar definierte Meldewege erfolgen.

4.2 Attacken mit Reizstoffen

Einsatzkräfte müssen vor der Exposition mit Pfefferspray geschützt werden, weil sich der Reizstoff am Patienten und dessen Kleidung befindet. Deshalb sollten Einmalhandschuhe, Schutzbrille, ggf. Mundschutz getragen werden. Die Patienten müssen in einen gut belüfteten Bereich verbracht sowie entkleidet werden. Ebenso hilft

4 Polizeilagen

Betroffenen das Waschen der Haare. Zusätzlich kann der Einsatz eines Überdrucklüfters hier eine zweckdienliche Maßnahme sein. Ist der Patient fixiert, sollte er nach einem Tränengaseinsatz nicht in Bauchlage gelagert werden (Knapp, 2018). Neben der direkten Schädigung durch Pfefferspray ist es auch möglich, dass in Menschenmengen Panik erzeugt wird, die zu weiteren Verletzten führt.[9]

> **Beispiel Reizgasattacke**
> An Altweiber (Weiberfastnacht) überfallen fünf Täter eine Pizzeria. Sie werfen einen Gegenstand gegen eine Glasscheibe, die daraufhin berstet. Anschließend versprühen sie Tränengas aus einem größeren Gebinde. Insgesamt müssen 44 Betroffene, darunter 10 Polizisten, durch den Rettungsdienst versorgt werden.

4.3 Pulverfunde

Relativ häufig hat die Feuerwehr mit Pulverfunden zu tun. Darunter werden Briefsendungen verstanden, die verdächtigt werden, Krankheitserreger, Sprengeinrichtungen oder ähnliches zu enthalten. Im Rahmen der Gefahrenabwehr sollte der Gefahrenbereich zunächst abgesperrt werden, hierbei ist die Eigensicherung zu beachten. Bei der Beurteilung eines Pulverfundes sind alle vorhandenen Informationen zu erfassen (Adressat/Absender des Briefes, Poststempel). Aus dem Lagebild kann die Polizei auf die Ernsthaftigkeit und einen etwaigen Anschlagsverdacht schließen. Zuständigkeitshalber sollte das Gesundheitsamt hinzugezogen werden, was jedoch noch nicht flächendeckend passiert.

Zunächst wird ein USBV-Team (Tatortgruppe Entschärfer oder Entschärfertrupp) das Paket auf Sprengmittel untersuchen. Gibt es eine Auffälligkeit bzw. eine Zündeinrichtung, ist das USBV-Team auf jeden Fall hinzuziehen. Vorher sollte das geöffnete Paket auch nicht weiter manipuliert werden.

Anschließend wird Radioaktivität mit einem Kontaminationsnachweisgerät ausgeschlossen. Danach kann das Pulver auf flüchtige chemische Stoffe untersucht werden. Die Prüfung auf biologische Stoffe erfolgt durch Laboranalytik, hierzu muss Rücksprache mit dem zuständigen Labor genommen werden. Ggf. wird das Labor Hinweise zu Verpackung und Transport geben.

---

[9] 6 Tote und 100 Verletzte nach einer Massenpanik in einer italienischen Diskothek, ausgelöst durch Pfefferspray (8.12.2018).

4.4 Sprengstoffexplosionen

Bild 19: *Spezialfahrzeug eines Entschärfertrupps der Bundespolizei zur Entschärfung von unkoventionellen Spreng- und Brandvorrichtungen (Gerhard Berger)*

Bei Pulverfunden ist die Zusammenarbeit mit allen spezialisierten Diensten (Robert-Koch-Institut, Landeskriminalamt, Gesundheitsamt, Landesumweltamt und Laboren sowie den Analytischen Task-Forces) wichtig. Das Bundesamt für Bevölkerungsschutz und Katastrophenhilfe hat zusammen mit dem Robert-Koch-Institut ein Informationsblatt zum Management von Pulverfunden herausgegeben (Robert-Koch-Institut, 2019).

4.4 Sprengstoffexplosionen

4.4.1 Sprengung von Geldautomaten

Die Sprengung von Geldautomaten durch die Entzündung eines eingeleiteten Gases ist leider ein relativ häufiger Einsatzanlass geworden. 2017 kam es zu 268 solcher Sprengungen in der Bundesrepublik (Bundeskriminalamt, 2018). Dabei verschaffen sich Rechtsbrecher Zutritt in den Schalterraum von Banken und zünden im Geldautomatengehäuse ein brennbares Gasgemisch (Acetylen/Sauerstoff). Zur Sprengung eingesetzt wird auch gewerblicher Sprengstoff oder Pyrotechnik (Bundeskriminalamt, 2018). Dabei kann es zu Gefahren durch austretendes Gas, Splitterbildung, Schädigung der Gebäudestruktur oder zu einem Entstehungsbrand kommen. Die Tatzeit wird so ausgewählt, dass keine Kundenfrequenz zu erwarten ist. Oftmals sind Anwohner nur insoweit betroffen, als sie den Explosionsknall hören.

Intensive polizeiliche Maßnahmen werden vermutlich dazu führen, dass die Fallzahlen in Niedersachsen und Nordrhein-Westfalen sinken und in Hessen und Rheinland-Pfalz steigen werden (Bundeskriminalamt, 2018).

Hinsichtlich der Einsatzmaßnahmen der Feuerwehr bei solchen Anlässen sollte vorausschauend vorgegangen werden, um keine Spuren zu verwischen. Dies ist jedoch nur möglich, wenn keine Gefahren bestehen, wenn also durch die Explosion ein Brand ausgebrochen ist und Personen gefährdet sind, muss der Brand ohne Rücksicht auf die Zerstörung von etwaigen Spuren bekämpft werden. Der Einsatz des Drehleiterkorbs im Niederflurbetrieb eignet sich hervorragend, um eine Bankfiliale von außen zu erkunden, ohne dabei den Boden betreten zu müssen und damit etwaige Spuren zu zerstören. Austretendes Gas lässt sich durch ein Mehrgasmessgerät detektieren. Mit dem Einsatz der Wärmebildkamera kann ein Entstehungsbrand ausgeschlossen werden.

Zum Einbruchsschutz in Warenhäusern werden mittlerweile öfter Verneblungsanlagen (»Sicherheitsnebel«) eingesetzt. Automatisch oder manuell ausgelöst sollen durch das austretende Aerosol Eindringlinge die Orientierung verlieren bzw. dadurch abgeschreckt werden. Diese Maßnahme führt jedoch häufig zwangsläufig (auch) zu einem Feuerwehreinsatz, da beispielsweise durch diesen Nebel auch die automatische Brandmeldeanlage aktiviert werden kann.

4.4.2 Bombendrohung

Ziel von Bombendrohungen sind meist öffentliche Einrichtungen, wie Krankenhäuser, Bahnhöfe, Schulen oder private Unternehmen (Kino, Hotel, Gasthäuser). Häufig stecken hinter anonymen Bombendrohungen Kinder, Jugendliche, Personen unter Drogen- oder Alkoholeinfluss sowie Personen mit psychischen Krankheiten. Wichtig ist, dass bei einer Bombendrohung alle Maßnahmen so diskret wie möglich ablaufen, um die öffentliche Wahrnehmung nicht darauf zu lenken. So werden »Trittbrettfahrer« von Nachahmungstaten abgehalten (Landeskriminalamt Sachsen-Anhalt, 2016).

Bombendrohungen werden meist auf telefonischem Wege übermittelt. Damit eine eingehende Drohung durch die Polizei adäquat bewertet werden kann, muss der

4.4 Sprengstoffexplosionen

genaue Inhalt möglichst aufgeschrieben und am besten aufgezeichnet werden (Stolt, 2009). Hierzu gibt es für Leitstellen auch eine entsprechende Checkliste »Verhalten bei telefonischen Bombendrohungen« (Stolt, 2009). Nach dem Eingang einer Bombendrohung sind mehrere Aspekte zu bewerten, die nachfolgend beschrieben werden.

Die Ernsthaftigkeit einer Bombendrohung kann nur von der Polizei eingeschätzt werden. Ihr muss beispielsweise der Text oder Mitschnitt einer eingegangenen Bombendrohung zur Verfügung gestellt werden (Landeskriminalamt Sachsen-Anhalt, 2016). In Deutschland wurde nur in wenigen Fällen tatsächlich ein Sprengsatz nach einer entsprechenden Drohung gefunden (vgl. Stolt, 2009).

Räumung und Durchsuchung

Für bestimmte Versammlungsstätten, große Sport- oder Kulturstätten kann eine Notfallplanung für Bombendrohung sinnvoll sein, in der Verantwortliche/Entscheidungsträger für notwendige Räumungsdurchsagen genannt, die Kommunikations- und Räumungswege festgelegt werden.

Anschließend erfolgt eine äußere und innere Absuche nach einem sprengstoffverdächtigen Gegenstand. Dabei durchsucht man den Außenbereich, die Gebäu-

Bild 20: *Drehleiter und Hilfeleistungslöschfahrzeug in Bereitstellung bei einer Bombendrohung im Kölner Gürzenich am 02.12.2014 (www.bf-koeln-einsaetze.de).*

deeingänge, anschließend die öffentlichen Bereiche eines Gebäudes, die für jedermann zugänglich sind, bis man in die Innenräume vorgeht (Stolt, 2009). Bei der Erkundung technischer Einrichtungen ist auf besondere Gefahren zu achten, die nach einer Sprengstoffexplosion zu weiteren Folgeschäden führen können (z. B. Benzintanks, Chemikaliendepots). Bei der Durchsuchung können besondere Hilfsmittel wie Sprengstoffsuchhunde eingesetzt werden.

Wird ein Gebäude geräumt, kann die nichtpolizeiliche Gefahrenabwehr Unterstützung bei der Leitung von Personenströmen und der Betreuung bieten.

Sprengstoffverdächtige Gegenstände
Das Vorgehen der Polizei bei einem (sprengstoff-)verdächtigen Gegenstand ist mehrstufig. Zunächst wird der Gegenstand als verdächtig (sprengstoffverdächtig) eingestuft. Gibt es weitere Anzeichen oder stellt die Polizei fest, dass es einen USBV-Verdacht gibt, wird der Gegenstand als potenzielle Bombe behandelt. Zum Einsatz kommen dann ein Sprengstoffhund, falls verfügbar, und ein spezielles Röntgengerät. Hinzugezogen wird ein Sprengstoffkommando. Mit dem Ionen-Mobilitäts-Spektrometer (IMS) lassen sich Partikelreste eines Sprengstoffes detektieren (Stolt, 2009).

In Bereichen, in denen ein USBV-Verdacht besteht, dürfen keine Funkgeräte oder Mobilfunkgeräte genutzt werden (Stolt, 2009). Sicherheitshalber sollten diese Geräte abgelegt werden. Unter Umständen kommt ein Störsender (Jammer) zum Einsatz, um die Fernzündung durch Mobilfunkgeräte zu verhindern.

Wenn ein USBV-Verdacht besteht, werden ein Löschzug und Rettungsmittel zur Eigensicherung bereitgehalten.

4.5 Suizidandrohung

In Deutschland töten sich pro Jahr etwa 10.000 Menschen selbst. Auf einen Selbstmord kommen etwa 10 Suizidversuche. Dabei ist der Drang, sich selbst zu töten, der Höhepunkt einer krankhaften Entwicklung. Der Suizident will nicht unbedingt sterben, aber auch nicht mehr so weiterleben wie bisher. Die Motive sind dabei sehr vielfältig: Hoffnungslosigkeit, Selbstaggression, Rache, Hilferuf und viele andere. Als Risikogruppen gelten Süchtige, psychisch Kranke, Alte/Vereinsamte, Kinder, Jugendliche und Helferberufe (VHW, 2018).

Bei der Erkundung einer Suizidgefahr muss man herausfinden, wie konkret die Suizidabsichten sind. Außerdem ist abzuklären, ob der Betroffene bereits einen Suizidversuch unternommen hat, dies steigert die Wahrscheinlichkeit, dass es zu weiteren Suizidversuchen kommt.

4.5 Suizidandrohung

Heutzutage werden vielfach gasförmige Stoffe für den Suizid verwendet. Neben dem Einatmen von Kohlenstoffmonoxid, was mittlerweile sehr geläufig ist, gibt es viele weitere tödlich wirkende Gefahrstoffe, die leicht verfügbar sind. Werden unbekannte Gefahrstoffe beim Suizid eingesetzt, ist eine Obduktion des Leichnams erforderlich, um eine Kontamination und gesundheitliche Folgen für die Einsatzkräfte ausschließen zu können.

Zuständig bei einem angedrohten Suizid ist grundsätzlich die Polizei. Die Feuerwehr dürfte dann zuständig werden, wenn zur Abwehr der Gefahr überwiegend oder ausschließlich technische Maßnahmen der Feuerwehr erforderlich sind (Fischer, 2016 und 2017).

Es sollte örtlich abgestimmt werden, wie Feuerwehr und Polizei bei einem angedrohten Suizid agieren. Hinsichtlich der Einsatzbeteiligung der Feuerwehr lassen sich taktisch zwei Formen des angedrohten Suizids unterscheiden. Ein Suizidversuch, der lediglich mit einer Eigengefährdung einhergeht, jedoch nur durch technische Maßnahmen der Feuerwehr bewältigt werden kann, kann als Feuerwehrlage, unterstützt durch eine Verhandlungsgruppe der Polizei, bearbeitet werden. Ein angedrohter Suizidversuch mit zusätzlicher Gefährdung für Unbeteiligte (Fremdgefährdung) wird als Polizeilage abgearbeitet. Die Feuerwehr unterstützt dann den Einsatz beispielsweise mit einer Drehleiter oder durch die Bereitstellung eines Sprungpolsters. Nachdem die Person gesichert ist, wird sie rettungsdienstlich versorgt und von der Polizei in Gewahrsam genommen.

Der Suizid mittels Selbstverbrennung oder die Selbstzufügung einer Rauchgasvergiftung stellen spezielle Formen des Suizids dar. Dabei wird es sich trotz der Fremdgefährdung um eine klassische Feuerwehrlage handeln. Die Selbstverbrennung kann eine Folge einer psychischen Krankheit sein; genauso kann der Vorgang aber auch dazu dienen, um in der Öffentlichkeit bewusst gegen einen Sachverhalt zu protestieren und sich als Märtyrer darzustellen.

> **Einsatzbeispiel Suizid mit Fremdgefährdung**
>
> Am 28. November 2012 übergoss sich ein 35-jähriger Mann in einem Kölner Supermarkt mit Benzin, zündete sich selbst an und lief brennend durch den Supermarkt. Als erste trafen an der Einsatzstelle mehrere Streifenwagenbesatzungen der Polizei ein, die den Mann mit einer Decke löschten und ihn ins Freie brachten.
>
> Beim Eintreffen der Feuerwehr war unklar, ob sich noch Personen im Supermarkt aufhalten. Folglich wurden alle Einsatzkräfte unter umluftunabhängigem Atemschutz zur Menschenrettung eingesetzt und der komplett verrauchte Supermarkt abgesucht. Letztlich wurde festgestellt, dass sich keine Person mehr im Supermarkt befand. Brennende Regale wurden mit einem C-Rohr abgelöscht. Der

> Mann, der sich selbst angezündet hatte, erlitt schwere Verbrennungen, denen er einige Tage später im Krankenhaus erlag. Die an der Löschaktion beteiligten Polizisten mussten mit Verdacht auf eine Rauchgasvergiftung versorgt werden.

4.5.1 Person droht zu springen

Der Sprung in die Tiefe ist eine häufige Form des Suizids. Als Sprungorte werden Hochhäuser, Balkone, hohe Brücken o. ä. gewählt. Grundsätzlich gibt es die Möglichkeit, verbal auf den Betroffenen einzuwirken oder ihn physisch zu sichern. Praktisch kann auch eine Verknüpfung beider Möglichkeiten durchgeführt werden. Der Versuch, den Suizidenten körperlich zu sichern, ist oft riskant. Ungeübte Handlungen sollten deshalb unterlassen und eine Eigengefährdung vermieden werden. Eine verbale Deeskalation ist dagegen gefahrloser, sie stellt für den Helfer wie für den Betroffenen eine geringere Verletzungsgefahr dar und ist deshalb zu bevorzugen.

Für ein verhandlungssicheres Vorgehen werden Einsatzkräfte mit Kenntnissen in der speziellen Gesprächsführung (Erstsprecher) mit Suizidenten benötigt. Über diese Kenntnisse können Höhenretter verfügen. Der Suizident hat somit einen festen Ansprechpartner. Bis zum Eintreffen professioneller Verhandler (Verhandlungsgruppe) sind Einsatzkräfte in den meisten Fällen schon vor Ort. Somit ist der Erstkontakt mit dem Suizidenten sichergestellt. Nachdem die Verhandlungsgruppe eingetroffen ist, verschafft sie sich erstmal einen Überblick und steigt in das Gespräch mit ein. Es ist möglich, dass der Verhandler in enger Zusammenarbeit mit dem Erstsprecher das Gespräch übernimmt. Dabei ist jedoch zu beachten, dass ein Einsatz einer Verhandlungsgruppe zur Bildung einer BAO führen wird.

Grundsätzlich sollten nur geschulte Kräfte als Erstsprecher fungieren, es ist jedoch nicht auszuschließen, dass eine beliebige Einsatzkraft sich plötzlich dem Suizidenten gegenübersieht. Die Einsatzkraft sollte sich dann so authentisch wie möglich verhalten (mit Namen/Funktion vorstellen) und ein Gespräch beginnen.

Praxistipps für den Erstsprecher:

Vermitteln Sie den Eindruck, dass Sie Ihrem Gegenüber gut zuhören und ihn ernst nehmen. Bringen Sie ihn zum Reden. In der Kommunikation spricht man vom aktiven Zuhören, wenn das Gegenüber ab und zu ein »Aha«, »mhh« sagt und Rückfragen stellt. Während des Gesprächs können Sie immer wieder das Gesagte, die Geschichte und die Gefühle des Suizidenten in Ihren eigenen Worten zusammenfassen und fragen, ob Sie ihn richtig verstanden haben. Das Gegenüber wird

4.5 Suizidandrohung

> sich dadurch hoffentlich verstanden fühlen, was die Situation verbessern könnte (Horn, 2011). Wenn Sie selbst etwas sagen, formulieren Sie in der Form: »Ich denke (...)«, »Ich meine (...)«. Bleiben Sie immer authentisch und spielen Sie dem Suizidenten nichts vor. Legen Sie sich fünf Sätze über den Sinn des Lebens und die Dinge, an die Sie glauben, zurecht, sie werden Ihnen in einer solchen Situation helfen.

Nachdem der Kontakt hergestellt worden ist, empfiehlt ein Gesprächsleitfaden, dass der Zustand des Suizidenten angesprochen und sein Hintergrund erfragt wird. Daran schließt die Verhandlung an. Entscheidet sich der Betroffene dennoch zum Suizid, so ist dies keine Konsequenz der Verhandlung. Einsatzkräfte sollten dann möglichst wegsehen und sich möglichst die Ohren zuhalten. Im Anschluss ist psychosoziale Unterstützung für die Einsatzkräfte notwendig.

> **Einsatzbeispiel Bedrohungslage: angedrohter erweiterter Suizid**
>
> Mitarbeiterinnen des Jugendamtes wollen einen gerichtlich angeordneten Sorgerechtsentzug durchsetzen. Dazu suchen sie eine Wohnung im vierten Obergeschoss eines fünfgeschossigen Reihenmittelhauses auf, in der eine 49-jährige Mutter mit ihrem 13-jährigen Sohn wohnt. Die Situation eskaliert, die Mutter verweigert das Öffnen der Tür und droht am geöffneten Fenster (im vierten Obergeschoss), aus dem Fenster zu springen oder sich und dem Kind mit dem Messer etwas anzutun, sollte ihr das Kind entzogen werden. Die Feuerwehr setzt zwei Sprungpolster ein, um den Sprungbereich abzudecken. Daneben wird eine Drehleiter in Stellung gebracht und der Korb 2 m vor das Fenster gefahren. Zunächst gelingt es, die Frau zu beruhigen.
>
> Etwa eine Stunde nach Beginn des Feuerwehreinsatzes trifft eine Verhandlungsgruppe der Polizei ein. Mit einer weiteren Drehleiter wird eine Polizistin dieser Einheit vor das Fenster gefahren. Die Situation spitzt sich zu, als die Mutter sich mit einem Messer am Fenster zeigt. Die Polizei alarmiert das SEK und bildet einen BAO inklusive Führungsstab. Die Höhenretter begeben sich ins Dachgeschoss, um gegebenenfalls die Frau oder den Sohn von oben sichern zu können (Hacker, 2012).
>
> Der Einsatzleiter der Feuerwehr entsendet einen Verbindungsbeamten zum Führungsstab der Polizei. Zudem wird dem Abschnittsleiter der Polizei ein Verbindungsbeamter der Feuerwehr zugeordnet. Knapp sechs Stunden nach Einsatzbeginn entschließt sich das SEK zum Zugriff. In einem günstigen Moment wird die Frau von einem SEK-Beamten aus dem Korb heraus mit einem Taser beschossen und dadurch kurz handlungsunfähig. Zeitgleich wird die Wohnung gestürmt. Mutter und Sohn werden durch den Rettungsdienst versorgt und abtransportiert (Hacker, 2012).

4 Polizeilagen

4.6 Beispielszenarien für die Zusammenarbeit von Feuerwehr und Polizei

Die nachfolgenden Szenarien bieten sich an, um einsatztaktische Möglichkeiten zu durchdenken. Mögliche Lösungen hierzu befinden sich im Anhang des Buches.

4.6.1 Szenario 1: »Person droht zu springen«

Sie fahren als Zugführer zu einem Einsatz »Person droht zu springen« in eine Reihenhaus-Siedlung. Als Sie mit dem ELW 1 eintreffen, sind bereits zwei Streifenwagen und ein HLF 20 vor Ort. Der Fahrzeugführer teilt ihnen per Funk mit, dass sich im Haus mit der Nr. 20 eine junge Frau eingeschlossen habe, die nach einem Streit mit ihren Eltern drohe, aus dem Fenster/vom Balkon zu springen. Polizei und HLF-Besatzung befinden sich bereits im Haus Nr. 20 und auf dem Dach, ein Trupp auf dem rückwärtigen Balkon der Hausnummer 18.

Vor dem Gebäude stehend erkennen Sie, dass es sich um zweigeschossige Mehrfamilienhäuser handelt, die aneinander angrenzen. Sie entschließen sich, die Gebäuderückseite zu erkunden, begeben sich zur Hausnummer 22 und drücken alle Klingeln. Ihnen wird im Erdgeschoss von einer älteren Dame geöffnet. Sie erklären kurz den Sachverhalt und verlangen nach Zugang zur Gebäuderückseite. Die Dame erklärt Ihnen, dass sich im Obergeschoss zwei Ferienwohnungen befinden, die aktuell nicht belegt sind. Sie schließt Ihnen eine Wohnung auf und zeigt ihnen den Weg zum Balkon. Auf dem Balkon erkennen Sie, dass die Hausnummern 18, 20 und 22 jeweils eine Dachterrasse haben, die durch Balkonbrüstungen und einen kleinen Versatz getrennt sind. Im Garten der Hausnummer 20 befinden sind bereits Polizisten, die nach der jungen Frau Ausschau halten.

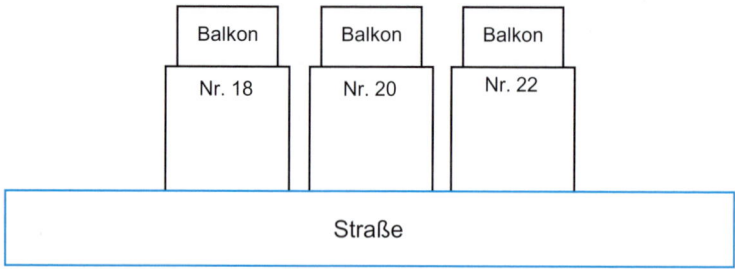

Bild 21: *Draufsicht*

4.6 Beispielszenarien für die Zusammenarbeit von Feuerwehr und Polizei

Plötzlich steht vor Ihnen eine junge Frau, die einen relativ normalen Eindruck auf Sie macht. Sie steht einen halben Meter entfernt hinter der Brüstung des benachbarten Balkons und zeigt kein sonderbares Verhalten. Erst als Blickkontakt besteht, wird ihnen schlagartig klar, dass es sich um die Person handelt, die mutmaßlich in die Tiefe springen will. Zwischen den Brüstungen der beiden Balkone ist ein Versatz von etwa einem halben Meter.

Sie schaffen es, die Frau in ein Gespräch zu verwickeln. Plötzlich fällt von ihr der Satz »wäre es nicht besser, wenn ich die Brüstung übersteige« und zu Dir rüberkomme. Sie ergreift die Brüstung und legt einen Fuß auf die Brüstung, um herüberzusteigen. Ein Blitzen in ihren Augen begleitet diese Aktivität und verdeutlicht, dass ihr Verhalten kaum einzuschätzen ist.

- Welche Gefahren erkennen Sie?
- Welche Handlungsmöglichkeiten gibt es?
- Wie verhalten Sie sich ab jetzt?

4.6.2 Szenario 2: Unterstützung einer Ermittlung

Nachts meldet sich ein Anrufer in der Leitstelle der Feuerwehr und gibt sich als Mitarbeiter des örtlichen Kriminalkommissariats XY aus. Der Anrufer schildert, dass er in einem Fall sehr schwerer Körperverletzung ermittelt. Einige Stunden zuvor sei es in der Gaststätte am Ort X zu einer Schlägerei gekommen. Ein Beteiligter läge jetzt im Koma in der hiesigen Uniklinik. Es sei unklar, ob er überleben werde. Die Polizei müsse jetzt dringend den Täter ermitteln, tatverdächtig sei ein Feuerwehrmann namens Heinz, der an der Feuerwache XY arbeitet. Man bräuchte nun die private Wohnanschrift des Verdächtigen. Der Anrufer teilt außerdem mit, dass spätestens am nächsten Tag ein Beamter der Kriminalpolizei zur Leitstelle kommen würde, um die Personalien zu erfragen. Da es jedoch dringend sei, bitte er bereits jetzt um Übermittlung der Adresse. Er hinterlässt seine Handynummer.

Der Disponent informiert Sie über den Sachverhalt und fragt, wie zu verfahren ist. Welche Überlegungen stellen Sie an und welchen Auftrag geben sie dem Lagedienst?

5 Große Polizeilagen

5.1 Unfriedliche Versammlungen und Ansammlungen: Tumult- und Krawallsituationen

Aus Massenveranstaltungen mit gewaltbereiten Teilnehmern geht die Gefahr einer Tumult- oder Krawallsituation aus. Dabei kann es sich um **Versammlungen** handeln, die durch das Versammlungsrecht geschützt sind, sie können unter unfriedlichen Demonstrationen zusammengefasst werden, oder um nicht vom Versammlungsrecht geschützte **Ansammlungen mit gewalttätigem Verlauf**. Bei Ansammlungen handelt es sich um die öffentliche Zusammenkunft einer größeren Menschenmenge aus Anlass einer Großveranstaltung oder einer Sportveranstaltung (o. A., 2001).

Bild 22: *Polizeiketten sichern den Fanmarsch vor einem Hochrisikospiel (masterpress)*

Demonstrationen
Die weltpolitische Lage hat heutzutage oftmals unmittelbare Auswirkungen auf die gesellschaftlichen Diskussionen in Deutschland, die immer wieder auch zu Demonstrationen führen. Unter Demonstration fasst man eine Versammlung einer Gruppe von Menschen unter freiem Himmel zusammen, die gemeinsam ihre Meinung öffentlich äußern (Beckord, 2007). Der Anlass reicht dabei von Tierversuchen, Umweltpolitik, Studiengebühren, gewerkschaftlichen Zielen bis hin zu kriegerischen

5.1 Unfriedliche Versammlungen und Ansammlungen

Auseinandersetzungen in Drittländern. In Deutschland haben im Jahr 2008 rund 23 % der Bevölkerung an genehmigten und nur 4 % an nicht genehmigten Demonstrationen teilgenommen (Schmidt/Röser, 2011).

Da es sich bei der Versammlungsfreiheit um ein Grundrecht nach Artikel 8 des Grundgesetzes handelt, ist der Staat verpflichtet, eine neutrale Position einzunehmen, die Meinungsäußerung im Rahmen der Demonstration zu ermöglichen und auch in schwierigen Situationen die öffentliche Sicherheit und Ordnung zu garantieren. Störungen der alltäglichen Abläufe (Verkehrsbehinderung usw.) durch Proteste sind rechtlich gedeckt. Eine Demonstration beziehungsweise Versammlung meldet der Veranstaltungsleiter bei der Versammlungsbehörde (Ordnungsamt/Polizei) an und teilt dabei die Anzahl der Teilnehmer sowie den Ort mit. Aufgrund dieser Angaben erlässt die Versammlungsbehörde Auflagen zur Durchführung der Versammlung, diese können Streckenverlauf, Anzahl zu stellender Ordner, die sanitätsdienstliche Versorgung der Teilnehmer usw. festlegen.

Demonstrationen sind politisch. Dabei kommt es per se zu subjektiven Wahrnehmungen. So werden Demonstrationsteilnehmer etwa das Blockieren von Wegen als »zivilen Ungehorsam« und als legitime Form des Protests ansehen. Hierbei kann es hilfreich sein, auf die unterschiedlichen Aufgaben von Feuerwehr und Polizei hinzuweisen.

Die Formen von Demonstrationen sind vielfältig (Beckord, 2007):

- **Versammlung**
  Nach dem Grundgesetz handelt es sich hierbei um das örtliche Zusammenkommen mehrerer Personen (also ab zwei Personen), um eine Kundgebung zur öffentlichen Meinungsbildung abzuhalten.
  Spontandemonstrationen, welche nicht 48 Stunden vor Demonstrationsbeginn versammlungsrechtlich angemeldet wurden, bilden sich für einen bestimmten Anlass oder spontan, beispielsweise um einen extremistischen Protestzug zu stören. Je nach Ordnungsrecht sind solche Kundgebungen nicht anmeldepflichtig oder werden kurzfristig angemeldet.

- **Aufzüge, Protestzug oder -marsch**
  Von einem Punkt A zu einem Punkt B erfolgt ein Demonstrationszug, der meist zu Fuß unterwegs ist oder zusätzlich durch Fahrzeuge begleitet wird. Der genaue Verlauf der sogenannten Aufzugstrecke muss vorab genehmigt werden. Ein Protestmarsch kann auch mehrtägig sein und dabei die Strecke in die Zuständigkeit mehrerer Polizeidienststellen fallen. Hierbei kann die Versammlungsbehörde des Startortes als zuständige Versammlungsbehörde für die Gesamtstrecke verantwortlich werden und muss sich dann mit den einzelnen Polizeidienststellen beraten (Schäfer, 2013).

- **Mahnwache**
  Mahnwachen erinnern an traurige oder traumatische Ereignisse. Sie finden oft schweigend und in den meisten Fällen friedlich statt.
- **Besetzungsaktionen**
  Die Besetzung von Betrieben oder baulichen Anlagen ist ein Mittel, um Regelabläufe zu stören und dadurch Druck auf Dritte auszuüben. Aufgrund ihres symbolischen Charakters ist die Besetzung von Botschaften und Konsulaten ein häufiges Mittel, um in einem fremden Land Druck auf ein Drittland auszuüben. Ähnlich wie Besetzungen verfolgt auch die Blockade von Verkehrswegen oder öffentlichen Freiflächen das Ziel, Regelabläufe zu stören, um die Aufmerksamkeit der Öffentlichkeit zu erreichen.

Der Großteil von Versammlungen in der Bundesrepublik Deutschland (BRD) verläuft friedlich. In einigen wenigen Fällen kommt es aber zu gewalttätigen Auseinandersetzungen. Dies hängt unter anderem von der Zusammensetzung der Versammlungsteilnehmer ab. Auf ein Gewaltpotenzial können darüber hinaus folgende Faktoren hinweisen:
- zu vermutende Gegendemonstranten,
- aktueller innenpolitischer Konflikt,
- Bezug zu staatlicher Sicherheitspolitik,
- Bezug zu außenpolitischem Konflikt (kriegerische Auseinandersetzung im Land XY).

Ein solcher außenpolitischer Konflikt, der auch in Deutschland stattfindet, ist beispielsweise der türkisch-kurdische Konflikt (Kranz, 2017). Aufgrund der hohen Anzahl von Unterstützern beider Lager in Deutschland sind gewalttätige Auseinandersetzungen zwischen ihnen immer und an vielen Orten möglich.[10]

Die Versammlungsbehörde/Polizei wird in diesen Fällen dem Veranstaltungsleiter zusätzliche Auflagen machen. Im Einsatzbefehl werden den Polizeikräften Vorgaben gemacht, welche Maßnahmen zur Sicherstellung der öffentlichen Sicherheit und Ordnung freigegeben sind. Eine Demonstration kann nur beim Vorliegen schwerwiegender Gründe untersagt oder abgebrochen werden.

Im Fall eines Gewaltausbruchs spricht man von einem **Tumult** oder **Krawall** (Schäfer, 2013), wenn von einer Personengruppe Gewalt ausgeht. Dabei kann es zu

---

10 2017 ermittelte die Bundesanwaltschaft wegen 130 durch die kurdische PKK verübten Straftaten.

5.1 Unfriedliche Versammlungen und Ansammlungen

Brandstiftungen kommen, es können Wurfgeschosse oder andere Waffen eingesetzt werden.

Die Sicherheitsbehörden verfügen jedoch oftmals schon im Vorfeld über Informationen darüber, ob es infolge gesellschaftlicher oder politischer Konflikte zu gewalttätigen Auseinandersetzungen kommen kann, Propaganda womöglich zu Gewalt aufruft oder Demonstrationsteilnehmer gewaltbereit (Störer) sind. Diese Gefahrenprognose ist jedoch nur belastbar, wenn eine optimale Erkenntnislage aller Sicherheitsbehörden vorhanden ist (Schäfer, 2013).

Falls Sie Einsicht in das Lagebild der Polizei bzw. Lagebild LKA erhalten, gibt Ihnen die Anzahl an Hundertschaften sowie die Anzahl erwarteter Störer über das Gewaltpotenzial der Störer Auskunft.

Polizeitaktik
Wird ein Tumultpotenzial bekannt, wird die Polizei eine BAO bilden und entsprechende Kräfte vorplanen, damit ein Kräfte-/Störerverhältnis von 1 zu 1 gewahrt wird (Schäfer, 2013). Dazu werden überregional Einsatzkräfte von Bereitschafts- oder Bundespolizei angefordert (Tietz, 2010). Während der Veranstaltung wird der Einsatzabschnitt Aufklärung (der Polizei) besonders wichtig, um etwaige Gewalthandlungen möglichst frühzeitig absehen zu können.

Generell muss die Polizei bei Massenveranstaltungen mit Gewaltpotenzial defensiv agieren. Als Taktik genießt dabei die Deeskalation, nicht nur bei Demonstrationen, oberste Priorität. Darunter wird die Strategie verstanden: »freundlich zu sein, ohne schwach zu erscheinen« (Füllgrabe, 2017). Polizeikräfte gehen dabei aktiv auf ihr Gegenüber ein und bringen Gleichrangigkeit zum Ausdruck. Die Überlegenheit (Gewaltmonopol) wird nicht demonstrativ zur Schau gestellt, die Einstellung der Polizisten ist versöhnlich. Das Ziel ist eine vertrauensvolle Kommunikation. Auf Provokationen wird angemessen reagiert und sobald die Angelegenheit erledigt ist, ist der Umgang wieder freundlich (Füllgrabe, 2017). Kommt es jedoch zu Auseinandersetzungen oder körperlicher Gewalt, muss die Polizei konsequent reagieren.

Der Veranstaltungs- oder Versammlungsleiter ist dabei auch während der Veranstaltung wichtigster Ansprechpartner für die Polizei. In sogenannten Kooperationsgesprächen kann die Polizei auf die Einhaltung von Auflagen oder die Einflussnahme auf Demonstrationsteilnehmer fordern.

Streckenschutz bezeichnet den Einsatz von Kräften, um zu verhindern, dass der Verkehr auf Straßen, Eisenbahnlinien, Wasserstraßen durch Störer behindert wird. Beim Objektschutz werden bestimmte gefährdete Gebäude (Botschaften, Regierungsgebäude usw.) während eines Demonstrationsgeschehens durch Polizeikräfte

5 Große Polizeilagen

Bild 23: *Polizeikräfte beim Raumschutz: Sie verhindern den Versuch von Gegendemonstranten, eine rechtsextreme Kundgebung in Duisburg zu stören (David Young).*

geschützt. Eine weitere Möglichkeit ist die Festlegung einer Bannmeile durch Landes- oder Bundesgesetze. Innerhalb dieses festgelegten Raumes sind Demonstrationen nach Versammlungsrecht verboten (o. A, 2001).

Beim Raumschutz wird ein bestimmtes Gebiet durch Polizeieinheiten bestreift. Dabei wird Präsenz gezeigt und gleichzeitig aufgeklärt, ob sich z. B. Störer zusammenrotten.

Das Separieren von Störern ist eine Möglichkeit, um Straftaten zu verhindern. Dabei können durch polizeiliche Maßnahmen auch Unbeteiligte betroffen werden. Ein sehr weitreichendes Mittel ist dabei die Einkesselung, die die Rechte der Eingeschlossenen einschränkt. Um Gewalttaten oder die Bewegung des Demonstrationszuges zu verhindern, werden die Demonstrationsteilnehmer durch Polizeikräfte eingekreist. Dabei werden nicht nur Straftäter ihrer Bewegungsfreiheit beraubt, sondern auch unschuldige Demonstrationsteilnehmer. Deshalb werden solche Maßnahmen regelmäßig durch Gerichte überprüft.

Es kommt vor, dass Demonstrationsteilnehmer aus dem »Kessel« den Notruf wählen oder auf anderem Wege rettungsdienstliche Versorgung fordern oder um mitzuteilen, dass sich Frauen und Kinder in der Einkesselung befinden. Unter Umständen können sich Verletzte selbstständig an den Rand des Kessels bewegen oder, wenn es die Situation zulässt, begeben sich Polizeikräfte in den Kessel, um die jeweilige Person herauszuholen und dem Rettungsdienst an einem Übergabepunkt zuzuführen (Peters, 2018). Ein rettungsdienstlicher Einsatz innerhalb einer Menschenmenge birgt besondere Gefahren. Hier ist Absprache mit der Polizei zu treffen (Tietz, 2010).

Gewaltsame Demonstrationsteilnehmer
Im Zuge der Proteste gegen den Gipfel der 19 wichtigsten Industrie- und Schwellenländer und der Europäischen Union (G 20) in Hamburg kam es 2017 teilweise zu gewalttätigen Ausschreitungen. Unter anderem wurden Fahrzeuge und Mülltonnen in Brand gesetzt. Es wird vermutet, dass die Täter sowohl aus der sogenannten Autonomen-Szene der BRD als auch aus dem Ausland stammten (Pfahl-Taughber, 2017). Hinsichtlich ihrer politischen Einstellungen gab es unter ihnen zwar geringe Übereinstimmung, gemeinsam war ihnen jedoch der hohe Stellenwert von Militanz und Gewalt. Vielfältige Anleitungen für militante Aktionen kursieren im Internet. Dabei reichen die sogenannten »Aktionsformen« von der Blockade von Straßen durch Krähenfüße oder brennende Autoreifen, der Brandstiftung mit Brandsätzen, die auch mit elektronischen Zeitzündern ausgestattet sind, bis hin zum Kurzschließen von elektrischen Oberleitungen der Bahn mit Eisenketten.

In der Silvesternacht 2018 wurden die Reifen von drei Einsatzfahrzeugen der Leipziger Feuerwehr sowie der Polizei durch Krähenfüße zerstört (TAG 24, 2019).

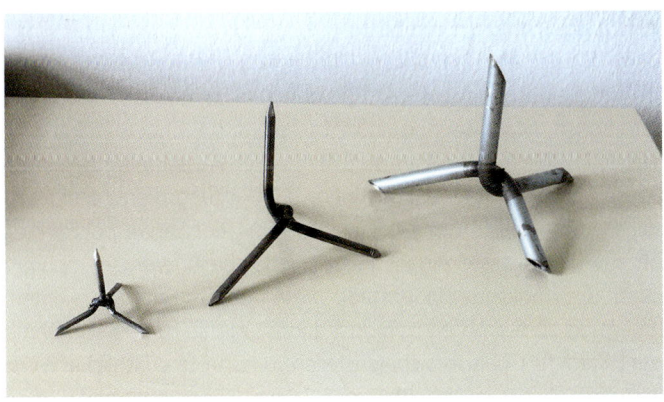

Bild 24: *Krähenfüße*

5 Große Polizeilagen

Das Ausmaß von Gewalthandlungen bei dem G 20-Gipfel in Hamburg oder bei der Eröffnung des Neubaus der Europäischen Zentralbank (EZB) in Frankfurt/Main unterscheidet sich vom G 7-Gipfel auf Schloss Elmau 2015, wo es zu sehr wenigen Gewalttaten kam (Pfahl-Taughber, 2017). Eine mögliche Erklärung ist, dass die Mobilisierung von linksextremistischen Gewalttätern in Metropolen leichter fällt. In Hamburg waren darüber hinaus auch unpolitische Trittbrettfahrer (sogenannte **erlebnisorientierte Jugendliche und Erwachsene**) an den Gewalttaten beteiligt. Die Mobilisierung kann dank Sozialer Medien sehr schnell und für die Sicherheitsbehörden kaum nachvollziehbar erfolgen.

Ein Teil des linksextremistischen Spektrums ist aus der Friedensbewegung, der Frauenbewegung, der Umweltschutzbewegungen der 1980er Jahre sowie aus den Protesten gegen die Atommülltransporte hervorgegangen. Anlassbezogen werden Teile dieser Gruppen auch gewaltsam aktiv, beispielsweise in Form von Ausschreitungen zum 1. Mai oder bei der Räumung besetzter Häuser. Oftmals werden Gruppen gewaltbereiter Demonstrationsteilnehmer als »Schwarzer Block« bezeichnet. Gewalttäter gibt es selbstverständlich auch mit anderen ideologischen Hintergründen. Dies können rechtsextremistische, islamistische, erlebnisorientierte und viele weitere Motive sein.

Auf die Erfahrungen zu den oben genannten Veranstaltungen G 20-Gipfel und Eröffnung des Neubaus der EZB wird im Folgenden näher eingegangen.

5.1.1 Beispiele für Unfriedliche Versammlungen

EZB-Eröffnung Frankfurt am Main
Unter dem Sammelbegriff »Blockupy«-Proteste fanden am 18. März 2015 anlässlich der Eröffnung eines Neubaus der Europäischen Zentralbank (EZB) diverse Großdemonstrationen, Mahnwachen und Protestveranstaltungen in Frankfurt am Main statt (Ries et al., 2015). Dabei kam es zu immensen Ausschreitungen, die sich auch in Gewaltausbrüchen gegenüber Feuerwehr und Rettungsdienst entluden.

In der Planungsphase wurde gemeinsam mit der Landespolizei die Ausgangssituation für die Proteste eingeschätzt. Angemeldet wurden mehrere Demonstrationen in der Frankfurter Innenstadt. Diese Demonstrationen reichten von 1.000 Teilnehmern bis zum größten Demonstrationszug mit 10.000 Teilnehmern. Für die Feuerwehr Frankfurt galt es sicherzustellen, dass trotz erheblicher Verkehrsbehinderungen die Hilfsfrist eingehalten wird. Daher war es notwendig, die Abmarschfolgen in den betroffenen Straßen zu ändern. Für die Demonstration selbst wurde die notwendige Vorhaltung von Einsatzmitteln eingeplant (Ries et al., 2015).

5.1 Unfriedliche Versammlungen und Ansammlungen

Das Gelände der EZB wurde durch die Polizei weiträumig abgesperrt, so dass die Sicherstellung des Brandschutzes und der Notfallrettung von außen nicht möglich war. Dieser »Inselzustand« wurde gelöst, indem für die Veranstaltung eine temporäre Feuer- und Rettungswache innerhalb der inneren Absperrung aufgebaut wurde. Darüber hinaus wurde der Verletztentransport über den Main zu verschiedenen Übergabepunkten geplant. Neben der Entsendung von Verbindungsbeamten und einer erhöhten Vorhaltung von Fahrzeugen und Personal wurden weitere Führungsdienste der Ebene Zugführer in Dienst genommen sowie ein Führungsstab in Rufbereitschaft versetzt (Ries et al., 2015).

In der Nacht vor der Eröffnung der EZB kam es bereits zu einigen Brandstiftungen an Fahrzeugen und zu Sachbeschädigungen. In den frühen Morgenstunden kam es vermehrt zu Fahrzeug-Bränden, darunter auch von Einsatzfahrzeugen der Polizei, brennenden Müllbehältern und ausgelösten Brandmeldeanlagen. Einige Gruppen von Gewalttätern bewegten sich durch das Stadtgebiet und führten Sachbeschädigungen und Brandstiftungen durch (Ries et al., 2015).

Dies hatte ein erhöhtes Einsatzaufkommen für die Feuerwehr und den Rettungsdienst zur Folge, so dass der Führungsstab der Feuerwehr die Arbeit aufnehmen musste. Das Aggressionspotenzial war für die Feuerwehr in diesem Ausmaß nicht vorhersehbar. Ein Führungsfahrzeug wurde beispielsweise von Demonstranten eingekesselt, die Heckscheibe eingeschlagen und Reizgas gegen die Fahrzeugbesatzung eingesetzt. Im weiteren Verlauf wurden Einsatzstellen im Umfeld der Demonstration nur nach Rücksprache mit der Polizei angefahren. Durch die Verbindungsbeamten im Führungsstab der Polizei konnte eine Gefährdungseinschätzung übermittelt und dementsprechend Anfahrtswege abgestimmt werden (Ries et al., 2015). Hier ist die Erkenntnis gereift, dass die Demonstranten teilweise nicht zwischen polizeilicher und nichtpolizeilicher Gefahrenabwehr unterscheiden. Die Vermutung liegt nahe, dass diese Unterscheidung ausländischen Demonstrationsteilnehmern aus ihren Herkunftsländern nicht bekannt war.

G 20-Gipfel Hamburg
Vom 7. bis zum 8. Juli 2017 fand in Hamburg der G 20-Gipfel statt. Für die mit der Gefahrenabwehr betrauten Institutionen der Freien und Hansestadt Hamburg galt es, die Gipfelteilnehmer, bestehend aus hochrangigen Politikern und Diplomaten, zu schützen und zeitgleich den Grundschutz für die 1,8 Millionen Stadteinwohner aufrechtzuerhalten. Auf diese Aufgabe bereitete sich die Feuerwehr Hamburg mit einem Vorbereitungs- und Planungsstab über anderthalb Jahre intensiv vor. Unter anderem wurden Stabs- und Vollübungen als Vorbereitung auf dieses Großereignis durchgeführt. Daneben fanden Koordinierungstreffen und Fortbildungen statt

(Wenderoth et al., 2018). Als eine Art Generalprobe diente die Ministerratskonferenz der Organisation für Sicherheit und Zusammenarbeit in Europa (OSZE) im Dezember 2016. Hierbei wurden die Planungen getestet, wobei größere Ausschreitungen komplett ausblieben.

Die vorgehaltenen Kräfte wurden für den Einsatz auf bis zu 1.132 Einsatzkräfte der nichtpolizeilichen Gefahrenabwehr erhöht. Ein Großteil bestand aus Beamten der Feuerwehr Hamburg. Dazu wurde für den G 20-Gipfel von einem 3-Schichtsystem auf ein 2-Schichtsystem umgestellt und eine Urlaubssperre verhängt. Um organisatorische Probleme frühzeitig ausmerzen zu können, wurde der Wechsel der Schichtfolge bereits eine Woche vor dem Ereignis durchgeführt. Zusätzlich kamen überörtliche Kräfte zum Einsatz (Analytische Taskforce, Feuerwehr Berlin, Hannover und Einheiten aus Nordrhein-Westfalen). Diese überörtlichen Einsatzkräfte und die Kräfte der Polizei aus anderen Ländern der BRD erhielten eine Handakte im Taschenformat, um über Handlungsempfehlungen und Verfahrensweisen informiert zu sein.

Bereitgestellte Informationen der G 20-Fibel der Feuerwehr Hamburg (Vorbereitungsstab G 20/OSZE, 2017):

- Ablaufplan der Veranstaltung
- Karte des Einsatzraums mit Sicherheitsbereichen
- Verhaltenshinweise betreffend Pressevertreter und Bürger sowie bei polizeilichen Kontrollen
- Kurzbedienungsanleitung HRT (Digitalfunk)
- Dienstgradabzeichen Berufs- und Freiwilliger Feuerwehr, Schutzpolizei, Wasserschutzpolizei sowie taktische Kennzeichnung der Bereitschaftspolizei und der Bundespolizei
- Führungsstruktur bei ausgewählten Lagen (Feuer 4, MANV)
- Erreichbarkeit und Kontaktadressen

Insgesamt waren über 20.000 Einsatzkräfte der Polizei im Einsatz (Burschewski, 2018). Da beim Gipfeltreffen dieses Ausmaßes oftmals Sicherheitsbereiche festgelegt werden, die komplett von der Außenwelt abgeriegelt sind (»Inselzustand«), haben auch die Kräfte der nichtpolizeilichen Gefahrenabwehr keinen unmittelbaren Zugang zu ihnen. Hier kann nur innerhalb der inneren Absperrung die Bereitstellung von Kräften (Brandschutz und Rettungsdienst) vorgeplant werden. Zudem muss der Abtransport von Patienten aus der inneren Absperrung vorbereitet und im Vorfeld mit den Kräften der polizeilichen Gefahrenabwehr abgesprochen werden. Aufgrund der geografischen Ausdehnung des Gipfeltreffens und der urbanen Topografie waren mehrere Bereitstellungsräume nötig, um die Kräfte gezielt einsetzen zu können.

5.1 Unfriedliche Versammlungen und Ansammlungen

Während des Gipfels hatte ein Einsatzstab (operativ-taktische Komponente) die Arbeit aufgenommen. Darin waren auch die Hilfsorganisationen[11], Bundeswehr, THW und Freiwillige Feuerwehr, Fachberater u. a. vertreten (Burschewski, 2018).

Trotz der guten Vorbereitung gestaltete sich der Gipfelverlauf als eine besondere Herausforderung. Es wurde viel Improvisationsgeschick gefordert, um auftretende Probleme zu lösen. So wurde beispielsweise in bestimmten Sicherheitsbereichen eine Akkreditierung für Einsatzkräfte der Feuerwehr benötigt.

Auch durch hohe Sicherheitsstandards wurde der Feuerwehreinsatz erschwert. So kam der öffentliche Straßenverkehr in einigen Stadtteilen fast zum Erliegen. Trotz einer guten Vorbereitung kam es vor, dass kurzfristig 100 Einsatzkräfte zusätzlich akkreditiert werden mussten. Bei der Absicherung einer Hubschrauberlandung wurden Einsatzkräfte der Feuerwehr nicht durch eine Absperrung gelassen, da es sich um eine Protokollstrecke handelte. Zusätzlich wurden auch die Fahrzeuge der nichtpolizeilichen Gefahrenabwehr sorgfältig auf Sprengstoff untersucht (Frese, 2017).

Während des Gipfels kam es zu massiven Ausschreitungen, die ihren Schwerpunkt im Schanzenviertel hatten. Die Feuerwehr Hamburg musste viele dehydrierte oder verletzte Polizeieinsatzkräfte versorgen (Wenderoth et al., 2018). Laut offiziellen Angaben wurden 476 Polizisten verletzt, 227 Beamte fielen kurzzeitig wegen Erschöpfungssyndromen aus (Burschewski, 2018). Die Feuerwehr rückte nur in Bereiche vor, die zuvor von der Polizei gesichert worden waren. Keine Kräfte von Feuerwehr und Rettungsdienst wurden im polizeilichen Gefahrenbereich tätig (Burschewski, 2018). Auch hier stellte sich die Entsendung von Verbindungsbeamten in den Stab der Polizei als sehr hilfreich heraus. Das Bild 25 zeigt das Einsatzaufkommen mit Bezug zum G 20-Gipfel (305 Rettungsdienst-, 161 Brandeinsätze), das zusätzlich zum normalen Einsatzaufkommen (3.648 Einsätze) abzuarbeiten war. Der Anteil der Einsätze mit unmittelbarem G 20-Bezug war also relativ gering, sie gingen jedoch mit einem erheblichen Koordinationsaufwand einher.

In einen Zusammenhang mit den Protesten wurden auch einige größere Brände gebracht. So kam es während des Gipfels zu einem Großbrand in einem Reifenlager und in einem Autohaus. Zu einem Massenanfall von Verletzten kam es, als Demonstranten von einer Brücke bis zu 2 m in die Tiefe stürzten, weil ein Geländer brach. Insgesamt 14 Verletzte mit Frakturen, darunter Schwerverletzte, mussten versorgt werden.

---

11 ASB, DRK, Johanniter, DLRG und Malteser.

5 Große Polizeilagen

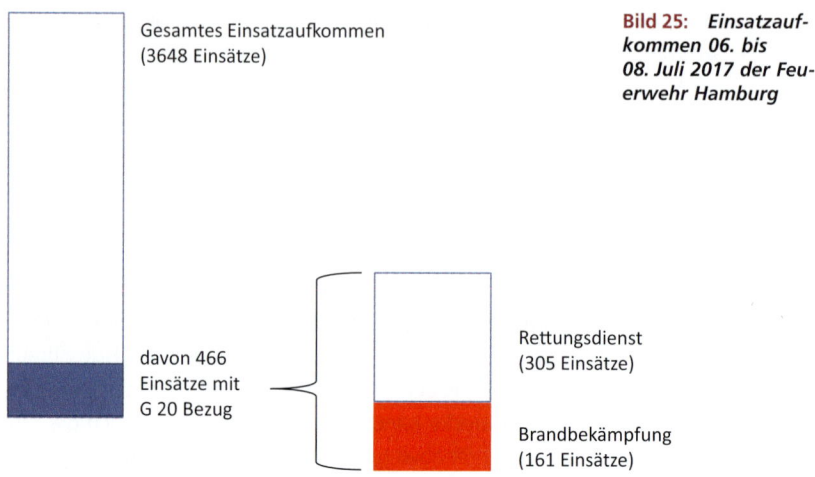

Bild 25: *Einsatzaufkommen 06. bis 08. Juli 2017 der Feuerwehr Hamburg*

Die massiven Sachbeschädigungen, Plünderungen und Gewaltexzesse hinterließen auch bei den Einsatzkräften Spuren, obwohl kein Angehöriger der Feuerwehr oder der Hilfsorganisationen bei der Einsatzdurchführung verletzt wurde. Es kam jedoch zu Sachbeschädigungen an einigen Fahrzeugen. Die Hamburger Feuerwehr war davon ausgegangen, dass sich Gewalt nur sehr selten gezielt gegen Einsatzkräfte von Feuerwehr und Rettungsdienst wendet. Als ein solcher Stimmungsumschwung unter den Demonstrationsteilnehmern befürchtet wurde, wurde ein entsprechender Tweet getwittert, dass man zwischen der Arbeit von Feuerwehr und Polizei unterscheiden muss.

Die Kräfte der Polizei vermieden es, eigene Fahrzeuge auf der Straße offen und ungeschützt abzustellen. Zum Schutz vor Brandanschlägen wurden geschützte Parkräume verwendet. Trotz der vielen Brandstiftungen vor allem auf private Fahrzeuge Unbeteiligter konnte eine Brandausbreitung auf Wohngebäude verhindert werden.

Ein Hamburger Zugführer der Feuerwehr berichtete von einem Einsatz im Schanzenviertel. Die Einsatzfahrt wurde durch unzählige Polizeifahrzeuge auf dem Weg verzögert. Dabei traf der Löschzug, gefolgt von 2 Wasserwerfern, auf eine Polizeikette. Der Autor beschreibt das sich ihm bietende Bild wie folgt: »Hinter den Polizeikräften bot sich uns ein Bild der Verwüstung. Schwelende Reste von Barrikaden, aufgerissenes Pflaster der Gehwege und der Fahrbahn, eingeschlagene Schaufenster«. Es brannte ein geplünderter Drogeriemarkt, der auf der Rückseite angezündet worden war. Durch den Einsatz der Drehleiter konnte eine Brand-

5.1 Unfriedliche Versammlungen und Ansammlungen

ausbreitung verhindert werden, so dass die Lage statisch wurde. Nachdem die Polizeikräfte abgerückt waren, rotteten sich Plünderer aus den Seitenstraßen zusammen, die den Einsatz der Feuerwehr behinderten und störten. Erst auf das Drängen eines Führungsdienstes wurde eine Hundertschaft der Polizei zum Schutz des Feuerwehreinsatzes eingesetzt. Der Einsatz dauerte die Nacht über bis zum Morgengrauen. Aus den Schilderungen wird deutlich, dass zusätzlich zu den körperlichen Anstrengungen die Atmosphäre eskalierter Gewalt die Einsatzkräfte belastete (Frese, 2017).

Besetzung eines Konsulats in Düsseldorf
Durch die Zuspitzung eines politischen Konfliktes kam es 1999 zur Besetzung eines griechischen Konsulats in Düsseldorf. Hintergrund war die Festnahme des Führers der kurdischen Arbeiterpartei PKK, Abdullah Öcalan.

Der schwelende Konflikt zwischen dem türkischen Staat und der kurdischen PKK[12] eskalierte am 15. Februar 1999, als Abdullah Öcalan in Nairobi festgenommen wurde. PKK-Sympathisanten machten den griechischen Staat für dessen Festnahme verantwortlich, weltweit wurden griechische Einrichtungen das Ziel von Protesten. Am 16. Februar 1999 bat die Polizei in Düsseldorf um die Bereitstellung eines Löschfahrzeuges zu einer Demonstration vor dem griechischen Konsulat. Nach der Rückmeldung des Fahrzeugführers »angedrohte Selbstverbrennung im Konsulat« wurden weitere Feuerwehreinheiten sowie ein Führungsdienst entsandt.

Dass kurdische Demonstranten zu solchen Selbstverbrennungen fähig sind, hatte sich bereits 1994 in Mannheim gezeigt, als sich zwei kurdische Frauen aus Protest gegen die Rechtslage in ihrer Heimat selbst anzündeten.

Vor dem Konsulat in Düsseldorf befanden sich mehrere hundert kurdische Demonstranten. Eine kleine Gruppe verschanzte sich in den Räumen des Konsulats im 3. OG und drohte damit, sich selbst zu verbrennen. Im Treppenraum wurde Benzin vergossen. Die Feuerwehrkräfte brachten im Nachbarhaus ein C-Rohr in Stellung. Vorsorglich wurden durch die Leitstelle in den umliegenden Krankenhäusern Verbrennungsbetten recherchiert. Gegen 06:15 Uhr stürmten weitere Personen das Gebäude. Der Einsatzleiter der Feuerwehr ließ vor Ort Rettungsmittel für einen Massenanfall an Verletzten in Bereitstellung gehen. Zwischenzeitlich traf das SEK an der Einsatzstelle ein, so dass Feuerwehrkräfte sich auf die Brandbekämpfung im Gebäudeinneren vorbereiten konnten. Erst gegen 22:00 Uhr verhandelten politische Vertreter mit den Demonstranten. Ein Verhandlungsführer erklärte, dass die Aktion

---

12 Die PKK ist seit dem 26. November 1993 in Deutschland verboten.

5 Große Polizeilagen

freiwillig beendet werden kann, wenn auf eine erkennungsdienstliche Erfassung der Demonstranten verzichtet werde. Kurz darauf verließen die Demonstranten in kleinen Gruppen die Einsatzstelle. Einzelne Gruppen von Demonstranten wurden durch die Polizei verfolgt (Graeger, 1999).

Der Polizeiführer leitete den Einsatz vor Ort, er musste jedoch Maßnahmen mit seinem Führungsstab abstimmen. Da bundesweit gleichzeitig in vielen Städten ähnliche Aktionen stattfanden, wurde von der Polizei ein bundesweit einheitliches Vorgehen gefordert. Trotz des Einsatzes von Verbindungsbeamten war damals der Informationsaustausch zwischen Polizei und Feuerwehr nicht ausreichend. Durch den Verbindungsbeamten aus dem Führungsstab war der Einsatzleiter der Feuerwehr schneller informiert als durch den Austausch vor Ort (Graeger, 1999).

Eine Woche nach diesem Vorfall versuchten PKK-Anhänger in Berlin, das israelische Konsulat zu stürmen. Nach einem Hinweis des Bundeskriminalamts wurden dorthin etwa 30 Polizisten der Bereitschaftspolizei entsandt. Israelische Sicherheitskräfte erschossen aus der Botschaft heraus 3 PKK-Sympathisanten.

Bild 26: *Bild einer friedlichen kurdischen Demonstration am Düsseldorfer Hauptbahnhof 2016 (Gerhard Berger)*

5.1 Unfriedliche Versammlungen und Ansammlungen

Krawalle bei Kurdischem Kulturfestival in Mannheim
Während eines kurdischen Kulturfestivals auf einem großen Veranstaltungsgelände mit etwa 40.000 Teilnehmern kam es plötzlich zu Krawallen, die in drei Wellen stattfanden und sich gegen eingesetzte Polizeibeamte richteten. Zunächst kam es während einer Feststellung von Personalien zu Ausschreitungen, an denen sich etwa 100 – 200 Personen beteiligten, die Polizeibeamte unter anderem mit Steinen attackierten. Daraufhin zogen sich die Einsatzkräfte vom Gelände zurück und bildeten vor dem Eingang zum Gelände eine Polizeikette. Ein verletzter Polizeibeamter wurde per Crash-Rettung von seinen Kollegen aus der Gefahrenzone gerettet.

An einem Bahnsteig ereignete sich etwa eine Stunde später eine zweite Gewaltwelle, als Störer Schottersteine aus dem Gleisbett auf Polizeikräfte warfen (Schäfer, 2013). Unter den 73 verletzten Polizeibeamten waren 2 Schwerverletzte zu beklagen.

Nachdem die Krawalle bekannt geworden waren, informierte die Rettungsleitstelle die umliegenden Krankenhäuser, die teilweise ihre Krankenhausalarmplanungen auslösten und zusätzliches Personal alarmierten (Feist, 2012). Der Großteil der Beamten wurde ambulant in Kliniken versorgt, der Transport erfolgte weitgehend durch die Polizei selbst.

Der Informationsfluss galt als verbesserungswürdig, so dass beschlossen wurde, einen Verbindungsbeamten von Feuerwehr/Rettungsdienst im Führungsstab der Polizei einzusetzen. Auch bei diesem Einsatz wurde angemerkt, dass es für den Einsatz des Rettungsdienstes notwendig ist, dass die Polizei »sichere Bereiche« festlegt (Feist, 2012).

5.1.2 Einsatzgrundsätze bei Versammlungen und Ansammlungen

Wird ein Gewaltausbruch erwartet bzw. mit Verletzten gerechnet, sind folgende Aspekte bei der Planung und Durchführung des Feuerwehr- und Rettungsdiensteinsatzes bei Versammlungen zu berücksichtigen.

Zur Einsatzplanung gehört unter anderem die gezielte und redundante Planung des Kommunikationseinsatzes. Die Einsatzplanung ist den eigenen Kräften bekanntzugeben. Die Einsatzkräfte sind mit einer Funkskizze auszustatten. Zudem ist darauf hinzuwirken, dass die Zuführung von Einsatzmitteln in die Bereitstellungsräume vor der Veranstaltung abgeschlossen ist. Einsatzkräfte melden eigene Beobachtungen der Leitstelle. Eine umfassende Einweisung der Führungskräfte ist notwendig, denn sie stellt sicher, dass die besonderen einsatztaktischen Vorgaben eingehalten werden. An Feuer- und Rettungswachen ist der Verschlusszustand herzustellen (Peters, 2018).

Tabelle 2: *Tumult- und Krawallsituationen*

Ort	Datum	Uhr	Anlass	Meldebild	Opfer	Einsatz-kräfte	MANV
Hamburg	07/08.07.2017	ganztägig	Tumult	divers, 466 Einsätze	476 verletzte Polizeibeamte	1.132	Ja
Mannheim	08.09.2012	15:22 Uhr	Tumult		73 verletzte Polizeibeamte		Ja

Ordnung des Raumes

Bei Versammlungen kommt der **räumlichen Ordnung** eine entscheidende Rolle zu. Gibt es Bereiche, die aus Sicherheitsgründen komplett unzugänglich (»Inselzustand«) sind, muss hier ein Objektschutz (Brandschutz, Rettungsdienst) innerhalb des abgesperrten Bereichs zur Verfügung stehen, der Abtransport von Verletzten vorgeplant und ggf. Feuer- und Rettungswachen verlegt werden.

Bild 27: *Absperrung eines Demonstrationsgeschehens am Kölner Hauptbahnhof (www.bf-koeln-einsaetze.de)*

5.1 Unfriedliche Versammlungen und Ansammlungen

Weiterhin sind folgende Aspekte wichtig:

- Welche Anfahrten können noch genutzt werden? Wo ist kein Durchkommen mehr?
- Wo befindet sich aktuell der Demonstrationszug?
- Wo werden militante Gruppierungen bzw. gewaltbereite Störer vermutet?
- Wie können Einsatzkräfte schnell in den Einsatz gebracht werden (Bereitstellungsraum)? Der Gefahrenschwerpunkt soll möglichst zwischen zwei Bereitstellungsräumen liegen, damit auf Verkehrssperrungen reagiert werden kann. Reserven anlegen.
- Wo ist der sichere Bereich? Wo können Einsatzkräfte unter dem Schutz von Polizeikräften tätig werden?
- Welcher Meldeweg wird bei Übergriffen gegen Einsatzkräfte der nichtpolizeilichen Gefahrenabwehr genutzt?

Da es sich um eine Flächenlage handelt, ist ein solcher Einsatz rückwärtig zu führen. Die Leitstelle oder der Führungsstab führt möglichst minutengenau eine Lagekarte, wo sich der Aufzug befindet und welche Straßen dadurch blockiert sind. Diese Informationen können nur durch den ständigen Austausch mit der Polizeiführung (Polizeistab) bzw. der Polizeieinsatzzentrale in Erfahrung gebracht werden (Einsatz von Verbindungsbeamten). Kommt es zu einer Notrufmeldung aus dem Bereich des Demonstrationszuges oder einem angrenzenden Bereich, wird jeweils bei der Polizei nachgefragt. Hierbei ist die Gefahrenbeurteilung für die Polizei relativ eindeutig. Entweder ist ein Bereich für den Einsatz von Feuerwehr- und Rettungsdienst sicher oder nicht. Im zweiten Fall wird die Polizei darauf hinweisen, dass abzuwarten ist, bis Kräfte den Bereich aufgeklärt haben oder andere Maßnahmen durchgeführt wurden. Im Zweifelsfall ist ein Führungsdienst zur Erkundung zu entsenden.

Dadurch wird verhindert, dass Einsatzkräfte zwischen Polizeikräfte und gewaltsame Demonstranten geraten. Muss die Feuerwehr dennoch im Demonstrationsraum beispielsweise zur Brandbekämpfung tätig werden, sollten immer Führungskräfte mitgeschickt werden, die vor Ort die Gefahren erkunden und Absprachen mit den Polizeikräften treffen.

Einsatzmittel im Versammlungsraum werden abgesetzt disponiert. Die Abstimmung mit anderen Disponenten ist jedoch wichtig, um Mehrfachdispositionen zu vermeiden. Sprechfunkverkehr ist sicherzustellen (Peters, 2018), daher ist möglichst immer ein ELW mitzuschicken, da nur so sichergestellt werden kann, dass der Funk immer besetzt ist.

Im Sinne der Deeskalation kann zum Beispiel bei hohen Temperaturen Trinkwasser an die Demonstranten ausgegeben werden. Allgemein sind Blaulicht und Einsatzhorn nur zurückhaltend einzusetzen. Türen und Fenster der Einsatzfahrzeuge sind geschlossen zu halten und auf Provokationen ist nicht zu reagieren (Peters, 2018).

Brandbekämpfung
Eine Vielzahl von Brandstiftungen im Stadtgebiet darf nicht dazu führen, dass keine Brandschutzreserven mehr zur Verfügung stehen; auch wenn es sich »nur« um Sachwertschutz (brennende Pkw) handelt. Teilweise wurden Kräfte auch durch Falschmeldungen in bestimmte Bereiche gelockt. Eine Möglichkeit bietet hier das Verifizieren über die Polizeileitstelle.

Bei der Brandbekämpfung innerhalb des Demonstrationsgeschehens sind Flammschutzhaube und Helm mit geschlossenem Visier zu tragen. Kann eine Gefährdung von Menschen, Tieren oder der Umgebung ausgeschlossen werden, ist die Eigensicherung als wichtiger einzuschätzen als die Brandbekämpfung. So können bei Kleinbränden mobile Feuerlöscher genutzt werden, um auf eine Wasserversorgung über Hydranten verzichten zu können. Auch auf die Nutzung der Schnellangriffseinrichtung muss verzichtet werden. Rollschläuche lassen sich im Notfall deutlich schneller abkuppeln und können an der Einsatzstelle zurückgelassen werden. Zudem müssen die Einsatzfahrzeuge an der Einsatzstelle möglichst in Fluchtrichtung abgestellt werden.

Gerade bei brennenden Barrikaden muss durch eine Lageerkundung vor Ort festgestellt werden, ob Einsatzkräfte der Feuerwehr gefahrlos die Brandbekämpfung durchführen können, ob die Polizei eigene Mittel einsetzt (Wasserwerfer, Feuerlöscher) oder ihr Mittel zur Verfügung gestellt werden (Strahlrohr) und lediglich ein Maschinist die Fahrzeugpumpe bedient.

Rettungsdiensteinsätze
Für die rettungsdienstliche Versorgung ist vorab wichtig zu klären, ob die Polizei einen Einsatzabschnitt »Ärztlicher Dienst« vorhält. Können vorab Orte (Übergabepunkte) festgelegt werden, wo Verletzte dem Rettungsdienst übergeben werden? Weiterhin helfen stationäre ärztliche Sichtungsstellen, um den Transport einzelner Patienten zu vermeiden und mehrere Leichtverletzte gesammelt zu transportieren (Peters, 2018).

Die Feuerwehr Hamburg empfiehlt ihren Rettungsdienstkräften, bei der Einfahrt in Gefahrenzonen einer Demonstration die komplette Rettungsdienstschutzkleidung inklusive Rettungsdienstschutzjacke und Schutzhelm zu tragen (Wenderoth et al., 2018). Es ist jedoch zu bedenken, dass dies in gewisser Weise zur Eskalation beitragen kann, da das Aufziehen des Schutzhelms konfrontativ wirkt und dem Täter sig-

5.1 Unfriedliche Versammlungen und Ansammlungen

Bild 28: *Einsatz eines Polizeigitters zur Trennung von Demonstrationsteilnehmern (David Young)*

nalisiert, dass ein Schutz als notwendig erachtet wird, damit man sich vor dem Störer/Täter sicher fühlt. Aus diesem Grund werden Polizeikräfte, die speziell zur Deeskalation eingesetzt werden, bewusst ohne Schutzkleidung ausgerüstet. Wichtig ist hierbei jedoch, dass der Schutzhelm auf jeden Fall mitgeführt wird. Ist bei einem Rettungsdiensteinsatz keine Polizei vor Ort, wird ein HLF nachgefordert. Durch die Berufsfeuerwehr besetzte RTW können im Demonstrationsgeschehen gegenüber durch HiOrg besetzten Fahrzeugen Vorteile bieten. Die Besatzung ist unter Umständen taktisch besser geschult (feuerwehrtechnische Ausbildung, Gruppenführer). Die Zusammenarbeit mit der HLF-Besatzung ist routinierter und zudem kann die Besatzung auch unter Maske-Filter in den Einsatz gehen.

Merke:

Einsatzkräfte sollten auf folgende Hinweise für Gewaltpotenzial achten und umgehend melden:
- Anlegen von Depots für Gewalttäter
- Errichten von Barrikaden
- Störung von Verkehrswegen

5.2 Terroranschläge

Terroristische Anschläge und Attentate werden verübt, um
- politische,
- religiöse
- oder ideologische Ziele zu erreichen.

Dabei wird zu verschiedenen Mitteln gegriffen, wie erpresserische Entführung, Anschläge auf Personen oder Eigentum sowie Mord. Im Vordergrund einer terroristischen Tat steht die psychologische Wirkung (o. A., 2001 und Pfahl-Taughber, 2016). Um in der Bevölkerung Furcht und Schrecken zu erzeugen oder eine Regierung zu nötigen, werden brutale Gewalt angewandt und schwere Straftaten verübt. Damit die Bevölkerung entsprechend reagiert, muss die Tat über die Medien weite Teile der Öffentlichkeit erreichen. Nur sie verschafft den Terroristen, insbesondere durch die schnelle Verfügbarkeit von Bildern, die Betroffenheit erzeugen, die gewünschte Aufmerksamkeit (Binder, 1978). Um die mediale Aufmerksamkeit durch die Schädigung möglichst vieler Opfer zu steigern, werden besondere Ziele nach Ort, Zeit und Symbolwert ausgewählt. Diese Anschlagsziele sind oftmals Innenstädte bzw. Tourismus- und Vergnügungszentren, Reisezentren wie Bahnhöfe und Flughäfen oder Großveranstaltungen (Fußballspiele) (Kranz, 2016).

Terror in Europa
Zwischen 1970 und 2000 waren in Europa zahlreiche nationale und sozial-revolutionäre terroristische Gruppierungen aktiv. In den 1970er Jahren verzeichnete Europa weltweit die meisten Terroropfer (Binder, 1978).

Im Norden Spaniens und Südwesten Frankreichs kämpfte die nationalrevolutionäre Untergrundbewegung ETA (Euskadi Ta Askatasuna) für einen baskischen Nationalstaat. Die baskischen Separatisten töteten seit den 1960er Jahren bis 2009 mehr als 800 Menschen, meistens durch Sprengstoffanschläge.

Die Irisch-Republikanische Armee (IRA) ist eine paramilitärische katholische Untergrundorganisation, die für ein vereintes Irland kämpfte. Um das Ziel einer republikanischen irischen Unabhängigkeit zu verwirklichen, nutzte die IRA die typischen Methoden einer Terrororganisation. In Nordirland starben zwischen 1969 und 1977 1.800 Menschen, darunter auch 500 Angehörige von Militär und Polizei. Etwa 20.000 Menschen wurden durch IRA-Aktivitäten verletzt (Binder, 1978). Genauso gab es auch eine protestantische Untergrundbewegung (Ulster Defence

5.2 Terroranschläge

Assocation), die Anschläge verübte. IRA und ETA zielten in ihren Anschlägen bewusst auf Einsatzkräfte.

Terrorismus in Deutschland
In die Bundesrepublik Deutschland zog der Terrorismus mit dem Münchener Olympia-Attentat 1972 ein. Im sogenannten Deutschen Herbst im Jahr 1977 verübte die Rote Armee Fraktion (RAF) in der Bundesrepublik innerhalb von sechs Wochen mehrere Verbrechen. Der Präsident der Bundesvereinigung Deutscher Arbeitgeberverbände Dr. Hanns Martin Schleyer wurde in Köln entführt (Wegener et al., 2016). Dabei wurden sein Chauffeur und drei Personenschützer erschossen, später wurde auch Dr. Hanns Martin Schleyer erschossen aufgefunden. Mit einem automatisch gezündeten Sprengsatz wurde der Vorstandsvorsitzende der Deutschen Bank Dr. Alfred Herrhausen getötet.

Die Rote Armee Fraktion war eine linksextremistische terroristische Vereinigung in der Bundrepublik Deutschland. Ab 1970 verübte sie 33 Morde an Führungskräften aus Politik, Wirtschaft und Verwaltung sowie an Polizisten und Zollbeamten. Daneben führte sie mehrere Geiselnahmen, wie die Schleyer-Entführung, Banküberfälle und Sprengstoffanschläge durch (Wegener et al., 2016). 1998 verkündete die RAF ihre Selbstauflösung.

Rechtsterrorismus
In Deutschland gilt das Sprengstoffattentat auf das Münchener Oktoberfest als einer der schwersten Terrorakte der deutschen Nachkriegsgeschichte. Dabei wurden am 26. September 1980 13 Menschen getötet und 211 verletzt. Am 27. Juli 2000 explodierte am Düsseldorfer S-Bahnhof Wehrhahn eine mit TNT gefüllte Rohrbombe. Zehn Personen wurden dabei zum Teil schwer verletzt. Eine Schwangere verlor ihr ungeborenes Kind. Es wird vermutet, dass diese beiden Taten dem rechtsextremistischen Spektrum zugeordnet werden können.

In den 1990er-Jahren gab es mehrere Brandanschläge auf Wohnstätten in Lübeck, Mölln und Solingen, die von Ausländern bewohnt waren (Aust/Lambs, 2014). Durch die schnelle Brandausbreitung kamen dabei in Mölln und Solingen mehrere Personen zu Tode. Bei dem Brandanschlag auf das Haus der in Solingen lebenden Familie Genc am 29. Mai 1993 kamen fünf Familienmitglieder zu Tode.

Am 9. Juni 2004 detonierte im Kölner Stadtteil Mülheim eine ferngezündete Nagelbombe. Dabei wurde ein in einem Motorradkoffer befindlicher Sprengsatz, der mit Nägeln gefüllt war, vor einem Friseursalon gezündet. Durch die Druckwelle und die Splitterwirkung wurden 22 Personen verletzt, vier davon schwer. Entgegen dem üblichen Terrormuster wurden diese Taten des sogenannten Nationalsozialistischen

Untergrunds (NSU) erst nach Enttarnung der Terrororganisation bekannt. Neben mehreren Mordanschlägen verübte die Gruppe auch zwei Sprengstoffanschläge, darunter der o. g. Nagelbomben-Anschlag in Köln (Aust/Lambs, 2014).

Islamistischer Terror
Generell ist der Islam eine friedliche Religion, die mit dem christlichen Glauben einige Werte teilt. Unter den Muslimen gibt es aber eine kleine Minderheit, die sehr extremistische politische Ansichten vertritt, den sogenannten Islamismus. Demnach bedeutet islamistisch, dass jemand fundamentalistische Ansichten vertritt. Die Einstellung sogenannter Islamisten steht im Widerspruch zum Grundgesetz. Dem islamischen Extremismus werden einige (wenige) Gruppierungen zugeordnet, die terroristische Gewalt als legitimes politisches Mittel ansehen. Bekannte islamistische Terrororganisationen sind Daesh, Islamischer Staat, Al-Qaida und Taliban.

In West-Europa sind bis zum Jahr 2000 durch islamistischen Terrorismus 61 Personen gestorben, mit den Anschlägen vom 11. September 2001 wandelte sich das Bild. Die islamistische Terrorgruppe Al-Qaida begann einen »neuen« radikalen Terrorismus mit einer völlig neuen Taktik. Die Organisation war in der Lage, teure, komplexe und personalintensive Anschläge durchzuführen und dabei auf einen politischen Dialog völlig zu verzichteten. Zu blutigen Anschlägen kam es auch in Madrid und London. Zwischen dem 11. September 2001 bis zum Jahr 2016 starben in Europa 554 Menschen allein durch Anschläge islamistischer Täter (Helm et al., 2017). Zum Vergleich starben in Europa in diesem Zeitraum insgesamt ca. 2.266 Menschen durch Terroranschläge (Institute for Economics & Peace, 2017).

In den letzten Jahren hat die Zahl der Terroranschläge wieder zugenommen. Das Jahr 2016 galt als eines mit den schlimmsten Anschlägen. In Europa kamen 168 Menschen durch terroristische Anschläge ums Leben (Institute for Economics & Peace, 2017). Lange Zeit blieb Deutschland von Terroranschlägen verschont. Neben Paris, Brüssel, Nizza, Manchester und London waren im Jahr 2016 auch Ansbach und Berlin betroffen (Franke et al., 2017). Dabei haben die Terrororganisationen ihre Taktiken wieder weiterentwickelt. Es werden viele kleinere Anschläge verübt, bei denen die Sicherheitsbarrieren leichter überwindbar sind (Kranz, 2016). Zum Teil werden auch Selbstmordanschläge oder Sprengstoffanschläge in Kombination mit Schusswaffengebrauch verübt. Bei 40 % der Anschläge wurden Sprengstoffe eingesetzt. Dabei konnte etwa die Hälfte der Sprengstoffanschläge vereitelt werden (Institute for Economics & Peace, 2017). Als Täter kommen Einzeltäter oder Kleingruppen vor, die alltagsübliche Gegenstände wie Messer, Äxte, Fahrzeuge, die leicht zu beschaffen sind, als Waffen verwenden (Franke et al., 2017). Experten urteilen, dass Europa ein interessantes Ziel darstellt, da bislang kaum wirksame Abwehr-

5.2 Terroranschläge

maßnahmen erfolgt sind (Kranz, 2017). Auch künftig kann es in Deutschland zu terroristischen Anschlägen kommen, wobei man annehmen muss, dass sich die Taktiken weiterentwickeln.

Unabhängig von der Ideologie verbindet Terrorgruppen eine gemeinsame Logistik. In der terroristischen Vorbereitungsphase steht die Beschaffung von Fahrzeugen, Geldmitteln, konspirativen Wohnungen, Garagen, Ausweispapieren, Kommunikationsmitteln und Waffen im Vordergrund. Darüber hinaus entsteht vor allem ein hoher finanzieller Aufwand (Pfahl-Taughber, 2016). Der NSU und die RAF beschafften sich Geld durch Banküberfälle. Dies zeigt, dass sich an dieser Praxis zwischen 1970 und 2012 wenig geändert hat.

In letzter Folge zielen Terroristen darauf ab, den Rechtsstaat und damit das demokratische Verfassungssystem in ein schlechtes Licht zu rücken. Der Bürger soll seinen Glauben an den Rechtsstaat und die Selbsthilfefähigkeit des Staates verlieren. Zur Abwehr solcher Bestrebungen müssen ein Schwarz-Weiß-Denken (über Freund und Feind) sowie Angst und Panik in der Bevölkerung verhindert werden.

Der Beitrag der Gefahrenabwehr besteht darin, dass sie das Vertrauen, das die Bevölkerung in sie und den Staat setzt, bestätigt bzw. wieder herstellt (Pfahl-Taughber, 2016). Feuerwehr und Rettungsdienst leisten dabei einen wesentlichen Beitrag und sind deshalb ein bevorzugtes Ziel von Terroristen (Lippay/Bernhard, 2018). In Propagandavideos des Islamischen Staates werden Einsatzkräfte von Polizei, Feuerwehr und Rettungsdienst explizit als Ziele genannt. Damit wird eine besondere psychologische Wirkung beabsichtigt, da der Tod von Einsatzkräften die Bevölkerung besonders stark verunsichert. Der Glaube an die Selbsthilfefähigkeit leidet, wenn der Staat seine eigenen Kräfte vermeintlich nicht schützen kann.

5.2.1 Beispiele für Terroranschläge

Sprengstoffanschlag Madrid
Am 11. März 2004 wurden zwischen 07:39 und 07:42 Uhr in vier Zügen mittels Mobiltelefonen zehn Sprengsätze gezündet (Cwojdzinski et al., 2010). Durch weitere vier nicht detonierte Sprengsätze in den Zügen bestand für die Einsatzkräfte große Gefahr während der Rettungsarbeiten (Müller et al., 2012).

Der Anschlag in Madrid gilt als einer der tödlichsten Anschläge in Europa (Lippay/Bernhard, 2018). Insgesamt wurden 2.062 Menschen verletzt, von ihnen waren 177 sofort tot (Cwojdzinski/Poloczek, 2010). In den Zügen wurden vor allem dadurch viele tödliche Explosionsverletzungen verursacht, dass die Türen zum Zeitpunkt der Explosion geschlossen waren. 976 Verletzte mussten in Krankenhäusern versorgt werden, 83 Patienten befanden sich in einem kritischen Zustand. Von ihnen erlagen 14 Personen nach einigen Tagen ihren schweren Verletzungen. Die Patientenverteilung gestaltete sich durch die vier simultanen Anschlagsereignisse als schwierig (Müller et al., 2012).

Nach etwa 2,5 Stunden waren alle Verletzten in Krankenhäuser abtransportiert. Von den knapp 1.000 in den Kliniken behandelten Verletzten begab sich ein Großteil selbst in die Krankenhäuser und umging den Rettungsdienst (Selbsteinweiser) (Cwojdzinski et al., 2010). Erschwerend kam hinzu, dass aufgrund der fehlenden Koordination in der Patientenzuweisung die Patienten ungleich verteilt waren (Turegano-Fuentes et al., 2005). So musste das zu den Einsatzstellen nächstgelegene Krankenhaus (GMUGH) mit insgesamt 1.800 Betten 312 Verletzte versorgen. Auf das Schadensereignis wurde das medizinische Personal durch die ersten Radio- und Fernsehberichte aufmerksam. Noch bevor offizielle Informationen bereitstanden, wurde verfügt, dass die Nachtschicht im Dienst bleibt und die Einsatzpläne des Krankenhauses umgesetzt werden. So wurden Patienten entlassen, um freie Bettenkapazitäten zu schaffen, die Notaufnahme geräumt sowie 66 geplante Operationen abgesagt.

Weiterhin erschwerten Kommunikationsprobleme zwischen den Helfern den Einsatz (teilweiser Ausfall des Mobilfunknetzes). Mit 70.000 Helfern war die Zahl der Einsatzkräfte besonders hoch. Darin sind jedoch auch Kräfte unterschiedlicher Polizeibehörden und Forensiker eingeschlossen. Ein Jahr später kam es am 7. Juli 2005 zu einem ähnlichen Anschlag auf drei Londoner U-Bahnzüge und einen Bus. Hierbei wurden 770 Menschen verletzt (Cwojdzinski et al., 2010).

Mehrfachanschläge von Paris
Mit zwei Explosionen, die während der Liveübertragung des Fußball-Freundschaftsspiels Frankreich gegen Deutschland für Millionen Fernsehzuschauer zu hören waren, begann am 23. November 2015 um 21:17 Uhr eine Anschlagsserie in der französischen Hauptstadt Paris. Im Umfeld des Stadions zündeten drei Attentäter ihre Sprengstoffwesten. In vier weiteren Straßenzügen griffen Attentäter mit Schusswaffen und Sprengmitteln Menschen an, die sich auf offener Straße, in Restaurants und Bars aufhielten. Das Selbstmordkommando bestand aus drei bs vier Teams mit jeweils drei Attentätern. Sie nutzen dabei auch ein Fahrzeug, um zu zwei weiteren Orten zu gelangen und dort ebenfalls auf Passanten zu schießen. In die Konzerthalle Bataclan drangen drei Attentäter während eines Konzerts ein. Nachdem eine geringe Zahl der 1.500 Zuschauer aus dem Konzertsaal geflüchtet war, begannen die Attentäter auf die Zuschauer zu schießen und setzten auch Handgranaten ein. Es dauerte einige Stunden, bis die Polizei alle Attentäter ausschalten konnte. Es ist

5.2 Terroranschläge

überflüssig zu erwähnen, dass es sich um eine extrem belastende Situation handelte. Schwerverletzte befanden sich in der Gewalt der Terroristen, bedrohten Personen war der Fluchtweg durch ein ausgebrochenes Feuer verschlossen (Hirsch et al., 2015).

Getötet wurden 124 Personen und 638 verletzt. 302 Verletzte mussten in Krankenhäusern versorgt werden. Die Feuerwehr Paris, die Rettungsdienstorganisation SAMU und die Krankenhäuser nutzten die Erfahrungen aus dem Anschlag auf Charly Hebdot im Januar 2015, um die bestehenden Einsatzplanungen zu überarbeiten. Viele Einsatzkräfte verfügten auch über persönliche Erfahrungen aus diesem Einsatz. Unter anderem wurden die Versorgung von Schussverletzungen, Standards in der Disposition und der Kontakt mit einem Schützen trainiert. Auch regelmäßige Vollübungen fanden statt. Zufällig hatte es auch am Tag des Anschlags eine solche Übung gegeben. Dabei flossen in die Übungsszenarien neben stattgefundenen Ereignissen auch Erkenntnisse über künftige Szenarien ein.

Bereits kurz nach den ersten Explosionen im Stade de France wurde ein Krankenhaus-Stab alarmiert, der das Notfallmanagement der 40 Krankenhäuser in Paris koordinierte. Um 22.30 Uhr wurde der Krankenhaus-Alarmplan für alle Kliniken aktiviert, wodurch u. a. dienstfreies Personal alarmiert und freie Bettkapazitäten bereitgestellt wurden (Hirsch et al., 2015). Auch die Verteilung der Verletzten auf die Pariser Krankenhäuser war vorgeplant. Zudem wurden OP-Teams in Krankenhäuser verlegt, um lebensrettende Operationen durchzuführen. Für die psychosoziale Versorgung Betroffener standen 35 Psychiater, unterstützt von Psychologen, in einem zentral gelegenen Krankenhaus zur Verfügung (Hirsch et al., 2015).

Neben der hohen Opferzahl war für die Einsatzkräfte das Gefühl der Überforderung und wegen der Anzahl der Verletzten die unzureichende medizinische Ausrüstung belastend. Die Leitstellendisponenten belastete die Tatsache, dass ständig weitere Anschlagsorte in den Notrufmeldungen mitgeteilt wurden. Zusätzlich gerieten Einsatzkräfte auch außerdienstlich in die Anschlagsserie und übernahmen die Versorgung von Verletzten.

Die Reaktion auf das Anschlagsgeschehen kann als sehr schnell bezeichnet werden. Bei der Disposition von Einsatzmitteln wurde ein Teil der verfügbaren Kräfte als Reserve bewusst zurückgehalten. Die Pariser Feuerwehr alarmierte umgehend dienstfreie Kräfte, um eine starke Reserve von Einsatzkräften bereithalten zu können. Zudem wurde ein Führungsstab der Feuerwehr gebildet, die Zahl der Disponenten in der Leitstelle verdoppelt und das Personal der Pressestelle verstärkt. Ein Mitarbeiter in der Leitstelle war regelmäßig für die Auswertung Sozialer Medien im Dienst. Das massive Notrufaufkommen in der ersten Stunde konnte durch eine über die Sozialen Medien verbreitete Bitte, nur Notrufe zu melden und keine sonstigen Hinweise mitzuteilen, deutlich verringert werden. Während des Einsatzes kam es auch zu

Gefährdungen der Einsatzkräfte, so kam es zum Beschuss von Rettungskräften während der Versorgung von Verletzten. Zusätzlich bestand die Möglichkeit einer Folgeexplosion von Sprengstoffgürteln.

Terroranschlag San Bernadino (USA)
Am 2. Dezember 2015 verübten zwei Attentäter in San Bernadino (Kalifornien, Vereinigte Staaten von Amerika) einen Terroranschlag auf eine gemeinnützige Einrichtung. Dort fand eine Schulung statt, an der etwa 80 Personen teilnahmen. Einer der Täter nahm selbst als Mitarbeiter an der Schulung teil, um kurz darauf mit seinem Komplizen die Teilnehmer zu attackieren (Braziel et al., 2016).

Als der Schütze das Feuer mit einer automatischen Waffe eröffnete, dachte zunächst ein Teil der Schulungsteilnehmer, dass es sich um eine Übung handelt, da sie kurz zuvor ein »active shooter training« absolviert hatten. Bei dem »active shooter training« handelt es sich um ein Ausbildungsangebot, bei dem die Zivilbevölkerung das richtige Verhalten in Gefahrensituationen mit Schusswaffengebrauch erlernt.

Der Anschlag dauerte nur wenige Minuten. Anschließend flüchteten die Täter in einem Fahrzeug. In den ersten Zeugenaussagen war von drei schwarz gekleideten Tätern, bewaffnet mit Sturmgewehren, die Rede. Insgesamt wurden 36 Personen verletzt, von denen 14 starben.

8 Minuten nach dem Notrufeingang verschafften sich die ersten vier eintreffenden Polizisten Zugang zum Gebäude, um die Attentäter festzunehmen oder auszuschalten. Zu diesem Zweck begann das Team, das Gebäude zu durchsuchen. Es galt, strikt den Auftrag auszuführen und sich nicht um die Verletzten zu kümmern. Als besonders belastend empfanden die Polizisten, dass sie buchstäblich über um Hilfe schreiende und sterbende Opfer steigen und diese zunächst liegenlassen mussten. Bereits 17 Minuten nach Beginn der Schießerei wurde durch Feuerwehrleute ein Sichtungspunkt (triage area) nahe des Gebäudeeingangs eingerichtet. Kurz darauf begannen weitere Polizeikräfte, die bereits gesicherten Gebäudeteile zu räumen.

Die Polizisten waren in der taktischen medizinischen Sichtung ausgebildet, so dass sie diejenigen Verletzten zuerst hinaustrugen, die am dringendsten versorgt werden mussten. Da der Schusswaffengebrauch die Brandmeldeanlage und die Sprinkler ausgelöst hatte, waren die nassen Verletzten schwer zu fassen. Verletzte wurden improvisiert mit Hilfe von Decken und Stühlen aus dem Gebäude getragen. Deshalb konnten auch Patientenanhängekarten nicht verwendet werden. Stattdessen wurde Tape an den Verletzten angebracht und darauf das Sichtungsergebnis dokumentiert (Braziel et al., 2016).

5.2 Terroranschläge

Später wurde der Sichtungspunkt auf einen gegenüberliegenden Golfplatz verlegt, wo auch die Erstversorgung stattfand. Über hundert unverletzte Betroffene wurden ebenfalls auf den Golfplatz gebracht und mussten dort über drei Stunden ausharren, während die Polizei den Tatort untersuchte (Braziel et al., 2016). Weitere Verletzte wurden außerhalb des Gebäudes auf einem Parkplatz gefunden, auf den sie geflüchtet waren.

Insgesamt wurden 24 Personen gesichtet, davon wurden 22 Verletzte innerhalb von nur 57 Minuten mit Rettungshubschraubern und bodengebunden in Kliniken transportiert. Sie überlebten den Anschlag.

Die Täter hinterließen im Gebäude eine Tasche mit drei Rohrbomben. Man vermutet, dass beabsichtigt war, eintreffende Einsatzkräfte zu verletzten. Laut den Autoren des zitierten Berichts handelt es sich dabei um eine häufig anzutreffende Methode. Durch einen spezialisierten Manipulator wurden die Rohrbomben entschärft. Nach den beiden Tatverdächtigen wurde gefahndet. Nachdem sie gefunden waren, starben sie in einem Schusswechsel mit der Polizei. Die amerikanische Bundespolizei stufte die Tat als Terrorakt ein. Es wurde ein islamistischer Hintergrund vermutet.

Der Einsatz zeigt, dass in den USA durch die relativ hohe Anzahl an »active shooter«-Ereignissen die Gefahrenabwehr, aber auch die Zivilbevölkerung, auf Ereignisse dieser Art relativ gut vorbereitet sind. Zudem überschneiden sich teilweise die Kompetenzen, so dass Polizisten im Gefahrenbereich nach notfallmedizinischen Prioritäten arbeiten. Die enge Zusammenarbeit zwischen polizeilicher Gefahrenabwehr, Feuerwehr und Rettungsdienst erfordert gemeinsames Training hinsichtlich der Führungsarbeit (Braziel et al., 2016).

Selbstmordattentat Ansbach
Am 24. Juli 2016 zündete gegen 22:15 Uhr ein Attentäter eine Rucksackbombe in der Ansbacher Altstadt, nahe des Eingangs zum Festivalgelände, wo zeitgleich ein Open-Air-Musikfestival stattfand. Dabei starb der Attentäter und verletzte 15 Personen (Settler, 2016).

Da es kein typisches Zerstörungsmuster vor Ort gab, konnte die zunächst gemeldete Gasexplosion nicht bestätigt werden. Erst nach der Lageprüfung wurde erkannt, dass es sich um einen Sprengstoffanschlag und damit um eine Polizeilage handelt. Diese Schwerpunktverlagerung vom Feuerwehreinsatz zur Polizeilage bereitete taktische Schwierigkeiten, da sie im laufenden Einsatz allen Einsatzkräften bewusst gemacht werden musste.

Das Konzert wurde abgebrochen, indem ein Lied zu Ende gespielt wurde, um den Konzertteilnehmern den Eindruck zu vermitteln, dass das Konzert regulär zu Ende wäre, anschließend wurde der Bereich geräumt.

Rettungsdienst und Feuerwehr werden in Bayern, wie in vielen anderen Ländern auch, durch verschiedene Organisationen durchgeführt. Nach dem Katastrophenschutzgesetz ist jedoch eine einheitliche Führung durch den örtlichen Einsatzleiter möglich.

Anschlag Berlin
Am 19. Dezember 2016 verübte ein islamistischer Terrorist einen Anschlag auf dem Berliner Weihnachtsmarkt, indem er einen Sattelzug in eine Menschenmenge lenkte. Das Meldebild, mit dem die Leitstelle die ersten Kräfte alarmierte, war ein Verkehrsunfall. Für die ersteintreffenden Kräfte bot sich an der Einsatzstelle auch ein entsprechendes Bild, so dass das Meldebild realistisch war. Erst im Laufe des Einsatzes wurde das Ereignis als Terroranschlag identifiziert. Ab dann wurden aufgrund des Anschlags in Paris weitere Anschläge im Stadtgebiet befürchtet.

Da der Täter flüchtig war und man davon ausging, dass er bewaffnet war, wurde die Patientenablage durch Polizeikräfte geschützt. Auch hier hatte sich eine Patientenablage bereits spontan gebildet.

Rückwärtig wurden Ressourcen gebildet, zusätzliche RTW in Bereitschaft versetzt sowie Rettungsmittel überörtlich angefordert (Poloczek, 2017). Gerüchte und Fehlmeldungen gingen während des laufenden Einsatzes in der Leitstelle ein, so dass diese verifiziert werden mussten. Dazu zählten Gerüchte über eine angebliche Schießerei oder eine Messerstecherei (Poloczek, 2017).

Bedienstete der Berliner Krankenhäuser begaben sich selbstständig, nachdem sie überwiegend aus den Sozialen Medien von dem Ereignis erfahren hatten, in die Kliniken und konnten dort sehr zeitnah und in sehr großer Zahl eingesetzt werden.

5.2.2 Tabellarischer Überblick

Der islamistische Terrorismus zielt darauf ab, so viele Menschen wie möglich zu verletzen. Die dargestellten Anschläge haben alle zu einem Massenanfall an Verletzten geführt. Dabei wird deutlich, dass die Tatmittel variieren. Im Vergleich zu Madrid und Paris blieb Deutschland in der jüngsten Vergangenheit von logistisch aufwändigen Terroranschlägen verschont. Stattdessen findet eine veränderte Taktik der »Open-Source-Taten« Anwendung. Dabei werden unterschiedliche Tatmittel eingesetzt, die für Terroristen leicht verfügbar sind.

5.2 Terroranschläge

Tabelle 3: *Terroranschläge*

Ort	Datum	Uhr	Anlass	Meldebild	Opfer	Einsatzkräfte (FW/RD)	MANV
Madrid	11.03.2004	07:39 Uhr	Terroranschlag (Sprengsätze)		2.000 Verletzte 191 Tote	70.000	Ja
Paris	13.11.2015	21:17 Uhr	Terroranschlag (Mehrorttat mit Schusswaffen und Sprengsätzen)	u. a. Gasexplosion, Schüsse	124 Tote, 683 Verletzte Schussverletzungen		Ja
San Bernadino (USA)	02.12.2015	10:58 Uhr	Terroranschlag (Schusswaffen, Sprengsätze)		14 Tote, 21 Verletzte		Ja
Ansbach	24.07.2016	22:15 Uhr	Terroranschlag (Sprengsatz)	Gasexplosion	1 Toter, 15–20 Verletzte	ca. 350	Ja
Berlin	19.12.2016	20:00 Uhr	Terroranschlag (Amokfahrt)	Verkehrsunfall	12 Tote, 48 Verletzte		Ja

Dabei können aktuell mehrere Szenarien angenommen werden, die auch mehrere Einsatzstellen betreffen können:

- Einsatz großkalibriger Schuss-, Hieb- und Stichwaffen (penetrierende Verletzungen, Stich- oder Schnittwunden)
- Brandanschläge auf Gebäude
- Einsatz von Sprengstoff (Explosionsverletzungen)

Allen Szenarien ist gemein, dass sie eine hohe Zahl von Toten und Verletzten verursachen können. Sie führen zu Verletzungsmustern, die in Europa bislang selten waren. In diesem Zusammenhang kann auch der Anschlag am 14. Juli 2016 in Nizza genannt werden: Am französischen Nationalfeiertag fuhr ein Attentäter mit einem

Lkw in eine Menschenmenge. 86 Menschen wurden getötet und über 300 verletzt (Altenhofen, 2017).

Bei den anzunehmenden Szenarien ist vom Schlimmsten auszugehen, weil Anschläge ausführlich geplant und taktisch effektiv ausgeführt werden. Die Täter sind kriegserfahren, stehen ggf. unter Drogen, um ihre Leistungsfähigkeit zu steigern, und agieren dabei kaltblütig. Es ist keine Rücksicht gegenüber Einsatzkräften von Feuerwehr und Rettungsdienst zu erwarten.

5.3 Amoktaten

Eine Amoktat ist die beabsichtigte versuchte oder vollendete Verletzung bzw. Tötung einer in der Regel nicht bestimmbaren Anzahl von Personen. Die Opfer können bestimmt oder willkürlich ausgewählt sein (Bannenberg, 2018; Federal Bureau of Investigation, 2018). Bei der Tatbegehung werden Schuss- und Stichwaffen, Sprengmittel, gefährliche Werkzeuge oder außergewöhnliche Gewalt eingesetzt (Kowalzik et al., 2017).

Das Wort »Amok« bedeutet im Malaiischen »wütend« oder »rasend«. Solche Ereignisse sind nur schwer oder überhaupt nicht zu prognostizieren, einzig das unmittelbare persönliche Umfeld des Täters kann auf entsprechende Alarmzeichen reagieren. Gemäß PDV 100 *VS-NfD* liegt eine Amoklage bereits vor, wenn es Anhaltspunkte gibt, dass ein Täter blindwütig Menschen verletzen oder töten will.

Die Motive können vielfältig sein und haben laut einer Untersuchung in den USA nur bei rund einem Viertel eine psychische Störung des Täters zur Ursache. Ähnlich wie ein terroristischer Anschlag zielt der Amoktäter darauf ab, eine hohe Aufmerksamkeit durch die Öffentlichkeit zu erzielen (Bannenberg, 2018). Nach einem Amoklauf ist der Täter oft erschöpft, neigt zu selbstzerstörerischer Handlung bis hin zum Suizid. Beim Amoklauf mit abschließender Selbsttötung handelt es sich um eine spezielle Form des Erweiterten Suizids. Unter Umständen nimmt es der Täter in Kauf, durch Polizisten erschossen zu werden. Dies wird als »Suicide by cop« bezeichnet.

Amoktaten in den USA

Das amerikanische FBI definiert mit »active shooter« einen oder mehrere Schützen, der/die Menschen in einem bestimmten Bereich töten will/wollen. Unter diesem Begriff werden auch Amokschützen (im deutschen Sinne) verstanden. Im Folgenden wird – auch wenn es sich nicht nur um Amoktaten handelt – der Begriff Amokschütze

5.3 Amoktaten

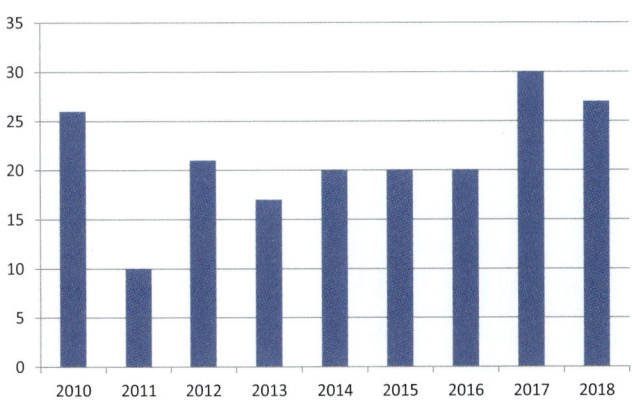

Bild 29: *Anzahl Amoktaten durch Schusswaffengebrauch in den USA nach (Federal Bureau of Investigation, 2014, 2016 und 2018)*

verwendet. Zwischen 2000 und 2013 gab es in den USA 160 solche Ereignisse, im Durchschnitt rund 12 Ereignisse pro Jahr. Seit 2014 stieg die Zahl auf 20 pro Jahr an (Federal Bureau of Investigation, 2014). Dabei wurden in den USA seit dem Jahr 2000 insgesamt 578 Personen getötet und 696 verletzt.

60 % der Schießereien endeten, bevor die Polizei an der Einsatzstelle eintraf, oftmals durch Suizid oder Flucht des Täters. Soweit die Dauer genau bekannt ist, endeten die Attacken in rund 70 % der Fälle bereits nach weniger als fünf Minuten (Interagency Security Comittee, 2015). In den USA wird empfohlen, dass sich öffentliche Einrichtungen auf solche Schießereien vorbereiten. Die Einsatzpläne sollen auch mit der örtlichen Feuerwehr und dem Rettungsdienst abgestimmt werden (Interagency Security Comittee, 2015).

Tabelle 4: *Vergleich Amoktaten in den USA (Federal Bureau of Investigation, 2014 und 2016)*

Zeitraum	2000–2013	2014–2015
Ereignisse	160	40
Todesopfer	486	92
Verletzte	557	139
Täter	154 männlich, 6 weiblich	39 männlich, 3 weiblich

Bei den Tatorten handelte es sich um private Arbeitsstätten, Einkaufszentren, Bildungseinrichtungen, Gemeinderäume, Krankenhäuser, Militäreinrichtungen und

5 Große Polizeilagen

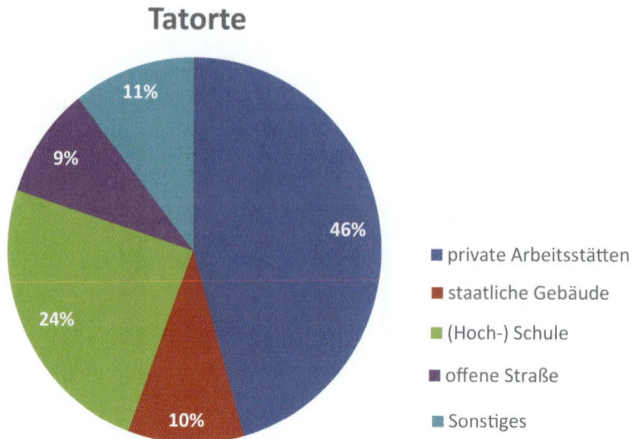

Bild 30: *Tatorte von Amoktaten in den USA von 2000 bis 2013, nach (Federal Bureau of Investigation, 2014)*

staatliche Gebäude sowie um die offene Straße. Insbesondere die Schießereien in Bildungseinrichtungen (Schulen, Universitäten) gehen mit vielen Verletzten einher.

Auch wenn die Amoktat als sehr impulsiv erscheint, wird die Mehrheit der Amokläufe, teilweise über Jahre hinweg und zum Teil akribisch, geplant, indem der Täter sich Tatablauf und Mittel überlegt (Müller et al., 2016). Eine Studie zu »active shooter«-Ereignissen kommt zu dem Ergebnis, dass 77 % der Taten über einen Zeitraum von einer Woche geplant wurden, 26 % wurden sogar ein bis zwei Monate lang geplant und die Tatbegehung bis zu einer Woche vorbereitet (Federal Bureau of Investigation, 2018).

Beispiel Amoktat in den USA: Amokschütze in einem Wohnkomplex
Im amerikanischen San Diego schoss am 30. April 2017 ein Einzeltäter mit einem Gewehr auf mehrere Personen. Diese feierten zu diesem Zeitpunkt an einem Swimmingpool eines Wohnkomplexes eine Party. Anschließend mussten acht kritisch Verletzte durch drei Rettungswagen in mehrere Kliniken transportiert werden. Dabei verstarben ein Verletzter und der Täter.

Die Leitstelle der Feuerwehr erhielt eine Meldung der Polizei, dass zwei Verletzte mit Schussverletzungen in einem Wohnkomplex aufgefunden worden sind. Der Fahrzeugführer des ersteintreffenden Löschfahrzeugs realisierte trotz der unübersichtlichen Lage, dass es sich um einen »active shooter incident« mit einem Massenanfall von Verletzten (<10 Verletzte) handelt, und forderte weitere Kräfte an. Die Einsatzfahrzeuge, ein Löschfahrzeug und ein Rettungswagen, verblieben im sicheren Bereich, bis die Polizei die Einsatzstelle freigegeben hatte. Derweil brachte eine

5.3 Amoktaten

private Sicherheitskraft mehrere Verletzte aus dem Wohnkomplex zum Rettungswagen (La Mantia, 2017).

Für den erfolgreichen Einsatz waren mehrere Faktoren verantwortlich. Ein Polizeihubschrauber machte schnell den Schützen aus, so dass die eintreffenden Streifenwagen gezielt zu der Stelle gelotst werden und gegen den Täter vorgehen konnten. Daneben ist die Geistesgegenwart des Fahrzeugführers (Löschfahrzeug) zu nennen, der die Situation richtig einschätzte, weitere Kräfte nachforderte und die Sichtung, Erstversorgung sowie den Transport einleitete. Um eine einheitliche Kommunikation sicherzustellen und über die Polizeitaktiken informiert zu sein, wechselte die Feuerwehr auf den Funkkanal der Polizei. Jede Einsatzkraft führte dabei ein Handfunkgerät mit.

Dies war auch das Ergebnis eines neuen Einsatzplans. Er basierte auf vorangegangener Kritik, der Feuerwehr und Rettungsdienst ausgesetzt waren, dass sie nur verzögert zum Einsatz gekommen und dadurch Verletzte zu spät erreicht, behandelt und abtransportiert worden wären. Als Reaktion wurde eine gemeinsame, besser koordinierte Vorgehensweise mit der Polizei geplant. Dazu gehörte auch, dass taktisch besonders geschulte Rettungsdienstkräfte der Feuerwehr (RTF) vorgehalten werden, die auch im Gefahrenbereich unter ballistischem Schutz eingesetzt werden können. Der Einsatz verdeutlicht auch den Bedarf an regelmäßigem Training, das in San Diego die Feuerwehr gemeinsam mit der Polizei absolvierte. In Einkaufszentren, Schulen und Krankenhäusern wurden Übungen durchgeführt (La Mantia, 2017).

5.3.1 Amoklauf

Der Begriff Amoklauf beschreibt eine Form der Amoktat. Zumeist handelt es sich um eine Tatbegehung im öffentlichen Raum (Bannenberg, 2018).

Amoklauf München
Am Freitag, den 22. Juli 2016 ereignete sich gegen 18:00 Uhr im Bereich des Olympia-Einkaufszentrums (OEZ) in München ein Amoklauf. Ein bewaffneter jugendlicher Einzeltäter befand sich in einem Schnellrestaurant und eröffnete das Feuer auf eine Gruppe von sechs Jugendlichen. Er tötete fünf Jugendliche zwischen 14 und 15 Jahren, ein 13-jähriger Junge überlebte mit lebensgefährlichen Verletzungen.

Anschließend verließ der Täter das Schnellrestaurant und schoss auf offener Straße auf vor ihm flüchtende Personen. Vor der Einfahrt zu einer angrenzenden Tiefgarage verletzte er einen 17-Jährigen und eine 40-Jährige tödlich sowie drei weitere Personen schwer (Bayerischer Landtag, 2017 a).

Am U-Bahnabgang zum Olympia-Einkaufszentrum tötete er einen 19-Jährigen. Dann betrat der Täter das Einkaufszentrum. Vier Minuten nach Tatbeginn erschoss er sein letztes Opfer, einen 20-Jährigen (Bayerischer Landtag, 2017 a). Daraufhin verließ der Täter das Einkaufszentrum und begab sich in ein angrenzendes Parkhaus. Auf dem obersten Parkdeck kam es zu einem Streitgespräch mit einem Anwohner. Daraufhin gab der Täter zwei Schüsse ab, die ursächlich einen zweiten Anwohner durch Glassplitter verletzten. Um 18:04 Uhr sichteten Polizeibeamte den Täter. Ein Beamter schoss auf den Täter, der daraufhin in eine Grünanlage flüchtete. Nachdem er sich hier zunächst versteckt hatte, begab er sich später in den Treppenraum bzw. den Fahrradraum eines Wohnhauses. Als er das Wohnhaus wieder verließ, wurde er gegen 20:26 Uhr durch Polizeikräfte gestellt und erschoss sich dann selbst (Bayerischer Landtag, 2017 a).

Die Integrierte Leitstelle München (ILS) entsandte aufgrund der eingehenden Notrufe zunächst einen Rettungsdiensteinsatz für vier bis fünf Personen mit dem Stichwort »Schusswaffengebrauch« (Cermak/Terstappen, 2017). Aufgrund der Gefährdung wurden zwei Abrufplätze 500 m (vgl. Haltepunkte) nördlich und südlich der Einsatzstelle festgelegt. Parallel zur Alarmierung der Kräfte wurde Kontakt zur Einsatzzentrale der Polizei aufgenommen. Hier hatte man Kenntnis darüber, dass es durch den Schusswaffengebrauch eines oder mehrerer Täter mehrere schwerverletzte Personen gegeben habe. Diese Information war jedoch noch nicht bestätigt. Vermutet wurden bis zu drei Täter, die sich auf der Flucht befinden oder sich im Innern des Einkaufszentrums versteckt hielten (Rudolph/Petz, 2016).

Aufgrund der Rückmeldung des ersten RTW von der Einsatzstelle wurde auf MANV-Stufe 2 für 26–50 Verletzte erhöht (Cermak/Terstappen, 2017). Eine erste Sichtung ergab drei Patienten Exitus und sieben Verletzte der Sichtungskategorie 1 (rot). Auch aus Gründen des Eigenschutzes wurde entschieden, die Verweilzeit so gering wie möglich zu halten. Aufgrund der laufenden polizeilichen Maßnahmen musste die rettungsdienstliche Versorgung immer wieder unterbrochen werden, um z. B. Deckung zu suchen (Cermak/Terstappen, 2017).

Die Patientenverteilung wurde vorgeplant. Weiterhin wurden 18 Rettungshubschrauber bereitgehalten. Ein Verbindungsbeamter der Feuerwehr wurde in den Polizeiführungsstab entsandt. Acht Tage nach dem verheerenden Anschlag in Nizza und aufgrund der vermuteten drei Täter ging man schnell von einem terroristischen Anschlag aus, der mit weiteren Anschlagsereignissen im Stadtgebiet einhergehen könnte (Rudolph/Petz, 2016). Um darauf vorbereitet zu sein, wurde das Personal in der Leitstelle hochgefahren, ein Rumpfstab gebildet, dienstfreie Kräfte alarmiert und Vollalarm für die FF ausgelöst. Weitere Rettungsmittel wurden aus benachbarten Rettungsdienstbereichen angefordert.

5.3 Amoktaten

Da in München vorsorglich der öffentliche Personen-Nahverkehr (ÖPNV) eingestellt wurde und zum Teil Taxiunternehmen ihren Betrieb einstellten, galt es viele gestrandete Personen zu betreuen. Außerdem konnte dadurch das Krankenhauspersonal die Kliniken zum Teil nur erschwert erreichen. In Abstimmung mit der Polizei wurde entschieden, dass der Rettungsdienst innerhalb Münchens keine Notfalleinsätze mehr fuhr, bevor nicht die Lage von der Polizei als »sicher« eingeschätzt wurde (Cermak/Terstappen, 2017). Die Polizei wurde beim Betrieb einer Zeugensammelstelle unterstützt. Betreut werden mussten auch belastete Einsatzkräfte.

An diesem Tag gingen bei der Polizei zwischen 17:52 Uhr und 24:00 Uhr viermal so viele Anrufe (4.310 Notrufe) als gewöhnlich ein (Cermak/Terstappen, 2017). Außerdem wurden in den Sozialen Medien über 113.000 Tweets veröffentlicht (Backes et al., 2017). Ebenso durch Soziale Medien ausgelöst, kam es in der Münchner Innenstadt zu zahlreichen Fehlmeldungen über Schusswechsel sowie zwei Geiselnahmen an weiteren Orten der Stadt. Das Ergebnis waren zahlreiche Verletzte (32), die sich auf der Flucht oder bei Panikreaktionen verletzten (Cermak/Terstappen, 2017).

Bei extremen Verletzungsbildern ist eine Identifizierung durch Angehörige nicht möglich, dies war auch in München der Fall. Wenn die Geschädigten keine Ausweisunterlagen mit sich führen, ist nur ein Vergleich des Zahnstatus oder ein DNA-Abgleich möglich. Dieses zeitaufwendige Verfahren verhindert jedoch, dass man den Angehörigen von Geschädigten umgehend Gewissheit geben kann. Falschauskünfte sind logischerweise unbedingt zu vermeiden. Bei der Überbringung von Todesnachrichten und der anschließenden Betreuung kamen auch Mitarbeiter der Hilfsorganisationen und Kriseninterventionsteams zum Einsatz (Bayerischer Landtag, 2017 b).

Die Ermittlungen der Polizei ergaben, dass massive psychische Störungen den Täter zu dieser Tat veranlasst hatten. Hinzu kamen Angstzustände und die Entwicklung eines tiefen Hasses gegen Jugendliche mit Migrationshintergrund. Er hatte für den Amoklauf ein entsprechendes Opferschema gewählt. Personen, die er beispielsweise im Hausflur des Wohnhauses traf, verletzte er nicht, weil sie nicht in sein Schema passten.

Angehörige stellten mehrfach Fragen zum zeitlichen Ablauf der Versorgung. Dazu wurde insbesondere die Versorgung der Patienten im Schnellrestaurant untersucht. Nach rechtsmedizinischer Untersuchung hatten alle Todesopfer aufgrund ihrer massiven Verletzungen keine Überlebenschance. Die Bayerische Staatsregierung wertete das Vorgehen von Polizei, Feuerwehr und Rettungsdienst als hoch professionell.

Weiterhin wurde auf politischer Ebene nachgefragt, ob genügend Ressourcen für die notfallmedizinische Versorgung zur Verfügung standen und ob und wie der

Einsatz nachbereitet wurde (Bayerischer Landtag, 2017 b). Dabei wurden drei Themenfelder identifiziert (Bayerischer Landtag, 2017 b):
- Informationsaustausch,
- Erkennbarkeit polizeilicher Führungskräfte,
- Definition von und Einsatz in Gefahrenbereichen.

Der Informationsaustausch zwischen den Führungsstäben der einzelnen Behörden und Organisationen wird als besonders wichtig erachtet. So war es der Polizei München aufgrund des personalintensiven Einsatzes nicht möglich, einen Verbindungsbeamten zur Führungsebene des Rettungsdienstes zu entsenden (Bayerischer Landtag, 2017 a).

Für Einsatzkräfte anderer Behörden ist es generell schwierig, polizeiliche Führungskräfte auf Anhieb zu erkennen. Daneben wurden bewaffnete, nicht gekennzeichnete Zivilpolizisten von der Bevölkerung als weitere Täter wahrgenommen (Bayerischer Landtag, 2017 c).

Solche Aspekte der Zusammenarbeit mit der Polizei sind in die Fortbildung für Einsatzkonzepte und in die Aus- und Fortbildung einzubringen.

Die Festlegung von Gefahrenbereichen und eindeutige Kommunikation darüber ist sowohl für den polizeilichen Einsatz als auch für den Einsatz von Rettungsdiensten unerlässlich. Dennoch ist zu berücksichtigen, dass es bei komplexen und hochdynamischen Einsatzlagen wie dem Amoklauf am Münchener OEZ äußerst schwierig ist, solche Bereiche klar zu definieren und schnellstmöglich auszuweisen (Bayerischer Landtag, 2017 a).

Zeitgleich zur Tat am OEZ kam es laut Presseberichten zu einem »virtuellen« Angriff auf das Behördennetz (Web-Server der Bayerischen Polizei). Aufgrund des mutmaßlichen Angriffs war das Internetangebot der Bayerischen Polizei nur eingeschränkt erreichbar, ansonsten gab es keine weiteren Auswirkungen (Bayerischer Landtag, 2017 e). Da solche Angriffe relativ häufig vorkommen, wurden sie nicht ursächlich mit der Tat am OEZ in Verbindung gebracht.

Amoklauf Düsseldorf

Am Abend des 9. März 2017 wurde der Leitstelle der Feuerwehr Düsseldorf durch die Polizei gemeldet, dass im Hauptbahnhof eine Person mit einer Axt auf Reisende einschlägt und bereits mehrere Reisende verletzte. Der Düsseldorfer Hauptbahnhof liegt in der Stadtmitte von Düsseldorf und erstreckt sich vom Konrad-Adenauer-Platz (Westseite) bis zum Bertha-von-Suttner-Platz (Ostseite). Diese beiden Bahnhofs-Vorplätze sind durch ein Bahnhofsgebäude sowie eine Bahnhofspassage verbunden. Darüber liegen 16 Bahnsteiggleise. Unter der Bahnhofspassage befindet sich ein U-

5.3 Amoktaten

Bahnhof mit insgesamt vier Bahngleisen. Weiterhin befinden sich mehrere Straßenbahn- und Bushaltestellen sowie ein Zentraler Omnibusbahnhof im Nahbereich.

Damit die Kräfte vor Ort möglichst geschlossen in den Einsatz gehen konnten, wurden bereits bei der Alarmierung zwei Rettungsmittel-Haltepunkte (siehe Bild 32) festgelegt. Daraufhin wurden zu den beiden Bahnhofs-Vorplätzen jeweils ein Löschzug, zwei RTW und ein NEF geschickt. Zusätzlich wurden für die Erstversorgung, die Einrichtung einer Patientenablage sowie als Betreuung- und Transportkomponente C-Dienst, HLF, RTW, NEF sowie Sonderfahrzeuge (Gerätewagen Rettungsdienst, Großraum-Rettungswagen, Großraum-Krankentransportwagen) alarmiert. Als Führungsdienst wurde der B-Dienst entsandt. Über die Polizeilage und eine etwaige Gefährdung wurden die Einsatzkräfte noch während der Alarmierung informiert.

Als der B-Dienst[13] sowie der Zugführer FRW 1 (C-Dienst 1) am Konrad-Adenauer-Platz (Halteplatz 1) eintrafen, hatte eine große Menschenmenge bereits das Bahnhofsgebäude verlassen. Als der B-Dienst den Bahnhof betrat, teilten ihm Polizeikräfte mit, dass sich Verletzte, zum Teil mit stark blutenden Wunden am Kopf, auf dem Bahnsteig Gleis 13 und in der dort stehenden S-Bahn sowie in dem darunterliegenden Teil der Unterführung befänden. Diese Bereiche waren bereits durch Polizeikräfte gesichert, so dass ein Vorgehen bis dorthin möglich war. Zusätzlich begleiteten Polizeikräfte die Einsatzkräfte der Feuerwehr. Der B-Dienst ließ den Bahnhof durch Polizei und Deutsche Bahn räumen. Die Ausgänge wurden abgesperrt, damit keine Personen in den Bahnhof nachströmen konnten.

Gleichzeitig ließ der C-Dienst 1 einen angrenzenden Taxistand durch die Löschzugbesatzung räumen, um genügend Aufstell- und Entwicklungsfläche (ggf. Rettungsmittelhalteplatz oder für eine Ladezone) zu schaffen.

Die Erkundung ergab, dass am Gleis 13/14 sowie in der Unterführung bereits spontan Patientenablagen durch die Betroffenen und Ersthelfer gebildet worden waren. Die Kräfte der FRW 1 teilten sich auf die beiden Unterabschnitte, Unterführung und Gleis, auf. Ein glücklicher Umstand war, dass an diesem Tag ein weiterer C-Dienst hospitierte und so zwei C-Dienste vor Ort waren, die sich auf die beiden Patientenablagen aufteilen konnten.

Vom Rettungsmittel-Haltepunkt 2 (Bertha-von-Suttner-Platz) aus entwickelte sich der C-Dienst 4 samt dem ihm unterstellten Unterstützungszug (HLF, DLK) sowie zwei RTW und einem NEF. Auch hier wurden die aus dem Bahnhof strömenden Menschen hinsichtlich Betroffener in Augenschein genommen. In der Zwischenzeit wurde ein weiterer RTW samt NEF zur naheliegenden Vulkanstraße entsandt.

---

13 Beamter des gehobenen feuerwehrtechnischen Dienstes mit Verbandsführerausbildung.

5 Große Polizeilagen

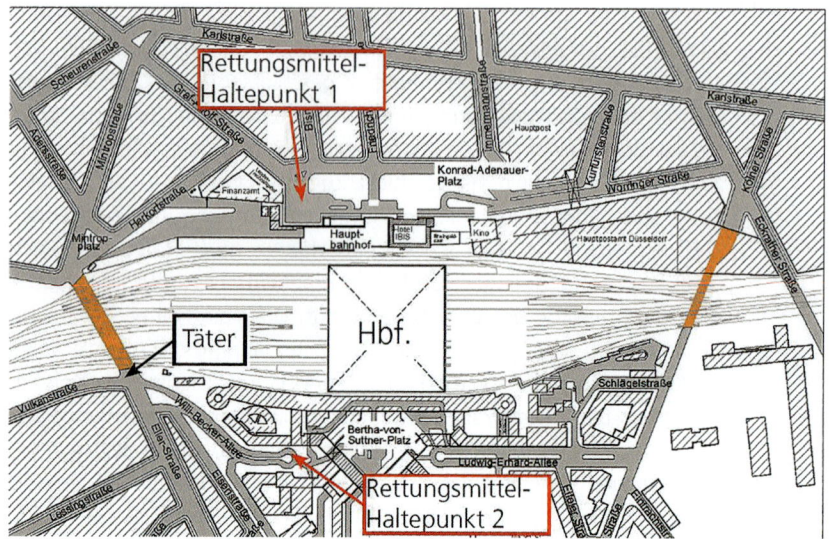

Bild 31: *Anfahrtsplan Hauptbahnhof Düsseldorf (Quelle: Auszug Objektplan)*

Bereits bei der Alarmierungsmeldung war absehbar, dass in der Frühphase der Informationsaustausch/die Zusammenarbeit mit anderen Behörden und Organisationen notwendig war und der Einsatz mit einem großen medialen Interesse einhergehen würde. Deshalb informierte der A-Dienst aus der Leitstelle den Pressesprecher der Feuerwehr Düsseldorf und die politischen Entscheidungsträger. Der Pressesprecher stimmte sich mit dem städtischen Amt für Kommunikation ab und vereinbarte mit der Polizei eine zurückhaltende Pressearbeit. Nachdem der stellvertretende Amtsleiter der Feuerwehr in der Leitstelle eingetroffen war, um gemeinsam mit den beiden Lagedienstführern den Einsatz rückwärtig zu unterstützen, begab sich der A-Dienst an die Einsatzstelle. Dort übernahm er die Einsatzleitung und delegierte die operativen Maßnahmen der Gefahrenabwehr an den B-Dienst. Als Führungsmittel des A-Dienstes wurde der ELW 2 in Betrieb genommen.

Nach Meldung der Polizei war vermutlich ein Täter nach Verfolgung durch Kräfte der Bundespolizei von einer Brücke gesprungen und dort festgesetzt worden (siehe Bild 33). Daraufhin wurden der C-Dienst 4 dorthin entsandt, um diesen wichtigen Sachverhalt persönlich im ELW 2 bestätigen zu können. Nach etwa einer Stunde waren die Maßnahmen in diesem (Unter-)Einsatzabschnitt beendet.

Ein weiterer C-Dienst 7 wurde zur Einrichtung einer strukturierten Patientenablage eingesetzt. Ihm unterstand dazu ein HLF, Gerätewagen Rettungsdienst sowie

5.3 Amoktaten

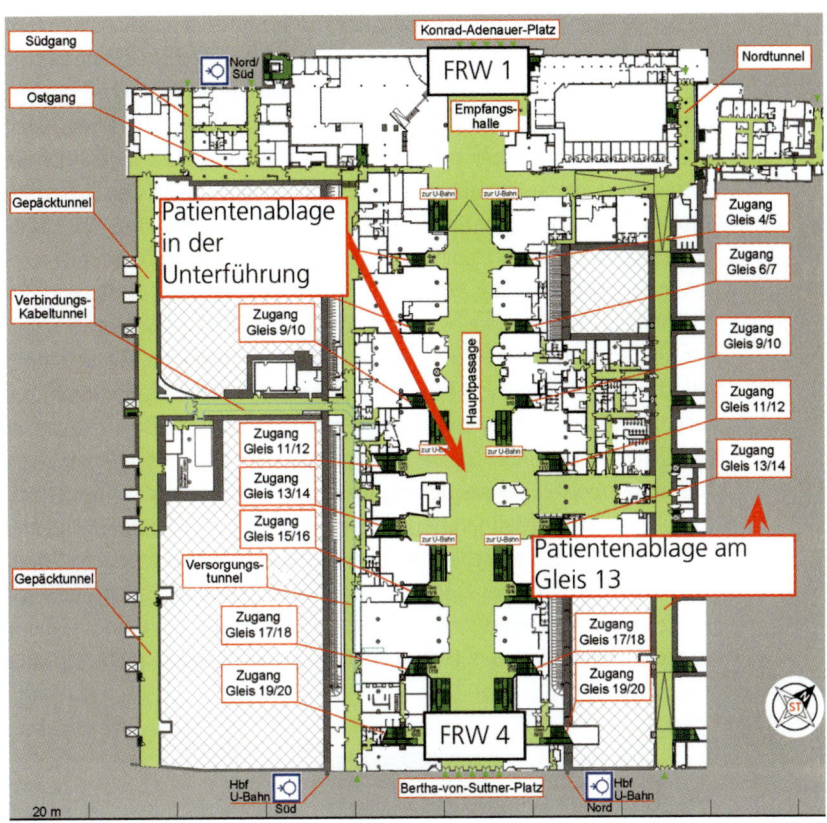

Bild 32: *Übersicht der Zugänge zum Hauptbahnhof Düsseldorf (Quelle: Objektplan)*

ein G-KTW. Der CD 7 ließ eine Patientenablage inklusive Wetterschutz auf dem Vorplatz Konrad-Adenauer-Platz errichten.

Die unverletzten Betroffenen aus der S-Bahn (Gleis 13) wurden zunächst in einem Wartebereich gesammelt und dann in den G-KTW verbracht und betreut. Zur Betreuung unverletzter Betroffener trafen das PSU-Team sowie Seelsorger an der Einsatzstelle ein. Schließlich wurden alle Betroffenen im Revier der Bundespolizei gesammelt und dort dem Einsatzabschnitt taktische Betreuung der Polizei zu übergeben.

Da beim vorliegenden Einsatz keine Gefahrenabwehr (Brandbekämpfung, Technische Rettung) notwendig war, führte der B-Dienst die Maßnahmen der medizinischen Rettung selbst. Die Einsatzabschnitte umfassten lediglich Patientenablagen mit rein rettungsdienstlichem Schwerpunkt, die durch C-Dienste geführt wurden. Der Leitende Notarzt (LNA) verschaffte sich nach seinem Eintreffen eine Übersicht über die medizinische Lage und unterstütze anschließend die Einsatzleitung.

Die BAO der Polizei beinhaltete u. a. einen rückwärtigen Führungsstab im Polizeipräsidium sowie mehrere Einsatzabschnitte, die an der Einsatzstelle geführt wurden. Ein C-Dienst wurde zum Polizeipräsidium entsandt, um dort als Verbindungsbeamter zur Verfügung zu stehen. Im Gegenzug fand sich im ELW 2 ein Verbindungsbeamter der Polizei ein.

Der Polizeieinsatz wuchs aufgrund des Eintreffens weiterer Polizeikräfte (u. a. mehrere Spezialeinsatzkommandos) an. Der A-Dienst stimmte sich mit den vor Ort befindlichen Einsatzabschnitten der Polizei ab. Rückwärtig kommunizierte die Leitstelle u. a. mit der Stadtverwaltung, dem Verkehrsbetrieb oder beispielsweise einem Konsulat, das sich über die Staatsangehörigkeit der Opfer informieren wollte. Der Oberbürgermeister der Landeshauptstadt Düsseldorf verschaffte sich vor Ort einen Überblick über die Maßnahmen und wohnte einer Lagebesprechung im ELW 2 bei.

Neben der medizinischen Notwendigkeit einer Dokumentation benötigen Angehörige Auskunft über Verletzte, die Polizei benötigt Patientendaten zu Ermittlungszwecken und schließlich sorgt das große Medienecho dafür, dass ein politisches Interesse an einer präzisen Dokumentation entsteht, die zeitnah verfügbar ist (Brüne et al., 2013).

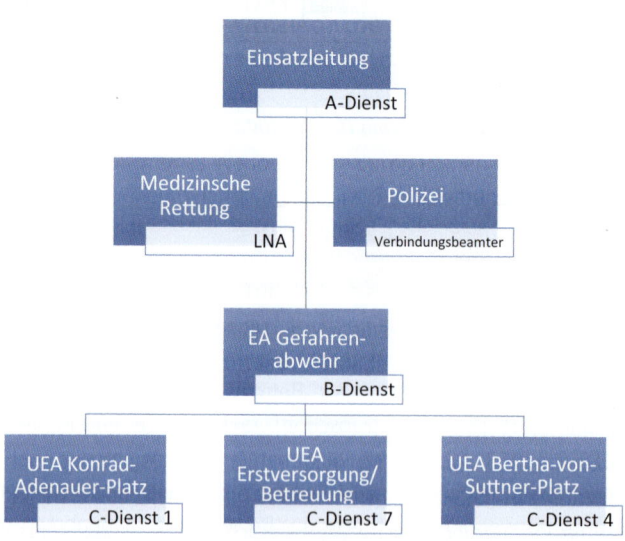

Bild 33: *Führungsorganisation nach Eintreffen des A-Dienstes*

5.3 Amoktaten

Routinemäßig wird der Einsatz mit der mobilen Datenerfassung dokumentiert und an die Gebührenabrechnung übermittelt. Aufgrund der MANV-Lage wurde das Ergebnis der Sichtung in der Patientenanhängekarte NRW (PAK) dokumentiert und eine Patientenübersicht durch den LNA geführt. Im Krankenhaus angekommen, übersendete die RTW-Besatzung dann ein Rückmelde-Fax, welches in Düsseldorf der PAK beiliegt. Teilweise konnte erst im Nachhinein Verletzte mit der Amoktat in Verbindung gebracht werden. Dabei handelte es sich um Personen, die aus dem Bahnhof vor drohender Gefahr geflüchtet waren. In Zusammenhang mit der Amoktat wurden insgesamt zehn Verletzte in Krankenhäuser transportiert.

Bis zur bestätigten Festnahme des Täters, aber auch weil weitere Täter zunächst nicht definitiv ausgeschlossen werden konnten, war der Einsatz sehr dynamisch und sollte – soweit möglich – durch weitgehend eigenständige Strukturen entlastet werden. Hier sind z. B. die vorgeplante Patientenverteilung durch das Düsseldorfer Ticket-System oder der Einsatz selbständiger taktischer Einheiten (Komponenten für den Patiententransport oder die Betreuung) zu nennen. Da weitere Verletzte nicht auszuschließen waren, wurden von Beginn an Reserven gebildet, wie es bei Polizeilagen üblich ist. So stand beispielsweise ein Großraum-Rettungswagen in einem zentralen Bereitstellungsraum für den Fall einer Lageveränderung bereit. Der Einsatz verdeutlicht, dass G-RTW oder G-KTW für solche Lagen aus gutem Grund als Standard/Stand der Technik angesehen werden (Marten/Lechleuthner, 2012). Von der Polizei und vom Oberbürgermeister der Landeshauptstadt Düsseldorf wurde der schnelle und umsichtige Einsatz von Feuerwehr und Rettungsdienst gelobt.

5.3.2 Amokläufe an Schulen

Amoktaten finden sowohl in den USA als auch in Deutschland mit Bezug auf die Gesamtanzahl an Amoktaten relativ häufig an Schulen oder allgemein in Bildungseinrichtungen statt. In den USA sind dies ein Viertel aller Amoktaten.

Amoklauf in Erfurt
Ein 19-jähriger Einzeltäter erschoss beim Amoklauf am Erfurter Gutenberg-Gymnasium am 26. April 2002 zwölf Lehrerinnen und Lehrer, eine Sekretärin, zwei Schüler und einen Polizisten, bevor er sich selbst tötete. Der Amoklauf fand zur Unterrichtszeit statt und dauerte nur wenige Minuten. Dabei ging der Täter sehr zügig und zielgerichtet vor.

Durch die Schüsse alarmiert, verbarrikadierten sich Schüler in ihren Unterrichtsräumen. Die meisten Opfer befanden sich im Schulgebäude. Die ersteintreffenden

Rettungsdienstkräfte (NEF+RTW) begaben sich unter Begleitung der Polizei in das Schulgebäude (Goertz, 2003). Dazu wurden sie durch ein Einsatzfahrzeug, durch das potenzielle Schussfeld hindurch, zum Haupteingang gebracht. Als weitere Schüsse fielen, zogen sich die Rettungsdienstkräfte in das Schulsekretariat zurück.

Eine schwer verletzte Lehrerin wurde im Schulhof durch einen Rettungsassistenten medizinisch versorgt. Der Rettungsassistent harrte dabei zwischen parkenden Autos aus und suchte hier Deckung, da er sich im Schussfeld des Täters befand. Auch deshalb konnte die Verletzte nicht abtransportiert werden.

Es wurde eine Zwischenevakuierung durchgeführt. Weil ein zweiter Täter nicht ausgeschlossen werden konnte, wurden 180 Schüler im Schulgebäude belassen, um im Schulhof nicht in ein mögliches Schussfeld zu geraten. Die Schüler wurden in einem gesicherten Raum gesammelt. Dies wurde von ihnen als sehr belastend empfunden.

Zweieinhalb Stunden wurde das Schulgebäude durch das SEK durchsucht. Beim Antreffen eines Opfers wurden in dem gesicherten Bereich Rettungsdienstkräfte zur Versorgung hinzugezogen. Nachdem das Schulgebäude komplett geräumt war, wurden alle Schüler erfasst und nach Waffen durchsucht, da man noch von einem zweiten Täter ausging.

In der Zwischenzeit wurden alle Schüler, die sich außerhalb des Schulgebäudes befanden, an einem nahegelegenen Sportplatz, hier wurde ein Sammelpunkt eingerichtet, gesammelt und betreut. Zum Teil erfolgte der Transport der Betroffenen mit Mannschaftstransportwagen. An dem Sammelpunkt wurden Zelte errichtet und eine Registrierung durchgeführt. Zur psychosozialen Versorgung der Betroffenen wurden vor Ort 70 PSNV-Kräfte eingesetzt. Die wartenden Angehörigen wurden betreut, jedoch konnte keine Personenauskunft erteilt werden, da nicht sicher war, dass sich alle unverletzten Schüler auf dem Sportplatz befanden bzw. registriert waren. Es wurden erst dann Informationen weitergegeben, als die Identifizierung der Toten abgeschlossen war.

Die Polizei bildete eine BAO mit einer verrichtungsorientierten Gliederung der Einsatzabschnitte. Diese BAO wurde um die EA Tatobjekt, Betreuung, Kräftesammel-

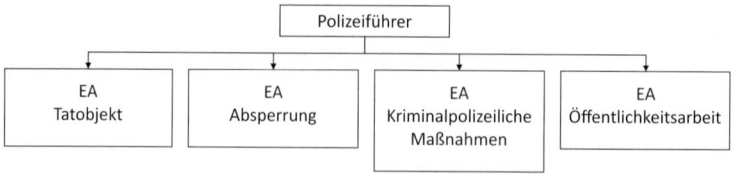

Bild 34: *Abschnittsbildung der Polizei nach dem Amoklauf in Erfurt*

5.3 Amoktaten

stelle erweitert. Ein Verbindungsbeamter der Feuerwehr wurde in den Einsatzstab der Polizei entsandt. Es fand keine Funkkommunikation zwischen Polizei und Feuerwehr oder Rettungsdienst statt, weil ein gemeinsamer Führungskanal im 2-m oder 4-m-Band fehlte.

Das Tötungsverbrechen in Erfurt war das erste seiner Art in Deutschland mit einer hohen Zahl an Todesopfern, etwa 500 betreuungsbedürftigen Personen (Schülern, Lehrern und Angehörigen) (Goertz, 2003) sowie intensiver medialer Wahrnehmung. Hinsichtlich der Belastung der Einsatzkräfte waren insbesondere die an der Sammelstelle eingesetzten Kräfte und die Leitstellendisponenten betroffen, die Notrufe von den im Schulgebäude verbarrikadierten Schülern entgegennahmen (Goertz, 2003). Bis heute befinden sich noch mehrere Personen, Betroffene und Einsatzkräfte, in psychotherapeutischer Behandlung.

Amoklauf in Winnenden und Wendlingen

Ein 17-jähriger ehemaliger Schüler der Albertville-Realschule (ARS) tötete am 11. März 2009 in einem Amoklauf 15 Menschen, bevor er sich selbst tötete. Er begann in Winnenden an seiner ehemaligen Schule und erschoss dort acht Schülerinnen, einen Schüler sowie drei Lehrerinnen. 13 weitere Schülerinnen und Lehrerinnen wurden zum Teil schwer verletzt. Als nach wenigen Minuten zwei Polizeistreifen eintrafen und ins Gebäude vorgingen, flüchtete der Täter.

Auf der Flucht erschoss der Täter einen Mitarbeiter einer Psychiatrie, nahm einen Autofahrer als Geisel, erschoss in einem Autohaus zwei weitere Personen, wurde dann in einen Schusswechsel mit der Polizei verwickelt, bevor er sich selbst erschoss.

Die Integrierten Leitstelle Rems-Murr-Kreis erreichte zuerst die Information über eine Lage in einer Schule in Winnenden (Stocker, 2012). Schnell gingen weitere Notrufmeldungen von Schülern aus unterschiedlichen Klassen ein. Sechs Notrufe erreichten die Leitstelle direkt aus den betroffenen Klassenzimmern, die für die Disponenten sehr belastend waren.

Noch während der Alarmfahrt ließ der LNA den OP im Krankenhaus Waiblingen freihalten, sämtliches hauptamtliches dienstfreies Personal wurde zu den Rettungswachen alarmiert. 19 Minuten nach dem Beginn des Amoklaufs bestätigte sich durch eine Rückmeldung, dass es Verletzte und Tote gegeben hat. Die Polizei meldete, dass auch im angrenzenden Park einer Psychiatrie eine Person mit Schussverletzungen lag. Fortan war für die Polizei klar, dass die Schule nicht der einzige Tatort war. Diese Information wurde an alle Einsatzkräfte weitergegeben. Da der Täter mobil war und seinen Aufenthaltsort mehrfach veränderte, wechselte auch der Gefahrenbereich, so dass potenziell auch jede Einsatzkraft in Gefahr war.

Die Albertville-Realschule steht auf einem Gelände, auf dem sich außerdem ein Gymnasium, eine Hauptschule und eine Förderschule befinden. Dieser Umstand erschwerte die Maßnahmen zusätzlich (Stocker, 2012), da alle vier Schulen und deren Schüler hätten betroffen sein können. Aufgrund unterschiedlicher Zuständigkeiten waren Absprachen mit allen vier Schulleitern zu treffen.

Beim Eintreffen des organisatorischen Leiters Rettungsdienst war noch unklar, wer geschossen hat und ob der Täter noch anwesend ist, also ob noch eine akute Gefahr bestand. Polizeikräfte sicherten den Weg ab, so dass Rettungsdienstkräfte das Schulgebäude betreten konnten. Der Rettungsdienst begleitete Schulklassen, geschützt durch Polizisten, nach draußen. Rettungsdienstmitarbeiter überzeugten Personen, die sich in einem Raum verbarrikadiert hatten, dass sie nach draußen kommen können.

Die Versorgung der Verletzten wurde durch sechs Notärzte, neun RTW, ein RTH und drei KTW durchgeführt (Stocker, 2012). Zusätzlich zum Rettungsdiensteinsatz wurden zur psychologischen Betreuung Notfallseelsorger hinzugezogen. Verwaltungskräfte wurden eingesetzt, um die Einsatzkräfte und die Betroffenen zu erfassen. Eine angrenzende Veranstaltungshalle wurde als Anlaufpunkt für Angehörige genutzt. Die Angehörigen wurden spätestens durch Martinshörner auf das Schadensereignis aufmerksam. Schnell sprach sich herum, dass es einen Amoklauf gegeben hat. Eltern, die ihre Kinder nicht finden konnten, wurden in einen besonderen Raum gebracht.

Die ersteingetroffene RTW-Besatzung wurde als erste aus dem Einsatz herausgelöst. Sie war gemeinsam mit der Polizei das Gebäude abgegangen, um eine möglichst umfassende Rückmeldung abgeben zu können.

5.3.3 Amokfahrten

Da Fahrzeuge im Gegensatz zu Waffen einfacher verfügbar sind, werden Pkw und Lkw für sogenannte Amokfahrten genutzt und dabei gezielt in eine Menschenmenge gelenkt. Die Fahrzeuge werden dazu angemietet oder gestohlen. An der Einsatzstelle kann zunächst nicht festgestellt werden, ob es sich um einen Unfall (Fahrfehler) handelt oder ob die Verletzung von Personen bewusst herbeigeführt wurde. Dies wird durch die Polizei ermittelt und erst später feststehen. Deshalb ist es sinnvoll, verunfallte Fahrzeuge hinsichtlich einer USBV zu erkunden (Bicks et al., 2019).

Seit den Anschlägen von Nizza und Berlin werden viele Großveranstaltungen oder Innenstadtbereiche durch technische Sperren geschützt. Dabei werden dauerhafte Betonsperren, versenkbare Poller oder auch Container eingesetzt. Wichtig ist, dass

5.3 Amoktaten

trotz dieser Barrieren die Befahrbarkeit für Einsatzmittel möglich ist, indem Lkw zwar zum Abbremsen gezwungen werden, jedoch grundsätzlich passieren können. Deshalb ist gerade bei Großveranstaltungen die Befahrbarkeit von Sperren vor Ort zu überprüfen. Andererseits dürfen die Barrieren nicht zu weit voneinander entfernt sein, da sie sonst nicht ihren Zweck erfüllen.

Amokfahrt Münster

Am Samstag, dem 7. April 2018, lenkte ein psychisch kranker Einzeltäter einen Kleinbus in eine Menschenmenge. Die Tat fand an einem belebten Platz in der Münsteraner Innenstadt statt.

Die ersten Notrufe lauteten, dass »ein Van in eine Menschengruppe« gefahren sei. Auch aufgrund der Vielzahl an Notrufen wurde der Einsatz als MANV nach VU ca. zehn Verletzte eröffnet. A- und B-Dienst begaben sich initial an die Einsatzstelle. Aufgrund des ersten Lagebildes wurde auf 20 Verletzte erhöht sowie Alarme für die lokalen Krankenhäuser und die Feuerwehreinsatzleitung ausgelöst. Bereits in einer früheren Phase des Einsatzes ergab sich die Frage, ob das Fahrzeug bewusst in die Gruppe gesteuert wurde, da es sich um eine verkehrsberuhigte Zone handelte.

Bild 35: Ein Pkw erfasste am 10.02.2016 im Kölner Stadtteil Kalk eine fünfköpfige-Fussgängergruppe. Einen Tag später teilte die Kölner Polizei mit, dass es sich um einen Unfall handelte (Pressestelle der Stadt Köln, 2016) (www.bf-koeln-einsaetze.de).

5 Große Polizeilagen

Außerdem erklärten Zeugen, dass der Täter nach der Tat aus dem Fahrzeug ausstieg und sich mit einer Schusswaffe suizidierte. Somit lag die begründete Vermutung nahe, dass das Ereignis bewusst herbeigeführt wurde und es sich um eine Polizeilage mit einem terroristischen oder einem Amok-Hintergrund handelte. Diese Information wurde an die Führungskräfte (Zug- und Fahrzeugführer) weitergegeben. Eine gezielte Informationsweitergabe sowie die stetige Abstimmung mit der Polizei führten zu einem disziplinierten und zielgerichteten Handeln der Einsatzkräfte und einem erfolgreichen Einsatzverlauf.

Die meisten Verletzten konnten umgehend erstversorgt werden, zwei Verletzte waren eingeklemmt und mussten technisch gerettet werden. Zwischenzeitlich stellte die Polizei ein USBV-Verdacht am Fahrzeug fest, so dass die Einsatzstelle noch im Verlauf der Erstversorgung geräumt werden musste. Die Verletzten wurden aus dem Gefahrenbereich weggetragen und auf drei Patientenablagen verteilt. Organisatorisch bedeutete dies, dass der Einsatzabschnitt medizinische Rettung auf drei örtlich verteilte Unterabschnitte (Patientenablagen) aufgeteilt wurde. Die für den Transport bereits alarmierten Rettungsmittel, es wurden mehrere Patiententransportzüge 10 (PTZ-10)[14] sowie Ü-MANV-S Komponenten angefordert, mussten nun umdisponiert werden. Dies stellte eine Herausforderung für die zentral organisierte Transportorganisation dar.

Im Verlauf des Einsatzes erlangte die Polizei neue Erkenntnisse und vermutete mehrere Tatverdächtige mit Schusswaffen, welche sich ggf. noch im Umfeld der Einsatzstelle aufhalten könnten. In der Folge wurden große Teile der Innenstadt als Gefahrenbereich ausgewiesen. Die Einsatzmaßnahmen (von Feuerwehr und Rettungsdienst) konnten allerdings in diesem Bereich, aufgrund eines massiven und gut organisierten Polizeischutzes, weiter fortgesetzt werden.

Die Kommunikation mit der Polizei wurde durch den gegenseitigen Austausch von Verbindern vor Ort und rückwärtig sichergestellt. Der Zusammenarbeit im Einsatz kam zu Gute, dass Feuerwehr und Polizei im Ort sich halbjährlich treffen und so Verfahrensweisen abgestimmt sind. Auch hier zeigte sich, dass die Anzahl der Täter und das Tatmotiv erst Stunden nach dem Einsatz bekannt waren. Aufgrund eines Fußballspiels und einer angekündigten Demonstration waren starke Polizeikräfte vor Ort verfügbar.

---

14 Festgelegte Ressource der überörtlichen Hilfe zum Transport von zehn Verletzten. Bestehend aus 4 RTW, 4 KTW, 1 KdoW sowie 2 Notärzten.

5.3 Amoktaten

5.3.4 Tabellarischer Überblick

Professor Roland Goertz, Einsatzleiter der Feuerwehr beim Amoklauf in Erfurt, geht davon aus, dass eine Amoktat oft beendet ist, bevor die Einsatzkräfte vor Ort sind. Dies entspricht auch den Erfahrungen aus den »active shooter«-Ereignissen in den USA. Nach der Amoktat finden die Einsatzkräfte meist ein Bild unzähliger Toter, darunter befindet sich häufig auch der Amokläufer, der sich selbst richtete. In der Situation ist für die Einsatzkräfte die potenzielle Gefährdung neben der Unübersichtlichkeit belastend. Eine Gefährdung der Einsatzkräfte kann jedoch nicht ausgeschlossen werden, solange das Schicksal des Amokläufers nicht geklärt ist (Fran, 2013). Auch wenn zu hoffen ist, dass die Amoktat bereits beendet ist, wenn die Einsatzkräfte eintreffen, müssen Sie sich dennoch auf das Gegenteil einstellen.

Tabelle 5: *Vergleich Amoktaten*

Ort	Datum	Uhr	Anlass	Meldebild	Opfer	Einsatzkräfte (FW/RD)	MANV
Erfurt	26.04.2002	11:04 Uhr	Amoktat mit Schusswaffen	Schießerei	17 Tote, 2 Verletzte, 16 Einweisungen, über 500 Betreuungsbedürftige	121 FW + HiOrg 70 Notfallseelsorger/ Interventionskräfte	Ja
Winnenden/ Wendlingen	11.03.2009	09:30 Uhr	Amoktat mit Schusswaffen		16 Tote, 13 Verletzte	121 FW + HiOrg 70 PSNV	Ja
München	22.07.2016	18.35 Uhr	Amoktat mit Schusswaffen	BMA, Schusswaffengebrauch	9 Tote, Schussverletzungen, 32 Verletzte	2.000	Ja
Düsseldorf	09.03.2017		Amoktat mit Hiebwaffe	Amoktat	10 Verletzte	70 FW	Ja
San Diego	30.04.2017		Amoktat mit Schusswaffen	Personen mit Schusswunden	9 Verletzte		Ja
Münster	07.04.2018		Amokfahrt	Verkehrsunfall	3 Tote, 25 Verletzte		Ja

5.4 Geiselnahmen

Geiselnahmen liegen vor, wenn Täter an einem bekannten Ort Personen in ihrer Gewalt haben und ein bestimmtes Verhalten erzwingen wollen, beispielsweise Lösegeld fordern oder die Flucht erzwingen. Feuerwehr und Rettungsdienst werden in der Regel erst nach der Befreiung oder Freilassung der Geiseln miteinbezogen.

Info: Entführung oder Geiselnahme?
Entführungen unterscheiden sich von Geiselnahmen dahingehend, dass bei Entführung der Aufenthaltsort von Opfer und Täter nicht bekannt ist. Die meisten Entführungen werden nicht öffentlich gemacht.

Bei Geiselnahmen müssen ersteintreffende Polizeikräfte besonders überlegt handeln, um Angstreaktionen bei Tätern oder Geiseln zu vermeiden. So ist hier auf Sondersignal zu verzichten. Der Bereitstellungsort, auch für Rettungsmittel, wird verdeckt, also nicht im Sichtbereich des Täters liegen. Rettungsdienstkräfte sind dort über die aktuelle Lageentwicklung zu informieren, damit sie unmittelbar nach einem Zugriff Verletzte versorgen können. Dabei müssen die laufenden polizeitaktischen Informationen vor der nichtpolizeilichen Gefahrenabwehr geheim gehalten werden (Tietz, 2010).

5.4.1 Beispiele für Geiselnahmen

Gladbecker Geiseldrama
Am 16. August 1988 überfielen zwei Täter ein Geldinstitut im nordrhein-westfälischen Gladbeck. Dabei nahmen sie mehrmals Geiseln und flüchteten mit ihnen durch die Bundesrepublik sowie in die Niederlande. Während der Flucht kamen insgesamt drei Menschen ums Leben, zwei Geiseln wurden erschossen und ein Polizist starb während der Verfolgung bei einem Verkehrsunfall.

Zwei Tage später steuerten die Geiselnehmer die Kölner Fußgängerzone an. Das Fahrzeug der Geiselnehmer wurde dort sofort von Passanten umringt. Schnell erfuhr auch die Presse davon, so dass viele Journalisten zu dem Fahrzeug strömten. Distanzlos fotografierten und interviewten die Journalisten die Täter. Später verließen die Täter das Stadtgebiet und wurden hierbei nicht nur von der Polizei, sondern auch von vielen Journalisten verfolgt (Happe, 2011). Der sogenannte Beamte vom Alarm-

5.4 Geiselnahmen

dienst (BVA[15]) der Feuerwehr Köln begleitete die Eskorte mit mehreren Rettungsmitteln, obwohl er außerhalb des Kölner Stadtgebietes nicht mehr zuständig war. Der Zugriff der Polizei erfolgte dann kurze Zeit später auf der Bundesautobahn 3 bei Bad Honnef. Die Kräfte der Feuerwehr Köln wurden kurz zuvor vom Einsatz abgezogen, da die rettungsdienstliche Versorgung von anderer Stelle übernommen werden sollte. Noch bevor die Täter hinter die Landesgrenze kommen konnten, führte die Polizei Köln den Zugriff durch. Dabei wurde das Fahrzeug der Geiselnehmer gestoppt und es kam zum Schusswechsel mit einem Spezialeinsatzkommando. Eine Geisel wurde dabei von den Geiselnehmern erschossen, eine weitere Geisel wurde schwer verletzt. Nach dem Zugriff wurden überörtliche Kräfte der Berufsfeuerwehr Köln angefordert. Damals gab es noch keine festgelegten Stichwörter für die überörtliche Unterstützung beim MANV, so dass einzelne Fahrzeuge angefordert werden mussten.

Bei mobilen Lagen werden Spezialeinsatzkommandos zum Eigenschutz teilweise durch zivile Rettungsmittel begleitet. Dieser Konvoi wird dann auch über die Grenzen von Gebietskörperschaften hinweg begleitet. Dabei ist der Umstand positiv, dass die Schnittstellen bekannt sind. Jedoch muss dies mit der/dem jeweils örtlich zuständigen Feuerwehr/Rettungsdienst abgeklärt werden. Im Konfliktfall muss die Aufsichtsbehörde entscheiden.

Geiselnahme eines Reisebusses in Köln
Ein Reisebus, besetzt mit einem Fahrer, einer Reiseleiterin sowie 25 Fahrgästen aus sieben Ländern, war am 28. Juli 1995 auf einer Stadtrundfahrt durch Köln unterwegs. Während der Bus im Bereich des Messeturms entlangfuhr (10:40 Uhr), entwickelte sich ein Streit zwischen dem Täter und dem Busfahrer, in dessen Verlauf der Busfahrer erschossen wurde. Anschließend nahm der Täter die verbliebenen 24 Businsassen als Geiseln. Eine Frau konnte flüchten und die Polizei alarmieren (Sladek/Feyrer, 1997).

Kurze Zeit später traf ein Streifenwagen ein und der Täter verletzte einen Polizisten durch einen Bauchschuss lebensgefährlich. Daraufhin wurde die Leitstelle der Feuerwehr Köln über einen angeschossenen Polizeibeamten informiert und entsendete einen RTW und NEF zur Versorgung (Skrzek, 1995). Aufgrund der unklaren Lage forderte die ersteingetroffene Besatzung einen RTW samt NEF nach, und da auch das Stichwort »Schusswaffengebrauch« fiel, entsendete die Leitstelle

---

15 Beamter des gehobenen feuerwehrtechnischen Dienstes mit Verbandsführerqualifikation.

einen Führungsdienst (BVA[16]). Anfangs kam kein Kontakt zur Polizeiführung zustande, so dass vom Rand der weiträumigen Absperrung aus erkundet werden musste. Erst nach Stunden wurde eine ausführliche Lageeinschätzung der Polizei bekannt. Der Täter verfügte vermutlich neben Schusswaffen auch über Sprengstoff (Sladek/Feyrer, 1997).

Die Einsatzleitung der Feuerwehr stellte sich auf einen Massenanfall von Verletzten ein. Es wurden zwei Verlaufsvarianten durch die Polizei in Betracht gezogen, an denen die Planung des Rettungsdiensteinsatzes ausgerichtet werden musste:
- stationäre (ortsfeste) Lage
- mobile Lage

Bei der stationären Lage wurde davon ausgegangen, dass die Versorgung der Verletzten am jetzigen Standort des Busses stattfindet. Somit könnten die entsprechenden Strukturen zur Versorgung bereits aufgebaut werden. Als unwahrscheinlichere Variante wurde die mobile Lage angenommen, also dass der Bus sich in Bewegung setzen würde und die Einsatzmittel nachgeführt werden müssten (Sladek/Feyrer, 1997).

Etwa sechs Stunden nach Einsatzbeginn wurde zwischen den Einsatzleitungen festgelegt, wie nach dem Zugriff verfahren werden soll. Dabei können zwei Zugriffe unterschieden werden:
- geplanter Zugriff
- Notzugriff

Während bei einem geplanten Zugriff die SE-Kräfte den Überraschungsmoment ausnutzen, reagieren sie bei einem Notzugriff sofort auf eine etwaige Gefährdung, um das Leben von akut bedrohten Geiseln zu retten.

Für den Fall, dass die Polizei die Einsatzstelle für den Rettungsdienst freigeben sollte, wurde ein Codewort vereinbart. Solange es sich bei der Einsatzstelle um einen Gefahrenbereich handelte, wurden die Verletzten von der Polizei zu den im sicheren Bereich stehenden Rettungsmitteln transportiert. So wurde eine aus dem Bus geflüchtete Geisel mit einem gepanzerten Sonderwagen aus dem Gefahrenbereich gebracht.

Kurz danach erfolgte der Zugriff, der von einem heftigen Schusswechsel begleitet wurde. Vier Minuten später teilte die Polizei mit, dass die Einsatzstelle sicher ist und

---

[16] Beamter vom Alarmdienst, Beamter des gehobenen feuerwehrtechnischen Dienstes mit Verbandsführerqualifikation.

5.4 Geiselnahmen

die Rettungsmittel zum Reisebus vorziehen können. Der LNA sichtete alle Insassen, 20 unverletzt Betroffene hatten einen Betreuungsbedarf, eine Person musste ins Krankenhaus transportiert werden und drei Personen, darunter der Täter, waren tot.

Die Abschnittsbildung der Feuerwehr hätte idealisiert wie folgt ausgesehen.

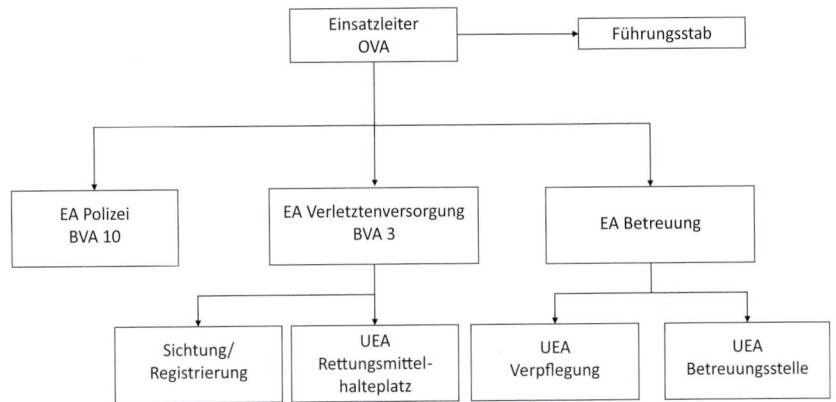

Bild 36: *Führungsstruktur der Kölner Feuerwehr anlässlich der Geiselnahme eines Reisebusses in Köln*

Geiselnahme am Kölner Hauptbahnhof

23 Jahre später am 15. Oktober 2018 hatte es der gleiche Einsatzleiter der Kölner Berufsfeuerwehr wieder mit einer Geiselnahme zu tun. Zunächst wurden zwei Löschzüge zu einer ausgelösten Brandmeldeanlage im Kölner Hauptbahnhof alarmiert. Noch während der Anfahrt stellte sich heraus, dass eine Geiselnahme im Gange sei. Die Einsatzmittelkette wurde um einen Löschzug und im Verlauf durch weitere Rettungsmittel ergänzt.

Am Einsatzort ergab die Erkundung, dass durch einen Molotow-Cocktail ein Entstehungsfeuer in einem Schnellrestaurant ausgebrochen war und durch Zeugen gelöscht wurde. Zwei Verletzte, eine Person mit Brandverletzungen und eine Person mit einer Rauchgasvergiftung, begaben sich auf die Straße und wurden in RTW versorgt.

Vor Ort war der Dienstgruppenleiter der zuständigen Polizeiinspektion als Einsatzabschnittsführer der BAO der Polizei Ansprechpartner für den Einsatzleiter der Feuerwehr. Er konnte bestätigen, dass sich der Täter mit einer Person in einer Apotheke aufhält und der Gefahrenbereich sich auf dieses Geschäft beschränkt. Zunächst wurde der Bahnhof teilgeräumt und die angrenzenden Gleise 11 und 12 gesperrt. Etwas später wurde der komplette Bahnhof geräumt, abgesperrt und der Bahnverkehr eingestellt.

Die Polizei bildete eine BAO und brachte etwa 500 Kräfte in den Einsatz. Für den Einsatzabschnittsführer der Polizei und seiner Führungsgruppe wurde eine mobile Befehlsstelle in Betrieb genommen. Hierhin wurde auch der Verbinder der Feuerwehr entsandt. Der Einsatzleiter der Feuerwehr ließ einen ELW 2 sowie den Fernmeldedienst nachalarmieren und in der Nähe der Befehlsstelle der Polizei in Betrieb nehmen. Der ELW 2 diente vorwiegend als Besprechungsraum für einen Mitarbeiter der 3-S-Zentrale sowie die Verbindungsbeamten von Landes- und Bundespolizei.

Der Täter hatte sich nach den Handlungen in dem Schnellrestaurant in eine Apotheke im Bahnhof begeben und dort eine Angestellte als Geisel genommen. Da angenommen werden musste, dass der Täter über weitere Molotow-Cocktails verfügte, wurde an mehreren Zugängen ins Bahnhofsgebäude jeweils ein Löschangriff vorbereitet. SEK-Beamte wurden in die Bedienung des Strahlrohrs eingewiesen und zusätzlich Feuerlöscher überlassen. Weiterhin stand ein Angriffstrupp unter umluftunabhängigen Atemschutz in Bereitstellung.

Im Verlauf wurden die unterschiedlichen Gefahrenbereiche deutlich mit Flatterband gekennzeichnet.

Tabelle 6: *Einteilung der Gefahrenbereiche*

Rot	Unsicherer Bereich	Apotheke im Bahnhofsgebäude	SEK
Gelb	Teilsicherer Bereich	Bahnhof	Landespolizei
Grün	Sicher	Vorplatz	

Da bekannt war, dass nur Täter und Geisel in der Apotheke waren, stellte man sich auf die individualmedizinische Versorgung von Verletzten ein und ging nicht von einem MANV aus. Vorsorglich wurde ein Schwerverbrennungsbett in einem Krankenhaus reserviert.

Plötzlich wurde durch die Polizei ein sogenannter Notzugriff durchgeführt. Nach dem Zugriff versorgte zunächst eine Polizeiärztin die verletzte Geisel. Dazu wurde medizinische Ausrüstung vom Rettungsdienst bereitgestellt. Erst nachdem der Gefahrenbereich soweit erkundet worden war, dass ein zweiter Täter vor Ort ausgeschlossen werden konnte, wurden die Besatzung von NEF und RTW zur Versorgung eingesetzt. Die Tatsache, dass der Täter einen Sprengstoffrucksack trug, erschwerte später die Reanimation.

5.4 Geiselnahmen

Da der Täter weitere Schusswaffen sowie brennbare Flüssigkeiten mit sich führte, mussten diese Gegenstände erst durch ein USBV-Team überprüft werden. Hierzu mussten Einsatzkräfte weiterhin in Bereitstellung bleiben.

Rückwärtig profitierte der Einsatz davon, dass an diesem Tag ein DGL der Feuerwehr-Leitstelle in der Polizeileitstelle hospitierte. Dieser besetzte anschließend auch die Funktion des Verbinders im Führungsstab der Polizei. Die Feuerwehr bildete eine rückwärtige Einsatzleitung. Zusätzlich traf sich ein kleiner Krisenstab (sogenannte Ämterrunde) unter Vorsitz des Stadtdirektors bei der Feuerwehr.

Wie bei vielen Hauptbahnhöfen gibt es auch in Köln zwei große Vorplätze (Bahnhofsvorplatz Domplatte und rückwärtig den Breslauer Platz), die als Zugänge zum Bahnhofsgebäude dienen. Durch den Standort an einem der beiden Vorplätze waren die Einsatzfahrzeuge bereits in zwei Einsatzabschnitte aufgeteilt. Dieser Tatsache wurde bei der Bildung der Einsatzabschnitte Rechnung getragen. Eine Gebäudefunkanlage stellte die Kommunikation zwischen den Abschnitten sicher.

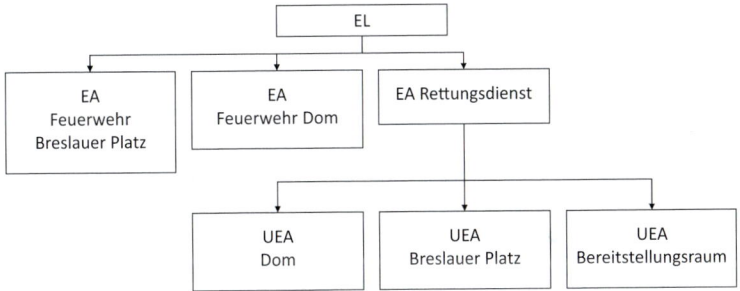

Bild 37: *Führungsstruktur der Kölner Feuerwehr anlässlich der Geiselnahme am Kölner Hauptbahnhof*

5.4.2 Tabellarischer Überblick

Im Vergleich zur Busgeiselnahme 1995 wird bei den Zugriffen 1988 und 2018 deutlich, dass man sich nicht auf die weitere Entwicklung der Lage einstellen konnte, sondern ad hoc auf die Geschehnisse reagieren muss.

5 Große Polizeilagen

Tabelle 7: *Vergleich der dargestellten Geiselnahmen*

Ort	Datum	Uhr	Anlass	Meldebild	Opfer	Einsatzkräfte	MANV
Bad Honnef	18.08.1988	Ca. 13:00 Uhr	Geiselnahme (Zugriff)		3 Tote		
Köln	28.07.1995	10:40 Uhr	Geiselnahme (Zugriff)	Schussverletzung	3 Tote, 10 Verletzte, 16 unverletzt Betroffene	120	Ja
Köln	15.10.2018	12:45 Uhr	Geiselnahme (Not-Zugriff)	Brandmeldeanlage	4 Verletzte	100	

6 Zusammenarbeit mit der Polizei

Unter Zusammenarbeit wird das Bemühen mehrerer Organisationen verstanden, mit vereinten Anstrengungen einen gemeinsamen gesetzlichen Auftrag zu erfüllen – ohne einer gemeinsamen Führung unterstellt zu sein (o. A., 2001).

Durch die unterschiedlichen Zuständigkeiten und Aufgaben von Polizei und Feuerwehr ergeben sich zum Teil gegenläufige Ziele und unterschiedliche Prioritäten an der Einsatzstelle. Während die Feuerwehr bei einem Verkehrsunfall auf der Autobahn aus Sicherheitsgründen am liebsten alle Fahrspuren sperrt, will die Polizei die Fahrstreifen so schnell wie möglich wieder freigeben und eine Vollsperrung vermeiden. An anderer Stelle will die Polizei Tatortspuren sichern, die durch technische Maßnahmen der Feuerwehr beispielsweise an einer Wohnungstür oder einem Unfallfahrzeug beseitigt werden können (Mähler, 2016).

Es ergeben sich noch weitere Beispiele für typische Konfliktpunkte zwischen Feuerwehr und Polizei:

- die ersteintreffende Streifenbesatzung führt in einem verrauchten Treppenraum eine Menschenrettung durch,
- die Aufstellfläche für die Drehleiter wird durch Streifenwagen »zugestellt«,
- Spuren am Tatort werden durch Einsatzkräfte der Feuerwehr verwischt,
- usw.

Hier hilft in erster Linie die Kommunikation darüber, warum bestimmte Maßnahmen getroffen werden müssen und welcher Zweck dahintersteckt. Nur so kann Verständnis und Akzeptanz für die Maßnahmen der jeweils anderen Organisation entstehen (Mähler, 2016).

Letztlich ist eine Zusammenarbeit auf Augenhöhe der Schlüssel für eine gute Kooperation (Kuschewski, 2013). In der Vergangenheit schätzte die Polizei den Wert einer guten Zusammenarbeit mitunter zu gering und meldete sich erst dann bei der Feuerwehr, »wenn sie etwas brauchte«. Dies hat sich nach Meinung einiger erfahrener Führungskräfte im letzten Jahrzehnt gewandelt, da auch die Polizei erkannt hat, dass zum Erreichen des Einsatzerfolges der Beitrag von Feuerwehr und Rettungsdienst notwendig ist. So wird die Leistung der Feuerwehr durch die Medien nicht positiv gewertet werden, wenn gleichzeitig der Polizeieinsatz schiefläuft und andersherum. Gerade bei einer Großen Polizeilage bilden beide Organisationen eine Schicksalsgemeinschaft. Eine gute und enge Zusammenarbeit von

6 Zusammenarbeit mit der Polizei

Bild 38: *Absprache zwischen Einsatzkräften (David Young)*

Anfang an ist der einzig wirksame Schlüssel, um den Einsatzerfolg aller Beteiligten zu sichern.

Ein Bestandteil der Zusammenarbeit sollte der regelmäßige Informationsaustausch sowie die besondere gegenseitige Sensibilität für die Informationsweitergabe sein (Was will/muss die Feuerwehr wissen?). Der Einsatz der Feuerwehr wird behindert, wenn nicht sogar verhindert, wenn die Feuerwehr erst nach Stunden zu einem laufenden Polizeieinsatz hinzugezogen wird. Daraus ergeben sich viele Nachteile, da wichtige Erkundungsergebnisse der Polizei nur im »Hören/Sagen« vorliegen und vermutlich nur mühsam vollständig in Erfahrung gebracht werden. Durch den mangelnden/schlechten Informationsaustausch entsteht ein unnötiger Mehraufwand, indem Maßnahmen mehrfach durchgeführt werden. Dadurch kann sich die Rettung oder medizinische Versorgung von etwaigen Verletzten verzögern. Außerdem bleiben rechtlich gesehen die Zuständigkeiten von Feuerwehr und Rettungsdienst unberücksichtigt.

6.1 Individuelle Zusammenarbeit

Beispiele für eine nachteilige Zusammenarbeit zwischen Polizei und Feuerwehr können die Anforderung eines RTW für das Entschärfer-Team über einen bereits laufenden Polizeieinsatz mit USBV-Verdacht oder der verspätete Einbezug der Feuerwehr zur Suche nach einem Suizidenten sein. Leider kommen solche Negativbeispiele noch heute vor. Hier hilft die Absprache im Rahmen der ergänzenden Aufgabenwahrnehmung, aus der eine effiziente Zusammenarbeit erwachsen kann.

Praxistipp:
Verdeutlichen Sie immer wieder den Einsatzkräften der Polizei die Vorteile, die aus einer frühzeitigen und vorbehaltlosen Zusammenarbeit erwachsen.

Integrierte Leitstellen besitzen hier einen deutlichen Vorteil, da die Polizei hinsichtlich gemeinsamer Alltagseinsätze nur mit einer Leitstelle bzw. Organisation Absprachen treffen muss. Generell ist bei der Zusammenarbeit von Polizei, Feuerwehr und Rettungsdienst von Vorteil, dass alle Organisationen sehr alltagsnah agieren und sich dadurch schneller abstimmen können.

Auf beiden Seiten gibt es negative »Bilder« über die jeweils andere Organisation, die korrigiert werden müssen. Beispielsweise sagt man sich bei der Polizei, »wenn Du willst, dass etwas alle wissen, erzählst Du es der Feuerwehr«. Vorurteile gibt es auch insbesondere gegenüber der Freiwilligen Feuerwehr. Hier hilft es, wenn Polizisten das Engagement und die Leistungsbereitschaft der Freiwilligen Feuerwehr in Übungen oder Einsätzen kennenlernen. So versteht die Polizei, warum auch ehrenamtliche Kräfte von Erfolgserlebnissen leben (Vorbereitungsstab G 20/OSZE, 2017). Zur Verteidigung der Polizei ist zu sagen, dass für eine große Landesbehörde die ehrenamtlichen lokalen Strukturen einer Freiwilligen Feuerwehr komplett fremd sind und auf sie als weit entfernt wirken. Es ist wünschenswert, dass Kenntnisse über die gegenseitigen Organisationsstrukturen, die Arbeitsweise und nicht zuletzt die Kultur der Polizei und der Feuerwehr vorhanden sind (Mähler, 2016).

6.1 Individuelle Zusammenarbeit

Ob die Zusammenarbeit mit der Polizei klappt, hängt letztlich von den handelnden Personen und der Tatsache ab, ob ein Vertrauensverhältnis zwischen ihnen besteht. Sie ist also vielfach personenabhängig.

Der persönliche Kontakt ist zur Bildung dieses Vertrauensverhältnisses hilfreich. Getreu dem Motto: »In der Krise Köpfe kennen« wird deshalb angestrebt, dass sich

Einsatz- und Führungskräfte kennen und schätzen lernen. Wenn bereits gemeinsam herausfordernde Einsätze gemeistert wurden, beruhigt dies in schwierigen Situationen und bildet generell eine gute Voraussetzung für den gemeinsamen Erfolg an der Einsatzstelle. Deshalb ist personelle Kontinuität bei der Besetzung von Führungsfunktionen wünschenswert. Auf den Polizeirevieren und -wachen gibt es oftmals eine hohe Personalfluktuation, was das gegenseitige Kennenlernen erschwert. Deshalb ist es sinnvoll sich in unregelmäßigen Abständen zu treffen, um sich insbesondere auf der Ebene der Führungskräfte zu kennen.

Daneben gibt es aber immer Menschen, mit denen man besser oder schlechter zusammenarbeiten kann. Auch bei der Polizei gibt es erfahrenere und weniger erfahrene Führungskräfte. Teilweise kommen sie aus anderen Direktionen wie z. B. Verkehr und haben so manchmal weniger Erfahrung mit bestimmten Einsatzanlässen. Natürlich kann es aber auch vorkommen, dass es Konflikte aus vorherigen Einsätzen gibt (Mähler, 2016). Generell ist es wichtig, dass eine Führungskraft die eigenen rechtlichen Zuständigkeiten gut kennt. Neben einem selbstbewussten Auftreten hilft es, sich von der Polizei nicht in den eigenen Zuständigkeitsbereich eingreifen zu lassen.

Insgesamt ist auf eine Kultur hinzuwirken, in der die Zusammenarbeit unabhängig von den handelnden Personen funktioniert. Dazu muss jedoch erst ein gegenseitiges Vertrauen in die Organisationen erarbeitet werden, damit es z. B. nicht dazu kommt, dass Informationen zurückgehalten werden. Voraussetzung dafür ist, dass Einsatzkräfte Stillschweigen über Aspekte des Einsatzes wahren und sich Kommentare zum Geschehen sparen.

Regelmäßige Treffen auf Ebene der Führungskräfte aller Behörden und Organisationen mit Sicherheitsaufgaben sind anzustreben. Dabei kann der Zuständigkeitsbereich eines Polizeipräsidiums mehrere Kreise umfassen, so dass mehrere Feuerwehren und Hilfsorganisationen mit unterschiedlichen Vorgehensweisen sich mit der Polizei abstimmen müssen. Für die Vertreter der Kreispolizeibehörde ist es manchmal schwierig, die Zuständigkeit der kommunal organisierten Gefahrenabwehr auseinanderhalten zu können. Unter Einsatzkräften sind gemeinsame Übungen sinnvoll. Insbesondere Ausstattung und Spezialisierung von Spezialeinsatzkommandos bieten viele Möglichkeiten, um gemeinsam mit der Feuerwehr zu trainieren. Für Höhenretter ist der Austausch mit den Mitgliedern der Verhandlungsgruppe sinnvoll.

6.2 Amtshilfe

Werden der Polizei Geräte oder Fahrzeuge zur Verfügung gestellt oder eine Technische Hilfeleistung für sie durchgeführt, handelt es sich um Amtshilfe. Das unterscheidet sie von Maßnahmen im Rahmen der eigenen Zuständigkeit nach Brandschutz- oder Rettungsgesetz, wie beispielsweise die Rettung und Versorgung von Verletzten.

Amtshilfe bezeichnet die ergänzende Hilfe einer Behörde[17] auf Ersuchen einer anderen Behörde. Gemäß Artikel 35 des Grundgesetzes leisten sich alle Behörden des Bundes und der Länder gegenseitig Rechts- und Amtshilfe. Dabei gelten allgemeine Regeln nach den §§ 4 – 8 Verwaltungsverfahrensgesetz (VwVfG) (Fischer, 2017).

Eine Behörde kann um Amtshilfe ersuchen, wenn sie aus rechtlichen oder praktischen Gründen die Maßnahmen nicht selbst oder nur mit wesentlich größerem Aufwand durchführen kann, weil ihr beispielsweise dazu Kräfte oder Einrichtungen fehlen. Die ersuchende Behörde hat dabei die Rechtmäßigkeit der Maßnahme zu überprüfen, wofür Polizisten auch meist besser ausgebildet sind als Einsatzkräfte der Feuerwehr.

Ein Amtshilfeersuchen kann abgelehnt werden, wenn die Durchführung der Amtshilfe einen unverhältnismäßig großen Aufwand (Unverhältnismäßigkeit) erfordert oder eigene Aufgaben der ersuchten Behörde dadurch vernachlässigt werden. Das Ersuchen muss abgelehnt werden, wenn es aus rechtlichen Gründen nicht geleistet werden darf (Fischer, 2017).

Neben der Prüfung der rechtlichen Zuständigkeit sollte auch eine mediale Risikoabschätzung geschehen. Wie würde die Schlagzeile in der Presse lauten, wenn der Einsatz schief geht?

Bei den Feuerwehren herrschen unterschiedliche Auffassungen, inwieweit sich die Feuerwehr von Maßnahmen staatlicher Gewalt abgrenzen muss, bzw. ob ein Feuerwehreinsatz im Rahmen eines polizeilichen Zugriffs rechtlich zulässig ist.

Es sollte jedoch ein Feuerwehreinsatz im Rahmen eines polizeilichen Zugriffs vermieden werden, wenn er nur dazu dienen soll, Straftäter zu täuschen oder Polizeikräfte in Feuerwehr- oder Rettungsdienstkleidung zu tarnen (vgl. Fuhrmann, 2005). Auch die Zur-Verfügung-Stellung von Ausrüstungsgegenständen der Feuerwehr an die Polizei muss kritisch geprüft werden, wenn diese entgegen ihres ursprünglichen Zwecks eingesetzt werden sollen (z. B. Einsatz eines Hohlstrahlrohrs,

---

17 Die Feuerwehr ist eine Einrichtung der jeweiligen Kommunalbehörde (Bürgermeister oder Oberbürgermeister).

um auf Störer einzuwirken), die Herkunft der Geräte eindeutig auf die Feuerwehr zurückgeführt werden kann oder der sichere Gebrauch eine besondere Ausbildung oder Tauglichkeit erfordert (z. B. dreiteilige Schiebleiter, Atemschutzgerät u. ä.).

Bei der FW Bonn gilt, dass der A-Dienst die rechtliche Zulässigkeit eines Amtshilfeersuchen prüft und freigibt. Hierdurch soll verhindert werden, dass Feuerwehr-Einsatzkräfte in die Ausübung staatlicher Gewalt eingebunden werden. Sollen Einsatzkräfte der Feuerwehr in die Rechte Dritter eingreifen, benötigen sie dafür eine spezielle gesetzliche Grundlage (Feuerwehr Bonn, 2009).

Feuerwehr und Rettungsdienst können natürlich auch die Polizei um Amt- oder Vollzugshilfe ersuchen, beispielsweise zur Entfernung einer Person, die die Durchführung von Einsatzmaßnahmen stört oder für verkehrslenkende Maßnahmen.

Sind verschiedene Ämter (z. B. Umweltamt, Ordnungsamt) und Behörden an einem Einsatz beteiligt, zeigen sich oftmals unterschiedliche Auffassungen hinsichtlich der rechtlichen Wertung einer Situation und der durchzuführenden Maßnahmen. Falls sich mehrere Behörden als zuständig erachten, muss eine Einigung herbeigeführt werden. Kann keine Einigung erzielt werden, wird eine übergeordnete Stelle (Aufsichtsbehörde) hinzugezogen.

Bild 39: *Nachdem ein Fahrzeug beschossen worden ist, untersucht die Kriminalpolizei den Tatort. Die Feuerwehr Köln leuchtet in Amtshilfe den Tatort aus (www.bf-koeln-einsaetze.de).*

6.3 Zusammenarbeit an der Einsatzstelle

Zugriffsmaßnahmen

Es gibt verschiedene polizeiliche Maßnahmen (Festnahme, Durchsuchungsmaßnahme, Zwangsräumung usw.), die eine Beteiligung von Feuerwehr oder/und Rettungsdienst notwendig machen. Dabei kann es sich um eine vorsorgliche Bereitstellung von Einsatzmitteln, Ausrüstung oder eine Technische Hilfeleistung für die Polizei handeln. Grundsätzlich ist immer zu beachten, dass vorab übermittelte Informationen über einen bevorstehenden polizeilichen Einsatz äußerst vertraulich zu behandeln sind und nur so wenig Personen wie nötig informiert werden.

Am häufigsten kommt vermutlich die Bereitstellung von Rettungsdienstkräften für einen Zugriff der Polizei, des Zolls oder anderer Behörden vor. Ziel des Zugriffs kann es sein, an einem bestimmten Ort anwesende Personen zu kontrollieren, Straftäter zu ergreifen oder Gefahren abzuwehren (o. A., 2001). Da es sich bei einer Razzia um eine überraschend durchgeführte polizeiliche Maßnahme handelt, dürfen die Kräfte während der Bereitstellung nicht auffallen.

Es ist ein Beleg für eine vertrauensvolle Zusammenarbeit, wenn die Leitstelle von Feuerwehr/Rettungsdienst vorab über Einsätze von SEK und MEK informiert wird, um Rettungsmittel (NEF, RTW) für den Einsatz bereitzustellen. Die Entsendung eines Führungsdienstes als Verbindungsbeamten vor Ort sorgt dafür, dass die Zusammenarbeit trainiert werden kann und sich die Führungskräfte der Feuerwehr und der Polizei kennenlernen. Entweder erfolgt die Alarmierung der Einsatzkräfte unmittelbar mit Angabe des tatsächlichen Einsatzortes oder in einem Bereitstellungsraum. Zur Entlastung des Regelrettungsdienstes können bei planbaren Einsätzen zusätzliche Einsatzmittel (RTW, NEF) in Dienst gestellt werden.

6.3 Zusammenarbeit an der Einsatzstelle

Zwingend für nichtpolizeiliche Einsatzkräfte ist an Einsatzstellen, die als Polizeilagen definiert werden, frühzeitig den Kontakt zur Polizei zu suchen (Mähler, 2017). Dabei kann der Standort der Einsatzleitung von Feuerwehr und Rettungsdienst gewählt bzw. abgestimmt werden.

Abgeklärt werden sollte, welche Gefahren bestehen und ob sichere/unsichere Bereiche abgegrenzt werden können. Daraus ergibt sich, ob und welche Einsatzkräfte in den Einsatz gebracht werden können. Jede Organisation wird im Rahmen ihrer Zuständigkeit tätig. Dennoch kann nur eine Organisation die Gefahren, die durch den Täter ausgehen, bekämpfen. Meistens wird das die Polizei sein und damit umgangssprachlich den »Hut aufhaben«. Das bedeutet aber nicht, dass der Polizeiführer die Einsatzleitung über die Kräfte der nichtpolizeilichen Kräfte innehat, taktische Maßnahmen werden abgestimmt. Weiterhin sollte in Erfahrung gebracht werden, in welcher Organisationsform (AAO oder BAO) sich die Polizei befindet und inwieweit Verbindungsbeamte vor Ort und rückwärtig ausgetauscht werden. Getroffene Entscheidungen und Einschätzungen der Polizei sollten dokumentiert werden (Rückmeldung).

In der AAO wird ein Einsatz durch einen Streifenführer, den Dienstgruppenleiter oder gar Revier- oder Wachleiter geführt. Hat die Polizei eine BAO gebildet, wird vor Ort meist ein Einsatzabschnittsführer der Ansprechpartner für die Feuerwehr sein. Je nach Benennung der Einsatzabschnitte kann dies z. B. der Leiter des Einsatzabschnittes Tatort oder Tatobjekt sein.

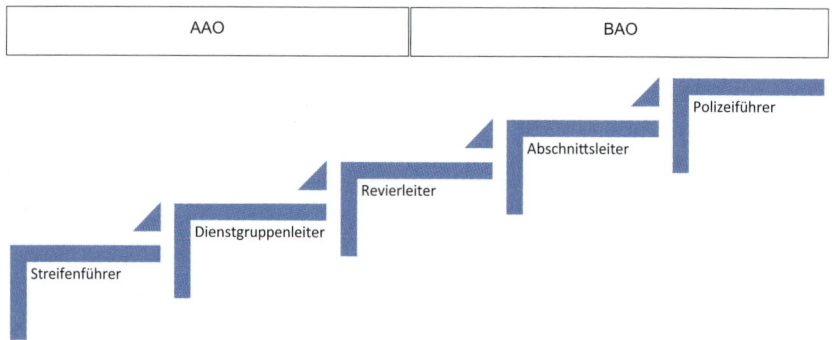

Bild 40: *Polizeiliche Führungskraft vor Ort*

Der Ansprechpartner auf Seiten der Polizei ist für Feuerwehrangehörige nicht immer gut zu erkennen, in Baden-Württemberg wird der Standort des Meldekopfes der Polizei z. B. mit einer Pylone auf dem Fahrzeugdach gekennzeichnet. In Bayern und Schleswig-Holstein ist eine Kennzeichnung mit einer Weste vorgesehen. Muss der Einsatzleiter vor Ort erst ausfindig gemacht werden, kann dies als Erkundungsauftrag an eine Führungskraft delegiert werden, da der Einsatzleiter (der Feuerwehr) sonst unnötig gebunden ist.

 Praxistipp:
Klären Sie ab, woran Sie den Ansprechpartner der Polizei erkennen können.

6.3 Zusammenarbeit an der Einsatzstelle

6.3.1 Organisationsübergreifende Kommunikation

Eine erfolgreiche Zusammenarbeit ist auf eine funktionierende Kommunikation angewiesen. Idealtypisch würde es ausreichen, wenn der Einsatzleiter der Feuerwehr sich nur mit seinem polizeilichen Gegenüber (Einsatzabschnittsführer o. ä.) austauscht und anschließend die Entscheidungen innerhalb der Organisationen kommuniziert werden.

Praktisch ist es jedoch notwendig, wie in Bild 41 dargestellt, alle Ebenen der Polizei zu »bedienen«. Die AGBF (2017) spricht von allen notwendigen Führungsebenen.

Durch das Aufwachsen der Lage und die Bildung der Führungsstruktur bei beiden Organisationen ergeben sich mehrere Schnittstellen, so dass Sorge getragen werden muss, dass der Informationsaustausch funktioniert. Die Festlegungen »wer, wann, mit wem und wie« kommuniziert, sollten für solche Lagen grundsätzlich vorab abgestimmt sein (Wolfskämpf, 2018).

Damit eine effiziente Kommunikation sichergestellt ist, sollten alle Führungsebenen der Polizei bedient werden. Dies geschieht durch die Leitstellen-, Einsatzstellen- und rückwärtige Kommunikation. Weiterhin muss die Kommunikation eindeutig erfolgen. Unterschiedliche Informationsstände zwischen den Führungsebenen müssen vermieden werden. Dazu zählen das »Stille-Post-Prinzip« und unterschiedliche oder fehlende Hintergrundinformationen auf einzelnen Ebenen.

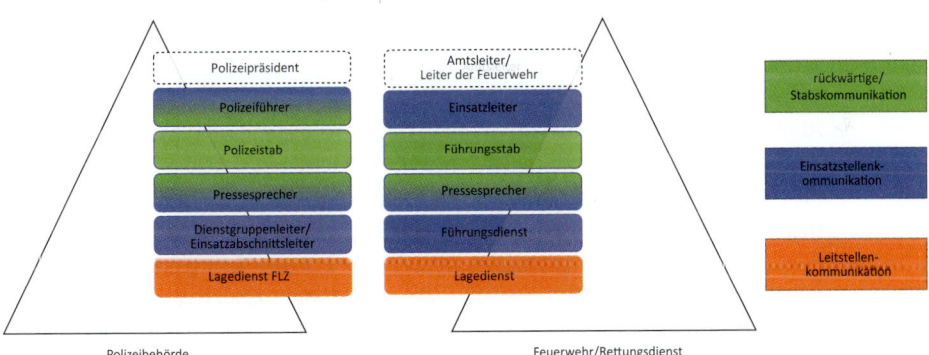

Bild 41: *Organisationsübergreifende Kommunikation zwischen den Führungsebenen*

Initial stellt die Leitstelle die Verbindung zwischen der Einsatzstelle und den eingesetzten Kräften sicher. Auf der Ebene der Leitstellen der Feuerwehr und den Leitstellen der Polizei kommunizieren die Dienstgruppenleiter (Polizei) oder auch PVD mit dem Lagedienst (oder Leitungsdienst) der Integrierten Leitstelle direkt oder indirekt über die jeweiligen Disponenten (Polizei: Einsatzbearbeiter). Kooperative Regionalleitstellen mögen hier aufgrund der Unterbringung beider Organisationseinheiten unter einem »Dach« Vorteile besitzen, da Informationen im direkten Gespräch ausgetauscht werden können (Wolfskämpf, 2018).

Können vor Ort keine Ansprechpartner ausgemacht werden oder ist die Führungsstruktur unklar, ist immer auf den Dienstgruppenleiter der Polizei-Leitstelle zurückzugreifen, da die Leitstelle die Einsatzstrukturen kennt.

Spätestens dann, wenn die Polizei eine BAO inklusive eines rückwärtigen Führungsstabes bildet, werden umgehend Verbindungsbeamte entsendet, um die Stabskommunikation zwischen Stab der Polizei und einer/einem rückwärtigen Führungsunterstützung/Führungsstab (Feuerwehr) zu gewährleisten.

Wird es zeitkritisch oder brisant, sprechen der Polizeiführer (PF) und Leiter FEL/Einsatzleiter das Vorgehen persönlich ab. Funktioniert die Kommunikation und damit der Einsatz überhaupt nicht, kann es notwendig sein, dass der Leiter der Feuerwehr mit dem Polizeipräsidenten Rücksprache hält. Im Sinne einer vertrauensvollen Zusammenarbeit ist dieses Mittel natürlich als »ultima ratio« zu sehen.

6.3.2 Fachsprache der Polizei

Damit die Kommunikation zwischen Einsatzkräften von Feuerwehr und Polizei funktioniert, ist es hilfreich, dass die jeweiligen Fachbegriffe gegenseitig bekannt sind. Insbesondere sollten Einsatz- bzw. Führungskräfte der Feuerwehr, die als Verbindungsbeamte eingesetzt werden, den Sprachgebrauch der Polizei kennen. Ähnlich wie bei der Feuerwehr werden viele Abkürzungen verwendet.

Die Polizei-Dienstvorschrift (PDV) 100 *VS-NfD* legt in der Anlage 20 Fachbegriffe für einen einheitlichen polizeilichen Sprachgebrauch fest (Innenministerium Nordrhein-Westfalen, 2018), damit auch mit Kräften aus Polizeibehörden anderer Bundesländer zusammengearbeitet werden kann. Außerdem werden so Missverständnisse vermieden, die den Einsatzerfolg gefährden können. Einsatzkräften von Feuerwehr und Rettungsdienst sind diese Fachbegriffe jedoch meist nicht bekannt. Daher wäre es zielführend, wenn man sich für die Zusammenarbeit auf Definitionen und gemeinsame Begriffe einigen könnte, z. B. gemäß der DIN 13050 oder nach dem Wörterbuch für Bevölkerungsschutz und Katastrophenhilfe der Ständigen Konferenz für Katastrophenvorsorge und Katastrophenschutz. Bei gemeinsamen Übungen kann auch der fachbezogene Sprachgebrauch trainiert werden.

6.3 Zusammenarbeit an der Einsatzstelle

Praxistipp:

Wenn Sie mit einem Polizisten sprechen, versuchen Sie so wenige Fachbegriffe wie möglich zu verwenden. Sprechen Sie nicht von einer Technischen Hilfeleistung, sondern erklären Sie in einfachen Worten, welche Ausrüstung durch wen wo eingesetzt wird. Dann wird auch kein Streifenwagen über die Hydraulikleitung des Spreizers fahren.

Folgende Tabelle gibt einen vergleichenden Überblick zu den wichtigen Fachbegriffen:

Tabelle 8: *Polizeiliche Fachbegriffe*

Polizei	Erläuterung	ggf. Feuerwehrbegriff
Aufklärung	Feststellung polizeilich bedeutsamer Umstände und Tatsachen. Da die Polizei oftmals auch verdeckt eingesetzt wird und nicht immer in Aktion treten soll, gibt es den Auftrag Aufklären. In diesem Fall wird eine Streifenbesatzung zur reinen Erkundung eingesetzt und erhält hierfür einen konkreten Auftrag.	Erkundung
Tatort	Der Tatort ist ein Ort, an dem eine kriminelle Handlung festgestellt wird.	Einsatzstelle
Gewahrsam	Form der polizeilichen Freiheitsentziehung	
Gefahr im Verzug	Besteht, wenn eine richterliche Anordnung nicht eingeholt werden kann, was die Maßnahme gefährden oder vereiteln kann. Der Polizei ist dadurch die Möglichkeit des Einschreitens eröffnet (o. A., 2001).	
Einsatzmittel	Sind Waffen, Fahrzeuge, Geräte, Tiere usw., durch deren Einsatz polizeiliche Maßnahmen ermöglicht werden (o. A., 2001).	

Tabelle 8: *Polizeiliche Fachbegriffe – Fortsetzung*

Polizei	Erläuterung	ggf. Feuerwehrbegriff
Delaborieren	Ist das Manipulieren, Handhabungssichermachen, Zerlegen und Entschärfen sprengstoffverdächtiger Gegenstände mit dem Ziel der Beweissicherung.	Entschärfen
Beschuldigter	Eine Person, die im Verdacht steht, eine Straftat begangen zu haben.	
Beweissicherung	Ist die Gewinnung und Dokumentation aller be- und entlastenden personellen und materiellen Beweismittel, die zur rechtlichen Beurteilung eines Sachverhalts erforderlich sind (o. A., 2001).	Einsatzdokumentation
Befehlsstelle	Ortsfeste oder bewegliche Einrichtung für den Polizeiführer, den Führungsstab oder die Führungsgruppe.	
Verletztensammelstelle	Stelle an der Grenze des Gefahrenbereiches, an der Verletzte oder Erkrankte gesammelt und, soweit möglich, erstversorgt werden und an der sie zum Transport an einen Behandlungsplatz oder weiterführende medizinische Versorgungseinrichtungen übergeben werden (DIN 13050).	Patientenablage
Zielzuweisung		Anfahren über …
Kräftesammelstelle/ Kräftesammelort	Stelle, an der Einsatzkräfte und Einsatzmittel für den unmittelbaren Einsatz gesammelt, gegliedert und bereitgestellt oder in Reserve gehalten werden (DIN 13050).	Bereitstellungsraum/ Haltepunkt

6.3 Zusammenarbeit an der Einsatzstelle

Tabelle 8: *Polizeiliche Fachbegriffe – Fortsetzung*

Polizei	Erläuterung	ggf. Feuerwehrbegriff
Eingreifkräfte	Hierbei handelt es sich um Reserven, die für den Fall einer Lageänderung mit entsprechenden Aufträgen versehen sind (o. A., 2001).	Reserve
Einsatzlage		Einsatz

Gefahrenbereich

Die Polizei kennt unterschiedliche Gefahrenbegriffe, z. B. »konkrete Gefahr«, »Anscheingefahr«, um die verschiedenen rechtlichen Eigenschaften von Gefahrensituationen beschreiben zu können. Für den Einsatz von Feuerwehr und Rettungsdienst sind diese Begriffsunterscheidungen nicht relevant.

Wenn von einem Gefahrenbereich die Rede ist, wird damit in der Fachsprache der Polizei ein Ort bezeichnet, an dem eine Gefahr besteht, die jedoch nicht notwendigerweise direkt von Menschen ausgeht (Jacobsen, 2001).

Der polizeiliche Lagebegriff

Während nach der FwDV 100 unter einer Lage die allgemeine, eigene oder Schadenslage verstanden wird, wird der Begriff bei der Polizei in vielfältigen Formen verwendet. Unter einer Lage wird die Gesamtheit aller Umstände, Gegebenheiten und Entwicklungen verstanden, die polizeiliches Handeln bestimmen (o. A., 2001).

Aus gewonnen Erkenntnissen und Informationen wird ein Lagebild erstellt. Unter einem Lagebild versteht man die zu einem bestimmten Zeitpunkt zusammengeführten, polizeilich bedeutsamen Erkenntnisse. Es besteht aus mehreren Lagefeldern. Lagefelder sind themenspezifische Teilmengen des Lagebildes, z. B. Verkehrslage oder Kriminalitätslage, die der Beurteilung der unterschiedlichen Aspekte einer Lage dienen und häufig einer Wechselwirkung unterliegen. Je nach Ereignis kommen weitere Lagefelder hinzu. Unter der Einsatzlage wird der Anlass für einen Einsatz verstanden. Die Verkehrslage beinhaltet z. B. das Freihalten von Anfahrtswegen, Einbahnstraßenregelungen, großräumige Verkehrsableitungen und Bereitstellungsräume. Die Kriminalitätslage beinhaltet Aufklärung, Beweissicherung, Verfolgung von Straftaten sowie die Befragung von Zeugen.

6 Zusammenarbeit mit der Polizei

> **Merke:**
> Wenn Sie einen Polizisten verwirren möchten, sprechen Sie von einer Lage. Er wird mit Sicherheit nicht das Gleiche wie Sie darunter verstehen.

Bild 42: *Verkehrslage (Gerhard Berger)*

Funktionale Lagen sind beispielsweise Kriminalitäts- oder Gefährdungslagen. Eine besondere funktionale Lage ist die Großschadenslage (polizeilich), die als Sofortlage mit einem hohen Personaleinsatz und der Bildung einer Besonderen Aufbauorganisation verbunden ist.

Hinsichtlich des Faktors Zeit werden bei der Polizei Zeitlagen und Sofortlagen unterschieden. Eine Zeitlage entsteht z. B. anlässlich einer Großveranstaltung, eines Staatsbesuches oder einer Demonstration. Die Lage ist zeitbezogen und kann organisatorisch sowie personell geplant werden (Einsatzbefehl). Bei der Sofortlage tritt das Ereignis plötzlich (ad hoc) ein, ausgelöst durch einen Unfall oder wird absichtlich herbeigeführt, wie etwa eine Amoktat oder eine Geiselnahme. Der Großteil der Sofortlagen, die nicht in einer BAO mit Führungsstab enden, wird durch die Streifen des polizeilichen Einzeldienstes bewältigt und als Einzeldienstlage bezeichnet.

6.3 Zusammenarbeit an der Einsatzstelle

Sammelbegriffe

Sammelbegriffe werden verwendet, um unter einem Oberbegriff verschiedene Einsatzanlässe zusammenzufassen. Obwohl die PDV 100 *VS-NfD* einheitliche polizeiliche Begriffe definiert, können diese umgangssprachlich oder regional variieren.

Als **Größere Gefahrenlage** oder **Schadenslage** (GGSK) werden Ereignisse bezeichnet, bei denen zahlreiche Menschen, die Versorgung oder erhebliche Sachwerte gefährdet, wesentlich beeinträchtigt oder geschädigt sein können. Die Ursache geht dabei meist auf naturgegebene Einsatzanlässe wie Unwetter oder Hochwasser sowie Verkehrs- oder Gefahrgutunfälle zurück. Diese Gefahrenlage kann nicht durch Kräfte des täglichen Dienstes (Streifendienstes) bewältigt werden.

Besondere Bedrohungs- oder Schadenslagen werden oft für terroristische Attacken und Amoklagen verwendet (Kowalzik et al., 2017). Neuerdings werden unter dem Begriff **Lebensbedrohliche Einsatzlagen** Einsätze mit einer hohen Gefährdung für Opfer und Einsatzkräfte zusammengeführt. Der Vorteil dieses Sammelbegriffs, der bereits in mehreren Ländern verwendet wird, liegt darin, dass er die polizeilichen Sofortmaßnahmen vor einer Einordnung als Geiselnahme, Amoktat und Anschläge miteinschließt.

Tabelle 9: *Sammelbegriffe*

Komplexe lebensbedrohliche Einsatzlagen	Bundespolizei (KLE), Brandenburg (KLEE)
Lebensbedrohliche Einsatzlagen	Baden-Württemberg, Schleswig-Holstein (LEBE), Bayern (Wurmb et al., 2017), Rheinland-Pfalz (LebEL), Hessen

Dabei wird der Tatsache Rechnung getragen, dass zu Beginn meist unklar ist, aus welchem Motiv ein Täter handelt und ob es sich um einen Amoktat oder einen Terroranschlag handelt. Meist stellten sich das genaue Motiv und die Anzahl der Täter erst im Laufe des Einsatzes oder nach entsprechenden polizeilichen Ermittlungen heraus. Vorteilhaft ist ein Sammelbegriff jedoch auch deshalb, weil die Maßnahmen von Feuerwehr und Rettungsdienst bei Amoktaten und Terroranschlägen ähnlich sind, so dass hier eine einheitliche Einsatzplanung greifen kann.

Es ist zu begrüßen, dass demnächst ein einheitlicher Sammelbegriff Eingang in eine bundesweite Polizeidienstvorschrift findet, um einen Sprachgebrauch sicherzustellen, der in allen Organisationen der Gefahrenabwehr verstanden wird und dadurch einheitliche taktische Vorgehensweisen ermöglicht.

Aus Sicht der Feuerwehr ist jedoch der Begriff lebensbedrohliche Lage irreführend, da mehrere Einsatzanlässe des alltäglichen Einsatzgeschehens der Feuerwehr potenziell lebensbedrohlich sind und mit einer hohen Gefährdung von Betroffenen und Einsatzkräften einhergehen. Man denke dabei nur an einen kritischen Wohnungsbrand oder an ABC-Einsätze. Außerdem klingt das Eigenschaftswort »lebensbedrohlich« dramatisch.

6.3.3 Verbindungsbeamte

Ein sehr wichtiges Werkzeug zur Sicherstellung der Kommunikation ist der Einsatz von Verbindungsbeamten. Sie sollten bei Polizeilagen regelhaft ausgetauscht werden. So kann automatisch ein Verbindungsbeamter entsendet werden, wenn die Polizei im Rahmen einer BAO einen Führungsstab bildet oder spätestens dann, wenn die Zusammenarbeit der BAO mit einer nichtpolizeilichen BOS notwendig wird (Wolfskämpf, 2018).

Der Verbindungsbeamte wird im Rahmen eigener Zuständigkeit nach Feuerwehr-, Rettungsdienstgesetz oder KatS-Gesetzgebung tätig. Der entsandte Verbindungsbeamte hat jedoch keine Führungsverantwortung für eine Einsatzstelle und unterliegt nicht der Weisung der Polizei. Er kommuniziert nicht mit den Einsatzkräften vor Ort, sondern mit der Leitstelle oder der Einsatzleitung und leistet nur eine Führungsunterstützung. Dafür nutzt er ein Stabsführungssystem oder das Telefon als Kommunikationsmittel (Land Schleswig-Holstein, 2017).

Der eingesetzte Beamte sollte mindestens über eine Qualifikation als Zugführer verfügen. Da bei der Polizei natürlich auch auf den Dienstgrad des Verbinders geachtet wird, sollte dieser möglichst dem gehobenen Dienst angehören. Den Führungsstab der Polizei muss er über die Lageentwicklung, Arbeitsweisen/Möglichkeiten der Feuerwehr informieren und dabei zu Einsatzoptionen der Feuerwehr Auskunft geben können. Der Verbinder sollte dafür fachlich breit aufgestellt sein, d. h. zu möglichst allen Bereichen des Einsatzdienstes (Technik, Kommunikation, Leitstelle, Rettungsdienst) Kenntnisse haben. Auch können an ihn Anfragen im Sinne der Amtshilfe gestellt werden (vgl. Kapitel 6.2).

Die Hauptaufgabe des Verbindungsbeamten liegt jedoch darin, Informationen für den Einsatzleiter der Feuerwehr zu sammeln. Dafür kommuniziert der Verbinder der nichtpolizeilichen Gefahrenabwehr meist mit der Integrierten Leitstelle, mit dem

6.3 Zusammenarbeit an der Einsatzstelle

Einsatzleiter oder mit dem Führungsstab der Feuerwehr. Entsprechende Informationen über taktische Maßnahmen, Erkenntnisse zum Täter oder über gesicherte Bereiche gibt er weiter (Hessisches Ministerium des Innern und für Sport und Hessisches Ministerium für Soziales und Integration, 2017).

Die Zusammenarbeit im Führungsstab der Polizei ist sehr vertrauensabhängig und deshalb auch personenbezogen. Die Polizei wird nur Verbindungsbeamte in »ihre« Arbeit einbeziehen, wenn davon ausgegangen werden kann, dass polizeiliche Entscheidungen nicht nachträglich »durch den Kakao gezogen werden« bzw. der Verbindungsbeamte »nicht dumm rumquatscht«. Zudem muss der Verbindungsbeamte sich in die Stabsarbeit der Polizei konstruktiv einbringen. Er muss sich bei Bedarf Gehör verschaffen können, dabei jedoch die Arbeitsweise des Stabes nicht stören.

Es gibt zwei Strategien bei der Besetzung von Verbindungsbeamten:
1. Jeder Führungsdienst kann als Verbinder entsendet werden.
2. Ein bestimmter Kreis von Führungskräften wird als Verbinder eingesetzt.

Wenn jede Führungskraft als Verbindungsbeamter entsendet werden kann, hilft dies, um flexibel agieren zu können. Bei vorgeplanten Lagen hat ein vorher bestimmter Personenkreis Vorteile, der entsprechend geschult und im Führungsstab der Polizei bekannt ist.

Der Verbindungsbeamte darf nicht doppelt verplant werden, indem er noch eine andere Funktion wahrnimmt und dann gegebenenfalls nicht zur Verfügung steht. Es wird empfohlen, pro Kreis bzw. kreisfreie Stadt ein oder mehrere Verbindungsbeamte ständig in Rufbereitschaft vorzuhalten. Spätestens 60 Minuten nach Alarmierung sollte ein Verbinder bei der Polizei eintreffen. Für die Ausbildung von Verbindungspersonen sind unter anderem Hospitationen zu nutzen. Regelmäßige und gemeinsame Fortbildungen sind anzustreben (Land Schleswig-Holstein, 2017).

Bei einer Polizeilage sollte die jeweilige Einsatzleitung der Feuerwehr umgehend einen Verbindungsbeamten anfordern. Teilweise kommt es sogar vor, dass der Dienstgruppenleiter der Polizei bereits in der Frühphase ungefragt einen Verbindungsbeamten für den Einsatzleiter der Feuerwehr bereitstellt, da dies in einigen Planentscheidungen der Polizei so vorgesehen ist. Wird zusätzlich eine rückwärtige Führungsstruktur gebildet, kann auch für den Führungsstab der Feuerwehr und/oder den Krisenstab ein Verbinder angefordert werden.

Auch bei der Polizei sollten diese Verbindungsbeamten vorgeplant und entsprechend fortgebildet sein. Beim Verbindungsbeamten der Polizei sollte es sich in Sofortlagen mindestens um einen Dienstgruppenleiter handeln, der meist über genügend Erfahrung aus gemeinsamen Einsätzen mit der Feuerwehr verfügt.

6.4 Zuständigkeiten bei Polizeilagen

6.4.1 Anforderung der Polizei

Wird die Polizei durch die Feuerwehr über einen Einsatz informiert, gibt es drei Möglichkeiten, wie der Sachverhalt beurteilt/bewertet werden kann (Marten/Arndt, 2018).

Der 1. Fall stellt die **informatorische Weitergabe** eines Einsatzes dar. Dabei erhält die Polizei Kenntnis über einen Feuerwehr- oder Rettungsdiensteinsatz und entscheidet nach eigener Bewertung, ob eine Zuständigkeit gegeben ist und ein Einsatzmittel entsendet wird. Hierunter fallen auch Einsätze der Polizei zur Unterstützung von Feuerwehr/Rettungsdienst in Form von Amts- oder Vollzugshilfe (Verkehrsabsicherung beim Wohnungsbrand).

Beim 2. Fall wird die Polizei angefordert, weil das Meldebild eine **polizeiliche Zuständigkeit** nahelegt (Verkehrslenkung, Strafverfolgung usw.).

Sind Einsatzkräfte von Feuerwehr oder Rettungsdienst konkreter Gewalt ausgesetzt oder bedroht, richtet die Leitstelle ein **Unterstützungsgesuch** (3. Fall) an die Polizei. Auf dieses Unterstützungsersuchen reagiert die Polizei mit hoher Priorität (ggf. Einsatz von Sonder- und »Wegerechten«[18], Zurückstellung anderer Einsätze). Die Dringlichkeit des Unterstützungsgesuches ist unter diesen Aspekten zu konkretisieren.

Wenn einer Integrierten Leitstelle ein Sachverhalt mit mehreren Verletzten und einem möglichen Schusswaffengebrauch gemeldet wird, bieten sich zur Alarmierung von Feuerwehr und Rettungsdienst unterschiedlichste Einsatzstichwörter an (Schusswaffengebrauch, Zustand nach Körperverletzung (KV), Bereitstellung für Polizei usw.). Genauso könnte es sich aber auch um eine Amoklage oder einen Terroranschlag handeln. Die Motivation des Täters für die Gewalttat ist zu diesem Zeitpunkt unklar. Fest steht jedoch, dass eine Hauptgefahr (= Schusswaffengebrauch) durch die Polizei bekämpft werden muss und die Leitstelle der Polizei über den Sachverhalt in Kenntnis gesetzt werden muss.

---

18 § 35 und § 38 StVO.

6.4 Zuständigkeiten bei Polizeilagen

6.4.2 Unterscheidung zwischen Feuerwehr- oder Polizeilagen

Der Begriff Polizeilage wird in der nichtpolizeilichen Gefahrenabwehr oftmals zur Bezeichnung bestimmter Einsätze mit Beteiligung der Polizei verwendet, jedoch fehlt bislang eine genaue Definition. Mit einer Polizeilage kann auch ein Schadensereignis in Verbindung gebracht werden, dem ein strafbares Handeln als Ursache zugrunde liegt (Besch et al., 2017). Diese Definition ist jedoch nicht immer zutreffend.

Einsatzanlässe, denen ein Gewaltereignis zugrunde liegt, lassen sich einordnen, indem man die Frage beantwortet, welche (Haupt)-Gefahr durch wen bekämpft werden muss. Dadurch lässt sich relativ einfach zwischen Feuerwehr- und Polizeilagen unterscheiden.

Unter Feuerwehrlage wird ein Einsatzanlass verstanden, bei dem die Abwehr der Gefahren durch technische Maßnahmen der Feuerwehr erfolgt. Dabei kann von einem konventionellen Feuerwehr- oder Rettungsdiensteinsatz gesprochen werden, wenn Maßnahmen sich lediglich an physikalischen, technischen und medizinischen Gesichtspunkten orientieren (z. B. die medizinisch-technische Rettung einer eingeklemmten Person).

Beispiel für eine Feuerwehrlage im Kontext von Gewaltereignissen ist ein Verkehrsunfall, der in suizidaler Absicht herbeigeführt wurde, oder die Versorgung eines Verletzten nach einer Körperverletzung, wenn durch den Täter keine Gefahr mehr droht. Die Polizei wird dabei den Einsatz von Feuerwehr- und Rettungsdienst unterstützen. Dabei tritt die Polizei aus taktischer Sicht in die zweite Reihe.

In diesem Buch wird unter Polizeilage eine Einsatzsituation verstanden, in der eine durch einen oder mehrere Straftäter drohende Gefahr von der Polizei abgewehrt wird. Vorrangig bestimmen die polizeilichen Maßnahmen und Einschätzungen den Einsatz aller weiteren beteiligten Behörden und Organisationen (vgl. Kowalzik et al., 2017). Wie stark dabei der Einsatz von Feuerwehr und Rettungsdienst beeinträchtigt wird, ergibt sich aus den Tatmitteln und ihres Wirkbereichs. Also ob z. B. eine Gefahr durch einen Messerstecher oder einen bewaffneten Schutzen droht.

Dabei soll der Begriff Polizeilage nicht bedeuten, dass die Polizei die Gesamtverantwortung für die Einsatzstelle innehat. Feuerwehr, Rettungsdienst und Katastrophenschutz werden im Rahmen ihrer Zuständigkeit und nach den jeweiligen Landesgesetzen (Brand- und Hilfeleistungsgesetz, RettG) Menschen retten oder medizinisch versorgen. Sehr wohl treten Feuerwehr- und Rettungsdienst jedoch aus taktischer Sicht in die zweite Reihe.

Bei Großen Polizeilagen handelt es sich um besonders schwere Gewalttaten, die durch besondere Bewaffnung der Täter sowie entsprechend besondere polizeiliche

6 Zusammenarbeit mit der Polizei

Mittel begegnet werden. Gerade wenn bei einem Einsatz nicht offensichtlich ist, ob das Schadensereignis bewusst herbeigeführt wurde oder es sich um einen Unfall handelt, sollte zwischen Feuerwehr und Polizei gemeinsam festgelegt werden, ob der Einsatzanlass zunächst als Polizei- oder gleich als Feuerwehrlage bearbeitet wird. Solange angenommen wird, dass es sich um einen Unfall handelt und dieser nicht bewusst herbeigeführt wurde, sollte der Einsatz als Feuerwehrlage abgearbeitet werden.

Handelt es sich um eine Lage, in der die Hauptgefahr gleichermaßen von Polizei und Feuerwehr bekämpft werden muss, beispielsweise weil die Polizei nicht über die Mittel und Geräte verfügt, um den Täter zu bekämpfen, handelt es sich um ein Dilemma (AGBF-Bund, 2017). Dennoch kann sie als Polizeilage eingeordnet werden, da die Gefahr durch einen bewaffneten Täter unberechenbarer ist als durch einen gleichzeitigen Wohnungsbrand.

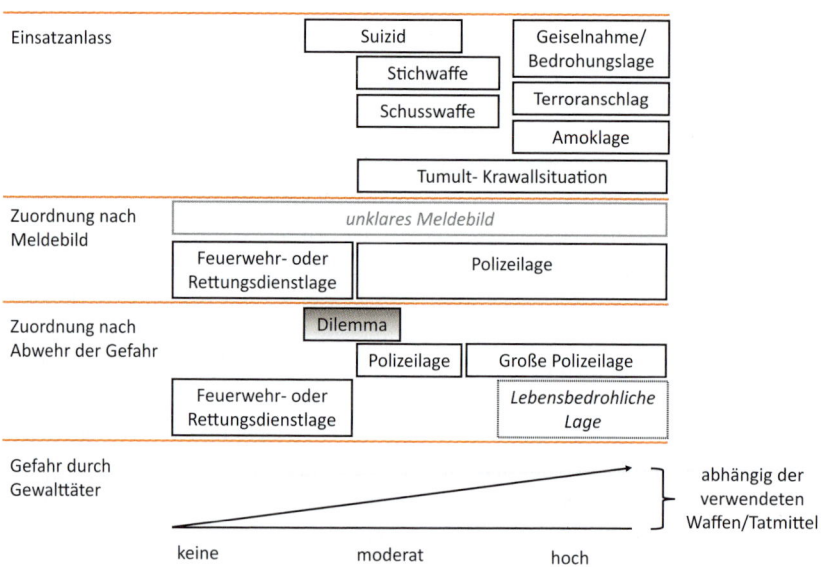

Bild 43: *Differenzierung von Einsatzanlässen nach dem Meldebild und hinsichtlich des Schwerpunkts der Gefahrenabwehr*

6.5 Einsatzvor- und -nachbereitung

Es wird erwartet, dass Organisationen aus Einsätzen lernen. Einsatzkräfte geraten in Gefahrensituationen, das wird von ihnen auch akzeptiert. Es wird jedoch nicht akzeptiert, wenn Organisationen den gleichen Fehler bei einem ähnlichen Einsatz wiederholen. Neben der taktischen Auswertung sind die Erkenntnisse in die Einsatzvorbereitung und Ausbildung, auch aus Fürsorgegründen gegenüber den Einsatzkräften, zu überführen.

Es bietet sich immer an, eigene oder fremde Einsätze nachzubereiten und zu besprechen, um aus den gewonnenen Einsatzerfahrungen zu lernen. Meist findet dazu noch an der Einsatzstelle eine kurze Nachbesprechung unter allen Führungskräften statt. Auch das Nachstellen von Einsätzen in Übungen ist denkbar (vgl. Wegener et al., 2016). Die Analyse der Einsätze hilft, sich auf ähnliche künftige Einsätze vorzubereiten, indem die Erkenntnisse Eingang in die Aus- und Fortbildung finden. So verfügt die Polizei NRW über ein standardisiertes Verfahren zur Nachbereitung von Einsätzen und Übungen.

Die beteiligten Abteilungen und Sachgebiete können Übungen, noch besser Einsätze, zur Überprüfung ihrer Konzepte nutzen und diese entsprechend anpassen. So können Erreichbarkeiten oder Meldewege angepasst und die Einsatzkräfte für spezielle Verfahrensweisen sensibilisiert werden.

Eines der wahrscheinlich bekanntesten Beispiele einer erfolgreichen Einsatzauswertung liefert die GSG 9. Sie hatte eine Flugzeugentführung, die 1976 in Uganda stattfand und durch israelische Fallschirmjäger beendet wurde, für sich intensiv aufgearbeitet. Dadurch war man ein Jahr später bei der Entführung eines Lufthansa-Flugzeuges in Somalia besser vorbereitet (Wegener et al., 2016).

Zur Vorbereitung des G 20-Gipfels informierte sich die Hamburger Feuerwehr über die Terroranschläge vom 13. November 2015 in Paris sowie vom 14. Juli 2016 in Nizza. Auf dieser Grundlage ließen sich in Übungen Einsatzszenarien durchspielen (Burschewski, 2018).

Nicht immer hat man Zugang zu detaillierten Informationen über einen Einsatzablauf. Oftmals werden in veröffentlichten Einsatzberichten nur die wichtigsten Erkenntnisse geschildert und Fehler verschwiegen. Dennoch kann man sich gedanklich mit dem Einsatz auseinandersetzen (Peters, 2018) und überlegen, wie der örtliche Einsatz bei einem solchen Ereignis aussehen könnte.

In einigen Ländern wird viel Mühe darauf verwendet, in sogenannten »after action reports« Einsätze detailliert aufzuarbeiten. Dabei werden neben dem Ablauf, Schwachpunkte, Beobachtungen und Erkenntnisse wiedergegeben, um anderen

Einsatzkräften die Möglichkeit einzuräumen, sich auf solche Lagen vorzubereiten. Besonders ergiebig sind »after action reports« der US-amerikanischen Behörden, da sie den gemeinsamen Einsatz aller beteiligten Behörden und Organisationen auswerten und Empfehlungen aussprechen (FEMA, 2018).

Um Einsätze hinsichtlich bestimmter Rahmenbedingungen vergleichen zu können, ist es sinnvoll, gewisse Informationen (Datum, Meldebild, Anzahl Verletzter, eingesetzte Kräfte usw.) tabellarisch zur Verfügung zu stellen. Bereits während des Einsatzes sollte mit der Dokumentation begonnen werden. Wenn dies nicht möglich ist, muss dies jedoch unbedingt zeitnah nachgeholt werden. Auch wenn es nach dem Einsatz unbeliebt ist, sollten umgehend ein oder mehrere Gedächtnisprotokolle erstellt werden, um diese für die Einsatzdokumentation und für die Einsatznachbereitung nutzbar zu machen. Ein gutes Beispiel für den Versuch, eine standardisierte Auswertung von Einsätzen zu erstellen, bietet der Artikel von Wurmb et al. (2018) über den Anschlag in Würzburg.

Auf den Einsatz bei einer Großen Polizeilage kann eine Aufarbeitung durch Untersuchungsausschüsse oder gerichtliche Strafverfahren folgen. Eine gute Dokumentation ist auch wichtig für das Bild der Feuerwehr in der Öffentlichkeit. Ein laufendes staatsanwaltliches Ermittlungsverfahren verhindert jedoch die Veröffentlichung eines ausführlichen Einsatzberichtes, so dass auf den Abschluss des Verfahrens gewartet werden muss. Um das Informationsbedürfnis der Fachöffentlichkeit effizient stillen zu können, ging die Berliner Feuerwehr nach dem Anschlag in Berlin 2016 dazu über, einzelne Anfragen in einem Fachsymposium mit 300 Teilnehmern gebündelt zu beantworten (Poloczek, 2017).

Bewertung von Einsätzen
Wie immer werden erst im Nachhinein (ex-post), spätestens durch die Ermittlungsarbeit der Strafverfolgungsbehörden, der Einsatz, die tatsächliche Gefährdung und die Schutzmaßnahmen adäquat beurteilt. Dabei spielt auch eine Rolle, ob Gesellschaft, Medien und Politik ähnliche Bewertung vornehmen. Wie wird der Hauptverwaltungsbeamte den Einsatz bewerten? Welchen Einfluss wird die mediale Berichterstattung nehmen?

Die in diesem Buch dargestellten Entscheidungen können nun im neuen Zusammenhang und mit mehr Informationen zum Teil anders bewertet werden. Dabei darf jedoch nicht vergessen werden, dass die Einsatzleiter in dynamischen Einsätzen unter Informationsmangel und ohne zu zögern Entscheidungen getroffen und entsprechend gehandelt haben. Für die ihnen anvertrauten Einsatzkräfte mussten sie trotz dieser Umstände höchstmögliche Sicherheit anstreben. Ein Nichthandeln kann gerade in Polizeilagen Folgen für eine größere Anzahl von Menschen haben.

6.5 Einsatzvor- und -nachbereitung

Dabei ist das Wort »Fehler« irrelevant, es geht vielmehr darum, offen und konstruktiv mit gewonnenen Erkenntnissen umzugehen. Ein Problem besteht jedoch darin, dass nachträglich Wissen in die Bewertung einbezogen wird, das den Einsatzkräften von Polizei und Feuerwehr bei den Einsätzen nicht zur Verfügung stand.

Wer fair beurteilen möchte, muss die getroffenen Entscheidungen aus der Perspektive der Einsatzkräfte beurteilen – also differenzieren, welche Informationen tatsächlich objektiv vorlagen. Unter Juristen spricht man vom ex-ante und ex-post-Problem (Schmidt, 2017). Holger Schmidt bringt diesen Umstand in der Bewertung durch Medien und Dritte mit dem Satz: »Wissen und hinterher Besserwissen« süffisant zum Ausdruck (Schmidt, 2017).

Wir tragen alle Konsequenzen unseres Handelns oder Nichthandelns. Deshalb sollte nicht unnötig Kritik an getroffenen Entscheidungen und der Einschätzung von Gefahren geübt werden, weil nicht bekannt ist wie groß der Grad der Unsicherheit und wie der Informationsstand zum Zeitpunkt der Entscheidung war. Erst im Nachhinein ist immer alles bekannt und offensichtlich. Es ist stattdessen hilfreich zu überprüfen, wie die Einschätzung der Gefährdung im Einsatz verbessert werden kann. Letztendlich ist die Aussage des Polizisten Thomas Fürst (2018) zutreffend: »Wir alle unterliegen der Bewertung durch andere«.

Einsatzkräfte werden ihrer Organisation einmal verzeihen, wenn bei einer Polizeilage der Informationsfluss mangelhaft ist. Beim nächsten Einsatz erwarten sie jedoch, dass aus den Erfahrungen Lehren gezogen werden und organisatorische Planungen (Einsatzplan) erstellt werden, die zu einer besseren Information der Einsatzkräfte führen.

6.5.1 Einsätze planen

Bei der Vorbereitung auf planbare Einsätze (Veranstaltungen, Versammlungen, Bereitstellung für Vollzugsmaßnahmen) sollte eine enge Abstimmung mit den beteiligten Behörden gesucht werden. Gerade wenn mehrere Behörden, Ämter und Akteure (z. B. Sozialamt, Ordnungsamt, Gesundheitsamt usw.) zusammenarbeiten, ist eine vorherige Abstimmung beispielsweise in Form eines »runden Tisches« sinnvoll.

Fast drei Viertel aller Amoktaten in den USA finden in Schulen, Arbeitsstätten oder öffentlichen Gebäuden statt, so dass im Rahmen des vorbeugenden Brandschutzes jeweils Alarmpläne erstellt werden können. Objektspezifisch sind Vorplanungen für Polizeilagen angebracht (Schulen, Veranstaltungsräume). Im Objektplan sind dann andere Informationen wichtig als bei einem Brandeinsatz oder einer Technischen

Hilfeleistung. Vorhandene Objektpläne bzw. Feuerwehrpläne nach DIN 14095 sind regelmäßig zu überprüfen und zu ergänzen.

Besondere Objekte
Besonders kritische Infrastrukturen sind in Planungen mit einzubeziehen (Justizvollzugsanstalten, Krankenhäuser, (Hoch-)Schulen, Verkehrsknotenpunkte und symbolträchtige Einrichtungen) (Innenministerium Nordrhein-Westfalen, 2018).

Bei der Planung von Großveranstaltungen ist ein Terroranschlag als Szenario mit einzubeziehen, da es sich oftmals um Veranstaltungen mit symbolträchtigen Anschlagszielen handelt. Hier ist bei einem potenziellen Anschlag mit der Anwesenheit von Einsatzkräften im Rahmen einer Brandsicherheitswache oder eines Sanitätsdienstes zu rechnen (vgl. Lippay/Bernhard, 2018). Durch die Einsatzplanung müssen diese vor Ort befindlichen Kräfte befähigt werden, falls sie noch handlungsfähig sind, mit den anrückenden Kräften zusammenzuarbeiten. Planerisch sollte der Besucherstrom nicht anrückende/abrückende Einsatzmittel (Patientenabfluss) behindern. Bewährt hat sich hier, im Vorfeld mit allen Beteiligten sogenannte Szenarienbesprechungen durchzuführen, damit im Ernstfall jeder weiß, was der andere macht und wer die verantwortliche Führung innehat.

In der Regel werden folgende Maßnahmen (Bluhm et al., 2009) notwendig:
- Rückmeldung und Nachforderung erforderlicher Kräfte
- Sichtung von Verletzten
- Einsatz der verfügbaren Mittel des Sanitätsdienstes oder der Brandsicherheitswache
- Einweisung eintreffender Kräfte

Bei Hilfsorganisationen wird der privatrechtlich tätige Sanitätswachdienst an dem Einsatz der öffentlichen Gefahrenabwehr nach der jeweiligen Landesregelung teilnehmen. Eine deutlich sichtbare Akkreditierung der Helfer ist eine Schutzmaßnahme, um das Einschleusen von Tätern, getarnt als Einsatzkräfte, zu verhindern (Lippay/Bernhard, 2018).

Praxistipp:
Machen Sie sich bezüglich anstehender Großveranstaltungen rechtzeitig/im Vorfeld Gedanken:
Welche örtlichen Großveranstaltungen gibt es in Ihrem Zuständigkeitsbereich?
Welche Veranstaltung ist ein besonders symbolträchtiges Anschlagsziel?

6.5 Einsatzvor- und -nachbereitung

Schulen
Heutzutage befinden sich oftmals mehrere unterschiedliche Schulformen in einem Gebäude oder auf einem Gelände. Die unterschiedlichen Ansprechpartner für die einzelnen Schulen erschweren die Koordination. Zudem ist nicht immer sofort ersichtlich, wer für welchen Bereich zuständig ist.

Die Schulleitung und der Hausmeister sind die ersten Ansprechpartner, wenn es um Schadensereignisse an Schulen geht. Die Schule muss sich jährlich auf solche Ereignisse vorbereiten, speziell auch auf Gewaltverbrechen (Amok-Übung für Lehrkräfte). Überdies sollte jede Schule einen Krisenplan erarbeiten und diesen Polizei und Feuerwehr zur Verfügung stellen. Ggf. gibt es wie im Krankenhaus ein Krisenteam, das die Feuerwehr zusätzlich verstärkt (Schöttler, 2017). Bei einem Einsatz auf dem Schulgelände kann der Schulsanitätsdienst den Feuerwehreinsatz unterstützen, da die Schüler die Örtlichkeit und die Ansprechpartner kennen.

In Baden-Württemberg beispielsweise besteht ein Amok-Warnsystem in den Schulen. Voraussetzung dafür ist jedoch, dass es eine elektrische Lautsprecheranlage gibt. Speziell für Amokereignisse gibt es neben dem Räumungsalarm ein spezielles akustisches Signal (Amokalarm). Dabei werden zwei Szenarien unterschieden: Innen und Außen. In der Folge entscheidet die Polizei über Räumungsmaßnahmen (Schöttler, 2017).

Wichtig bei Schadensereignissen in Schulen ist die Information der Schulaufsichtsbehörde (Schulverwaltungsamt). Sie kümmert sich im weiteren Verlauf um die Öffentlichkeitsarbeit der Schule oder sorgt für Ressourcen im Krisenmanagement. Schulleiter und Lehrer sind in der Regel Landesbedienstete und unterstehen nicht der Weisungsbefugnis des kommunalen Schulverwaltungsamts.

Durch die Inklusion sind vermehrt Schüler mit einem körperlichen oder emotionalen Förderbedarf an normalen Schulen untergebracht. Einsatzkräfte müssen hierauf eingestellt sein. Dies kann einen größeren Bedarf an Kräften zur Rettung mobil eingeschränkter Schüler oder zur Betreuung von Schülern mit einem emotionalen und sozialen Förderbedarf bedeuten.

Ein Krisenereignis an einer Schule wird nicht immer durch ein Gewaltverbrechen ausgelöst. Es kann auch Reizgas in einem Klassenzimmer versprüht werden oder eine Schulklasse durch eine individuelle Krise eines Lehrers/Schülers, z. B. Suizid, betroffen sein.

Da Schüler psychisch besonders verwundbar sind, kommt der psychosozialen Notfallversorgung (PSNV) insbesondere in der Akutphase eine besondere Bedeutung zu. Zur Betreuung stehen den Schulen, abhängig von der örtlichen Struktur, der schulpsychologische Dienst oder Schulsozialarbeiter zur Verfügung (Schöttler, 2017).

6 Zusammenarbeit mit der Polizei

Neben jährlichen Übungen für das Verhalten bei einem Feueralarm werden an Schulen auch »Amok-Übungen« durchgeführt (Interagency Security Comittee, 2015). Falls diese Übungen gemeinsam mit Feuerwehr und Polizei durchgeführt werden, können Einsatzkräfte an Ortskenntnis gewinnen. Insbesondere auch Personen, die in ihrer Mobilität eingeschränkt sind, sollten in die Szenarien einbezogen werden.

Einsatzkonzepte
Mehrere Länder haben Konzepte oder Empfehlungen zur Zusammenarbeit zwischen Feuerwehr, Rettungsdienst und der Polizei bei Großen Polizeilagen (lebensbedrohlichen Lagen) veröffentlicht.

Das Bayerische Innenministerium hat ein landeseinheitliches Konzept für besondere Einsatzlagen (REBEL) eingeführt. Damit wurden Einsatzkräfte des Rettungsdienstes, der Schnell-Einsatz-Gruppen sowie des Sanitätsdienstes hinsichtlich notfallmedizinischer Grundlagen, Einsatztaktik, Vorsichtung der Patienten sowie Training medizinischer Maßnahmen geschult und mit speziellen Ausrüstungs-Sets ausgestattet. Darüber hinaus enthält REBEL eine einheitliche Handlungskonzeption für lebensbedrohliche Lagen.

Im Landesteil M von Nordrhein-Westfalen zur PDV 100 *VS-NfD* sind Grundsätze zur Zusammenarbeit zwischen Polizei, Rettungsdienst und Betreuungsdienst beschrieben (Innenministerium Nordrhein-Westfalen, 2018). Der Erlass wurde 2018 in einer geänderten Fassung veröffentlicht und enthält u. a. die geläufigsten Begriffe und Abkürzungen, inklusive Erläuterungen von Feuerwehr, Rettungsdienst und Polizei.

Aufgrund des Einsatzes von Kriegswaffen z. B. durch Terroristen hat die Polizei einiger Länder die Ausrüstung der Streifenpolizisten entsprechend angepasst. Schutzwesten und Titanhelme sorgen für die Eigensicherung, die jedoch auf Kosten der Bürgernähe geht.

Zusätzlich verfügen mehrere Feuerwehren und Polizeibehörden über spezielle Versorgungssets für Terroranschläge. Die Bundespolizei stattete 2015 ihre Mitarbeiter im Polizeivollzugsdienst mit Notfallbandagen aus, um lebensbedrohliche Blutungen zu stoppen. Damit kann eine kritische Blutung versorgt werden, bis der Verletzte durch den Rettungsdienst versorgt werden kann. Bis zum Jahresende 2018 sollten beispielsweise alle Streifenwagen in NRW mit Medipacks ausgerüstet sein.

6.5 Einsatzvor- und -nachbereitung

Einsatzstichwörter

Zur Alarmierung sollten möglichst einheitliche Einsatzstichwörter unter allen beteiligten Organisationen Verwendung finden. Neben den benötigten Einsatz- und Führungsfunktionen ist auch der Einsatz von Verbindern sicherzustellen.

Eine niedrigschwellige Alarmierung ist sinnvoll, damit bei den seltenen Ereignissen die Abläufe bekannt sind. Darüber hinaus ist ein regelmäßiger Austausch der Führungskräfte der beteiligten Organisationen wünschenswert.

Tabelle 10: *Einsatzstichwörter für unterschiedliche Polizeilagen*

Einsatzstichwort	Meldebild	Einsatzmittel nach Brandschutz-AAO[19]	Einsatzmittel nach Rettungsdienst-AAO
Bombendrohung	Eingang einer telefonischen Bombendrohung o. ä.	Führungsdienst	nach Bedarf
Polizeilage	Schlägerei Messerstecherei Bereitstellung für Zugriff	Führungsdienst	RTW, NEF
Große Polizeilage	Amoktat Geiselnahme	Kreisbrandmeister, Führungsdienst (OrgL), Verbinder	3 RTW, 2 NEF, LNA

Einsatzhandbuch/Checklisten

Ein Einsatzhandbuch ist bei der Vorbereitung auf Einsätze, aber auch bei der Durchführung von Einsätzen hilfreich. Es sollte Hinweise auf und die Zusammenfassung von Einsatzplänen für bestimmte Ereignisse und Szenarien enthalten. Wichtig ist, dass die Hinweise auf die örtlichen Bedürfnisse und Gegebenheiten angepasst sind. Bereits die Zusammenstellung des Einsatzhandbuches ist ein Lernprozess für den Ersteller, da er sich intensiv mit den Einsatzplänen beschäftigen muss, in jedem Fall sinnvoll investierte Zeit.

---

[19] Im Sinne der Alarm- und Ausrückeordnung.

6 Zusammenarbeit mit der Polizei

Auf der Internetseite des VDF NRW (Stand: 2019) können verschiedene Checklisten zu Polizeilagen heruntergeladen werden, die jedoch an die örtlichen Gegebenheiten angepasst werden müssen.

Tabelle 11: *Checkliste zu unfriedlichen Demonstrationen*

Checkliste
Unfriedliche Versammlungen und Ansammlungen
Vorplanung
<ul><li>Teilnehmerzahl</li><li>Gewaltbereite Teilnehmer</li><li>Demonstrationsstrecke</li><li>Möglicher Verschlusszustand</li><li>Innere Absperrung?</li><li>Auflagen</li></ul>
Versammlungsform
<ul><li>Protestzug</li><li>Kundgebung</li></ul>
Einsatzmaßnahmen
<ul><li>Temporäre Feuer- oder Rettungswachen</li><li>An- und Abfahrtswege für Patiententransport</li><li>Sanitätsdienst</li><li>Akkreditierung</li><li>Verbindungsbeamte</li><li>Einsatzfahrzeuge geschützt abstellen</li></ul>
Einfahrt in Gefahrenbereich
<ul><li>Gefahreneinschätzung durch Polizei</li><li>Komplette Schutzkleidung anlegen</li><li>Führungsdienst entsenden</li><li>Einsatzfahrzeug in Fluchtrichtung abstellen</li><li>Rollschläuche statt Schnellangriff</li><li>PSU/PSNV-E bereitstellen</li></ul>
Polizeiliche Maßnahmen
<ul><li>Einkesselung</li><li>Polizeikette</li><li>Raumschutz</li><li>Objektschutz</li></ul>

6.5 Einsatzvor- und -nachbereitung

Eigene Infrastruktur
Werden Gewalttaten im Umfeld eigener Liegenschaften (Wachen, Leitstellen) verübt, sind diese zu sichern, oftmals wird hierfür der Begriff »Verschlusszustand herstellen« verwendet (AGBF-Bund. 2017). Dazu müssen Zugänge verschlossen, die Privat-Kfz sicher abgestellt und die Hausposten besetzt werden. Die Beleuchtung ist möglichst abzuschalten und Vorhänge (Sichtschutz) sind zu schließen. Ganz besonders wichtig ist, dass aus dem Gebäude keine Provokationen oder Äußerungen nach draußen dringen.

Es ist darauf hinzuwirken, dass bei einem Anschlag neben dem Führungsstab der Polizei auch der Standort der Leitstellen durch Polizeikräfte geschützt wird, da der Wegfall nicht zu verkraften wäre. Die Polizei würde vermutlich argumentieren, dass dafür nicht genügend Kräfte zur Verfügung stehen.

Es kann vorkommen, dass Betroffene während/nach einer Gewalttat versuchen, in eine Feuer- oder Rettungswache zu flüchten. Dies betrifft insbesondere bei Größeren Polizeilagen nach Einstellung des öffentlichen Personennahverkehrs »gestrandete« Personen.

6.5.2 Beispiele für eine Zusammenarbeit von Feuerwehr und Polizei

Beispiel: Einsatzplanung für Lebensbedrohliche Einsatzlagen (LebeL) im Landkreis Ludwigsburg (Baden-Württemberg)
Initiiert vom Kreisbrandmeister wurden gemeinsam mit Polizei, Feuerwehr und Rettungsdienst örtliche Planungen mit Schwerpunkt auf Führung, Kommunikation, Raumordnung und einsatztaktische Vorgehensweisen durchgeführt. Haltepunkt und Bereitstellungsräume insbesondere für den Einsatz überörtlicher Kräfte wurden festgelegt.

Als wichtigster Erfolgsfaktor gilt bei der Planung eine pragmatische Einstellung aller Beteiligten. Nur so kann der Versuch glücken, eine funktionsfähige Struktur für den Einsatz zu entwickeln, der vermutlich rechtlich nicht vollumfänglich abgebildet werden kann. Zentrale Frage ist, wer bzw. welche Organisation bei der Lage »den Hut auf hat«. Hier wird die Ansicht vertreten, dass die Polizei beispielsweise bei Amoktaten oder terroristischen Anschlägen die Führung innehaben sollte und z. B. die Ordnung des Raumes oder den Einsatz anderer Behörden und Organisationen mit Sicherheitsaufgaben (BOS) vorgibt.

Bei einer sogenannten Polizeilage wird generell die örtliche Feuerwehr in Sitzbereitschaft versetzt, ein Stellvertreter des Kreisbrandmeisters kann als Verbindungsbeamter in das Führungs- und Lagezentrum des Polizeipräsidiums entsendet werden.

Wichtig ist, dass die Verbindungsperson der Feuerwehr dort Zugriff auf das Stabsführungssystem hat, um einen Überblick über die eigene Lage zu behalten.

Die Einsatztaktik besteht u. a. aus einer polizeilichen Rettung bis zu einem Übergabepunkt, der sich im teilsicheren Bereich befinden kann und dann durch Polizeikräfte geschützt wird. Generell ist die Aufenthaltsdauer an der Einsatzstelle gering zu halten.

Bei der Pressearbeit findet eine enge Zusammenarbeit mit der Polizei statt. Zudem wird die Informationsweitergabe an andere Kreise als wichtig erachtet. Regelmäßig tauschen sich die Organisationen aus. Dabei finden auch gemeinsame Übungen unter anderem zu Kommunikation und Führung statt.

Beispiel: Einsatzplanung für Lebensbedrohliche Gefährdungslagen bei der Feuerwehr Dortmund (Nordrhein-Westfalen)

In enger Zusammenarbeit mit der Polizei Dortmund wurde eine Einsatzrichtlinie »Lebensbedrohliche Gefährdungslange« erstellt. Dabei waren seitens Polizei unter anderem Vertreter des Ständigen Stabes, der Leitstelle, des Regionalen Trainingszentrums und des SEK Dortmund beteiligt. Der Begriff »Lebensbedrohliche Gefährdungslagen« wurde auf Vorschlag des Ständigen Stabes der Polizei Dortmund eingeführt und wird für sämtliche Szenarien wie Anschläge, Amokläufe, Geiselnahmen usw. verwendet. Mit der Umsetzung der Einsatzrichtlinie wurde somit ein neues Stichwort entwickelt, welches einen abgestimmten Kräfteansatz beinhaltet.

Die Wichtigkeit einer engen und stetigen Abstimmung mit der Polizei während eines solchen Einsatzes wurde früh erkannt und in der Einsatzrichtlinie berücksichtigt. Dabei erfolgt die Kommunikation auf drei Ebenen: in der Frühphase erfolgt der Austausch von Informationen und Lageeinschätzung unter den Leitstellen. Mit Entsendung der Kräfte zur Einsatzstelle wird ebenfalls ein Zugführer alarmmäßig als Verbindungsbeamter zum Ständigen Stab der Polizei Dortmund entsendet. Dieser kann direkt mit dem Einsatzleiter der Feuerwehr kommunizieren. Davon unberührt bleibt die Abstimmung mit dem Einsatzabschnittsführer der Polizei an der Einsatzstelle.

Seitens der Feuerwehr wird die eigentliche Einsatzstelle zunächst nur von einer Erkundungseinheit angefahren. Diese setzt sich aus Brandschutzkräften, einer Rettungsdienst-Komponente und den Führungsdiensten zusammen. Darüber hinaus fahren weitere Kräfte einen Bereitstellungsraum an. Da es nicht unwahrscheinlich ist, dass Kräfte der nichtpolizeilichen Gefahrenabwehr zuerst an der Einsatzstelle eintreffen bzw. eine Abstimmung mit den ersten vorgehenden Polizeikräften kaum möglich ist, müssen die jeweiligen Fahrzeugführer abhängig von den vorgefundenen Erkundungsergebnissen eigenständig Entscheidungen zum weiteren Vorgehen treffen und diese entsprechend kommunizieren. Um die Einsatzstelle hinsichtlich möglicher chemischer, biologischer, radioaktiver und nuklearer Gefahren (CBRN) zu bewerten, wird ebenfalls der Umweltdienst (Zugführer mit Sonderausbildung und erweiterter Messtechnik) entsendet.

Die Einsatzrichtlinie ist bereits in mehreren Planbesprechungen durchsimuliert worden. Dabei wurden verschiedene Szenarien mit Führungsdiensten der Feuerwehr und des Rettungsdienstes unter Beteiligung der Landes- und Bundespolizei durchgesprochen. Es ist geplant, diese Planbesprechungen weiter fortzuführen, um alle Führungsdienste daran teilhaben zu lassen.

Im Januar 2019 wurde darüber hinaus zu dieser Thematik eine gemeinsame Stabsrahmenübung mit dem Ständigen Stab der Polizei Dortmund, dem Krisenstab und dem Führungsstab der Feuerwehr Dortmund durchgeführt, bei dem sich die Einsatzrichtlinie ebenfalls bewährt hat.

6.6 Aus- und Fortbildung

Allgemein geht man davon aus, dass eine gute Vorbereitung und Training enorm wichtig sind und im Ernstfall helfen, Stress zu reduzieren. Dazu ist es zweckdienlich:

- immer wiederkehrende Handlungsabläufe zu trainieren
- sicheres Beherrschen der Technik und der eingesetzten Mittel zu überprüfen bzw. zu üben
- klare Kenntnis der Einsatzplanungen und des eigenen Arbeitsauftrages zu besitzen
- Kenntnis über Arbeitsabläufe und Zuständigkeiten anderer beteiligter Organisationen zu haben

Die Vorbereitung auf Polizeilagen kann Eingang in die regelmäßigen Fortbildungen (30 h-Fortbildung Rettungsdienst, Wachunterricht, Übungsabend u. v. m.) finden. Dabei sollte die Einweisung in die örtlichen/regionalen Einsatzkonzepte ein Schwerpunkt sein.

Zunächst sind zur Überprüfung von Konzepten und Planungen Planübungen oder Besprechungen unter Führungskräften wirkungsvoll. Mehrere Führungskräfte berichten dabei von positiven Erlebnissen im Hinblick auf Polizeilagen. Weiterhin sind gegenseitige Hospitationen gerade im Hinblick auf die Fortbildung von Führungskräften für den Einsatz als Verbinder sinnvoll (Innenministerium Nordrhein-Westfalen, 2018).

Schwierigkeitsgrad und Umfang müssen bewusst auf die Ziele der Übungen abgestimmt werden. Wenn neue Konzepte zum ersten Mal erprobt werden, sollte das Szenario nicht zu komplex sein. Jedoch ist es natürlich auch hilfreich, die Einsatzkräfte vor herausfordernde Übungsszenarien zu stellen, um Schwachstellen zu identifizieren und Lerneffekte zu starten. Leider müssen dabei auch örtlich unrealistisch erscheinende Szenarien wie Geiselnahme oder der kombinierte Einsatz von Schusswaffen und Sprengmitteln angenommen werden.

6.6.1 Übungsformen

Übungen eignen sich, um den Vorbereitungsstand zu überprüfen, also ob Konzepte funktionieren, aber auch um die Handlungssicherheit der eingesetzten Kräfte zu überprüfen.

Planübung, Planbesprechung, Stabsübung
Hierbei handelt es sich um theoretische Übungen, die damit auskommen, dass auf tatsächliche Maßnahmen oder Ressourceneinsatz verzichtet wird oder diese simuliert werden. Das klassische Planspiel bzw. die Planübung wird zur Ausbildung von Führungskräften in der Gefahrenabwehr genutzt, da sich diese »schlanke« Übungsform dazu eignet, den Führungsprozess zu trainieren. Dabei werden Maßnahmen und Prozesse zur Bewältigung eines Ereignisses besprochen und erörtert (Marten 2012).

Die Polizei plant insbesondere ad hoc-Einsätze mit sogenannten Einsatzakten und Objektakten, um sich im Ereignisfall auf geplante Abläufe zu verlassen. Die Alarm- und Einsatzpläne des Rettungsdienstes, der Feuerwehr sowie des Katastrophenschutzes sind mit dem örtlich zuständigen Polizeipräsidium abzustimmen (Hessisches Ministerium des Innern und für Sport und Hessisches Ministerium für Soziales und Integration, 2017). Planbesprechungen eignen sich dazu, das einsatztaktische Vorgehen der einzelnen Fachdienste zu beleuchten. Wichtige Bestandteile sollten MANV-Einsatzplanungen bilden.

Funktionelle Übungen
Übungen dieser Kategorie testen einzelne Funktionen oder Prozeduren, wie Alarmierung, Sichtung, Aufbau einer Patientenablage, Räumung, Erstversorgung oder den Einsatz bestimmter Ausrüstungsgegenstände (Gustin, 2007). Vorteil dieser Übungskategorie ist, dass nur bestimmte Maßnahmen trainiert werden. Damit ist der Aufwand relativ gering, was auch die Auswertung erleichtert. Jedoch werden

6.6 Aus- und Fortbildung

nicht die Schnittstellen zwischen den Funktionsbereichen, beispielsweise die Kommunikation zwischen Sichtung und Patiententransport, trainiert, die potenziell kritisch für den Gesamtprozess sind. Deshalb ist Erweiterung von funktionellen Übungen auf mehre Einsatzabschnitte sinnvoll, die im Realfall nicht nur miteinander kommunizieren, sondern auch praktisch zusammenarbeiten müssen (Cwojdzinski/Schneppenheim, 2008, Marten, 2012). Praktisch sollte auch der Kommunikationseinsatz (Weidringer et al., 2009) getestet werden.

Vollübungen

Wenn Abläufe etabliert und Verfahren eingespielt sind, kann in einer Vollübung die Reaktion auf ein Szenario in allen Einsatzabschnitten inklusive Führungsebenen trainiert werden (Strehl, 2012). Optimalerweise wird dabei entlang des Versorgungswegs von der Einsatzstelle bis in die Notaufnahme der Krankenhäuser trainiert. Dadurch kann die Zusammenarbeit von Feuerwehr, Rettungsdienst, Polizei und den Krankenhäusern trainiert werden.

Bei diesen Großübungen werden die Umstände eines Schadensereignisses so real wie möglich nachgestellt. Entsprechend ist bei dieser Übungsform auch die umfangreichste Vorbereitung erforderlich.

> **Beispiel: Großübung NetEX 2019 – Vollübung der Landkreise Böblingen und Ludwigsburg (Baden-Württemberg)**
>
> Mit über 1.000 Übungsteilnehmern wurde eine Vollübung von Polizei und nichtpolizeilicher Gefahrenabwehr in zwei Landkreisen durchgeführt. Das Übungsszenario in Ludwigsburg sah zunächst einen geplanten Einsatz (Sanitätseinsatz) im Rahmen eines Staatsaktes vor. Auf den Staatsakt wurde ein Anschlag verübt und anschließend ein zweiter Anschlag mit Geiselnahme in Böblingen (Landkreis Böblingen) verübt. Besonderes Augenmerk wurde auf das Zusammenwirken der Einsatzkräfte bei der Rettung und Versorgung einer großen Zahl von Verletzten gelegt. Die Patientenablage sowie die Versorgung in der Klinik wurden durch Polizeikräfte geschützt. Zudem wurde ein Behandlungsplatz vor der Klinik aufgebaut, um die Versorgungskapazität der Klinik zu vergrößern. Die Darstellung von schweren Verletzungen (Amputationsverletzungen) ist für die Übungsteilnehmer wertvoll, weil sie ein realistisches Szenario abbildet. Daneben wurde die Zusammenarbeit von nichtpolizeilicher und polizeilicher Führung, u. a. im Führungsstab der Polizei, trainiert.

6 Zusammenarbeit mit der Polizei

> **Beispiel: Großübung »Samariter« der Freien und Hansestadt Hamburg**
>
> Am 06. November 2018 führte die Feuerwehr Hamburg gemeinsam mit Hilfsorganisationen, der Behörde für Gesundheit und Verbraucherschutz, Spezialeinheiten aus den Polizeien der Länder, der Bundespolizei sowie dem Zoll eine Vollübung durch. Beteiligt waren 850 Spezialeinsatzkräfte aus ganz Deutschland. Das Übungsszenario sah eine Mehrorttat vor, die aus mehreren Bestandteilen bestand:
> - Überfall auf eine Liegenschaft der Polizei
> - Anschlag auf einen unterirdischen Bahnhof
> - Überfall auf eine politische Delegation
> - polizeilicher Zugriff auf das Versteck der Attentäter.
>
> Durch den Rettungsdienst waren mehrere Einsatzstellen mit einem Massenanfall an Verletzten abzuarbeiten. Innerhalb des Wirkbereichs der Täter wurde eine Vorsichtung und Erstversorgung der Verletzten durch Spezialkräfte der Polizei durchgeführt, anschließend in geschützten Patientenablagen an den Rettungsdienst übergeben und dort erstversorgt. Ebenso wurde die Schnittstelle im Krankenhaus trainiert, in das die Patienten eingeliefert wurden. Bestandteil der Übung war auch ein Einsatznachsorgegespräch für die Übungsteilnehmer durch die Notfallseelsorge (Peters, 2019).

7 Führung in Großen Polizeilagen

Wie bei anderen Einsatzanlässen auch besteht die Erwartung an den Einsatzleiter, dass er klar befiehlt, nachdem er ausreichend erkundet und nüchtern beurteilt hat (Schläfer, 1998). Die Entscheidungsfindung anhand des Führungskreislaufs wird bei Polizeilagen durch Unwägbarkeiten wie Ungewissheit, Komplexität und besondere Dynamik eines Gewalttäters erschwert, wenn nicht gar unmöglich gemacht (Bühlmann/Braun, 2010). Diese Faktoren, die schon von Clausewitz in seinem Werk »Vom Kriege« dargestellt werden (Schläfer, 1998 und Clausewitz, 1980), treffen leider auch auf Polizeilagen zu. So mag es nicht verwundern, dass Einsatzkräfte häufig berichten, dass sie sich angesichts der Bilder und Empfindungen während einer Großen Polizeilage an Bilder aus Kriegsgebieten erinnert fühlten.

Eigenschaften von Großen Polizeilagen

Polizeilagen im Sinne polizeilicher Großlagen sind selten, nur wenige Führungskräfte haben solche Lagen bereits erlebt oder werden mit ihnen zu tun haben.

Schadensereignisse, die bewusst herbeigeführt werden, unterliegen oftmals einer anderen Schadensausbreitung bzw. Schadensdynamik als gewöhnliche Schadensereignisse. So kommt es bei einer vorsätzlichen Brandstiftung häufig zu einer schnelleren Brandausbreitung, die die Einsatzkräfte überraschen und gefährden kann.

Während Terroranschläge eher auf besonders symbolträchtige und belebte Anschlagsziele abzielen, können Amokläufe überall auftreten, da der Täter in der Regel psychisch krank ist und die Tat nicht immer vorher geplant wird.

Bei einer **stationären (ortsfesten) Lage** findet die Täterwirkung nur an einem Ort statt oder der/die Täter ist/sind durch Polizeikräfte an diesen Ort gebunden und kann/können ihn nicht verlassen. In diesem Fall sind Gefahrenbereiche einfacher zu definieren. Voraussetzung ist die Kenntnis, wer der oder die Täter sind und wo er/sie sich aufhält/aufhalten.

Eine **mobile Lage** zeichnet sich dadurch aus, dass der oder die Täter sich frei bewegen können. Ziel der Polizei ist es, die Täter in eine stationäre Lage zu zwingen. Bis es soweit ist, können sich die Gefahrenbereiche verschieben und andere Fachdienste müssen flexibel auf die Einschätzungen der Polizei reagieren. Dabei kann es vorkommen, dass die Polizeidienststelle den Einsatz an dem Ort führt, an dem die Lage sich entwickelt hat, und dann die Führung beibehält, auch wenn die Lage sich örtlich verlagert.

7 Führung in Großen Polizeilagen

Bei Gewalttaten ist die Frage relevant, ob die Tat bereits abgeschlossen ist oder ob die Tatbegehung noch stattfindet. Bei einer **dynamischen** Lage vergrößert sich das Schadensausmaß über die Zeit. Bei einer **statischen** Lage ist die Tatbegehung abgeschlossen und ein Schaden eingetreten. Dabei kann es jedoch zu einer Schadensausbreitung kommen, obwohl die Tatbegehung schon abgeschlossen ist.

Ein **singuläres** Ereignis umfasst eine Schadensstelle. Es ist jedoch möglich, dass weitere Anschläge in Wellen durchgeführt werden und es zu einer zweiten oder dritten Anschlagswelle kommt. Man muss davon ausgehen, dass erst 72 Stunden nach einem Terroranschlag »Ruhe« einkehrt und nicht mit weiteren Anschlägen gerechnet werden muss, so dass die Personalplanung entsprechend angepasst sein muss.

Ein **multiples** Szenario beinhaltet mehrere zeitgleiche stationäre oder mobile Lagen (vgl. Franke et al., 2017). Hierfür kann ebenso der Begriff **Mehrorttaten** genutzt werden (AGBF-Bund, 2017).

7.1 Führungsvorgang

Das Schema des Führungsvorgangs nach FwDV 100 wird bei einer Polizeilage nur teilweise angewendet werden können. Insbesondere Informationen zur Gefahr und zur räumlichen Abgrenzung sicherer/unsicherer Bereiche (zum Wirkbereich) werden fehlen (Sefrin, 2017). Hinzukommt bei der Planung eine Abhängigkeit von der polizeilichen Beurteilung von Gefahren.

Kann der Führungsvorgang nicht angewendet werden, so muss improvisiert werden. Dazu kann ein pragmatischer Ansatz helfen, indem Maßnahmen danach identifiziert und priorisiert werden, welche (medizinischen) Probleme bestehen und was die Betroffenen benötigen (rettungsdienstliche Versorgung der Verletzten).

Werden Dinge komplex und undurchschaubar, ist es darüberhinaus sinnvoll, auf Basiselemente und Grundprinzipien zurückzugreifen. Dazu gehört, dass man sich weitgehend von dem Paradigma der Befehlstaktik verabschieden muss. Also von der Vorstellung, dass ein Einsatzleiter rein »von vorn« führt, indem er Kenntnis aller Umstände hat und alle Maßnahmen nach dem starren Prinzip von Einheit, Auftrag, Mittel, Ziel und Weg befiehlt.

Immer ist immer falsch. Für den Einsatz in Polizeilagen gibt es kein Patentrezept oder gar einen Ablaufplan, da der Einsatz nur im Ansatz planbar ist und höchst individuell abläuft. Die Komplexität der Realität wird größer sein, als sie ein Modell darstellen könnte. Deshalb kann auch keine Standardeinsatzregel für Polizeilagen entwickelt werden. Lediglich Parallelen bei der Bewältigung früherer Einsätze können

7.1 Führungsvorgang

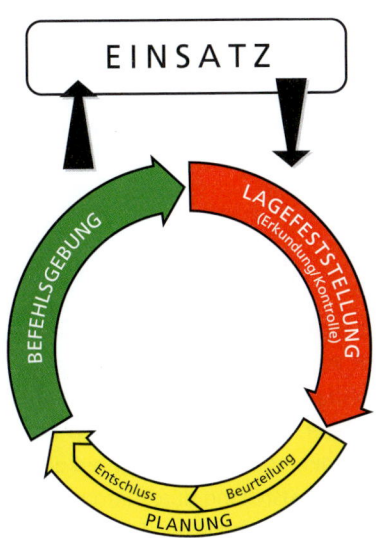

Bild 44: *Klassischer Führungsvorgang nach FwDV 100*

Eingang in den Führungsvorgang finden. Diese Hinweise zur Einsatzdurchführung beziehen sich auf Grundsätze zur Kommunikation, der taktischen Beurteilung und Einsatzorganisation. Bestimmte Bestandteile werden sich also in verschiedenen Polizeilagen wiederfinden.

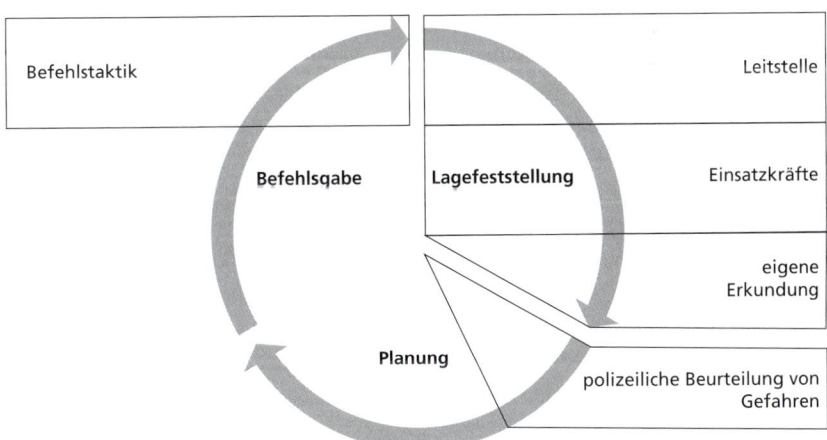

Bild 45: *Führungsvorgang bei Polizeilagen*

Dabei muss der Einsatzleiter jedoch berücksichtigen, dass taktische Hinweise zur Organisation der Einsatzstelle individuell höchst unterschiedlich bewertet werden. Der Einsatzleiter sollte taktische Konzepte als Angebot ansehen, an dem er sich bedienen kann oder sie besseren Wissens verwirft. Schließlich muss er (s)eine Linie fahren und auch vertreten können.

7.1.1 Lagefeststellung

Bereits die umfassende Erkundung ist in einer Großen Polizeilage aus vielen Gründen nicht oder nur eingeschränkt möglich. Ist z. B. aufgrund der Gefahrensituation eine Erkundung nur vom Rande einer weiträumigen Absperrung aus möglich, ist der Tatort selbst nicht einsehbar (Sladek/Feyrer, 1997). Der Einsatzleiter kann die Umgebung in solchen Fällen nicht selbst erkunden, sondern muss sich auf die Einschätzung anderer verlassen. Vielfach wird die Lagefeststellung durch Informationen der Leitstelle und von Einsatzkräften unterstützt. Nur ein kleiner Teil dieser Informationen wird sich durch die persönliche Erkundung bestätigen lassen.

Die medizinische Lageerkundung bzw. feuerwehrtechnische Lageerkundung sollten aber soweit möglich durch ausgebildete Führungskräfte von Feuerwehr und Rettungsdienst durchgeführt werden. Wenn die Polizei Fahrzeuge (Rettungsmittel usw.) anfordert, sollte der zugrundeliegende Sachverhalt selbst erkundet oder zumindest bewertet werden. Als Negativbeispiel dienen hier vermeintliche Todesfeststellungen durch Polizeibeamte.

Ein Großteil der eingehenden Nachrichten (Lagemeldungen, Erkundungsergebnisse, Informationen) ist widersprüchlich, falsch, Ungewissheit unterworfen und nicht bestätigt. Der Landesteil M in NRW zur PDV 100 *VS-NfD* spricht hier vom Verifizierungsgrad (Innenministerium Nordrhein-Westfalen, 2018). Clausewitz beschreibt anschaulich, dass »drei Viertel der Dinge im Nebel einer mehr oder minderen Ungewissheit liegen« (Schläfer, 1998 und Clausewitz, 1980). Deshalb sind der Austausch von Erkenntnissen und regelmäßige Absprachen wichtig.

Leitstelle
Bei der Leitstelle gehen die ersten Informationen über ein Schadensereignis ein. Mit der Disposition der Einsatzmittel endet nicht der Einsatz für die Leitstelle, sondern sie unterhält von Beginn an und über den gesamten Einsatz die Kommunikation mit der Leitstelle der Polizei, um wichtige Informationen an den Einsatzleiter weitergeben zu können. Weiterhin spielt der Disponent eine entscheidende Rolle bei der Erkundung/Lagefeststellung, da er Kenntnis über Sachverhalte gewinnt, die der Einsatzleiter vor

7.1 Führungsvorgang

Ort teilweise nicht in Erfahrung bringen kann, beispielsweise Hinweise zur Eigensicherung (Müller-Tischer, 2018). Die Leitstelle wird damit über ein präziseres und umfassenderes Lagebild verfügen und kann so die Kräfte vor Ort mit Informationen unterstützen.

Auch wenn die Einsatzzentrale/Leitstelle das wichtigste Führungsmittel des Einsatzleiters darstellt (Schläfer, 1998), gewinnt sie im Vergleich zu klassischen Feuerwehr- und Rettungsdiensteinsätzen bei Polizeilagen zusätzlich an Bedeutung (vgl. Wolfskämpf, 2018). Deshalb sollten die Leitstellen von Polizei, Feuerwehr und Rettungsdienst auch in die Einsatzvorbereitung einbezogen werden.

Um bei mehreren Einsatzorten mit einem ähnlichen Meldebild den Überblick zu erhalten, ist ein besonderes Augenmerk auf die Abfrage des Schadensortes zu legen. Es muss unbedingt verhindert werden, dass eine Einsatzstelle nicht mit Einsatzmitteln beschickt wird, weil der Notruf leichtfertig abgewimmelt wird (»Ist schon bekannt«). Handelt es sich um ein dynamisches Geschehen und der Anrufer flüchtet während des Notrufs, ist folgende Abfrage angebracht: »Wo kommen Sie her« und »wo gehen Sie hin«. Dadurch konnte während des Anschlaggeschehens in Paris dank mehrerer Notrufmeldungen erkannt werden, welche Straßen betroffen waren. Zudem werden durch weitere Notrufe laufend neue Erkenntnisse zur Lage gewonnen. Gerade bei Mehrorttaten wird durch die Leitstelle ein Schadensort nach einer Örtlichkeit benannt: »Cafe XY«. Diese Bezeichnung wird beibehalten und ein Disponent fest mit der Einsatzbearbeitung beauftragt.

Wenn hochemotionale Anrufer während eines aktiven Amok- oder Terrorgeschehens den Notruf wählen, benötigen sie ggf. Handlungsanweisungen durch den Disponenten. Hierauf wird im Kapitel 10.3 »Taktische Kommunikation« eingegangen. Den besonderen Anforderungen an die Notrufabfrage bei Polizeilagen wurde in den USA mit speziellen Abfrageprotokollen begegnet. Die Konzepte sollten sich dabei möglichst an den üblichen Leitstellenabläufen und Handlungsweisen der Disponenten orientieren, damit sie während eines Großeinsatzes handhabbar sind. In jedem Fall muss die Abfrage des Notrufs bei einer Polizeilage in die Ausbildung von Leitstellendisponenten Eingang finden.

Als Bestandteil der Notrufabfrage ist in der Integrierten Leitstelle der zugrundeliegende Sachverhalt im Hinblick auf eine Gefährdung durch den Leitstellendisponenten möglichst umfassend zu erheben.

Nicht nur bei Polizeilagen, auch bei konventionellen Rettungsdiensteinsätzen – seltener bei Feuerwehreinsätzen – sind Gewalttaten gegenüber Einsatzkräften möglich. Diese stellen zwar eine Ausnahme dar, können jedoch durch folgende Faktoren begünstigt werden: (Ulrich/Marten, 2019):

- Einfluss durch Alkoholkonsum
- Einfluss durch Drogen- oder Medikamentenkonsum
- Altersgruppe der 20–30-Jährigen
- größere Personengruppe
- besondere Örtlichkeit

Diese Faktoren können im Rahmen der Notrufabfrage teilweise in Erfahrung gebracht werden.

Erkennen der Polizeilage

Bei Polizeilagen ist besonders wichtig, dass schon in der Frühphase erkannt bzw. festgestellt wird, dass es sich um eine Polizeilage handelt (Kowalzik et al., 2017). Informationen, die auf eine Polizeilage hindeuten, gehen in der Leitstelle als »normaler Notruf«, Erkundungsergebnis von eigenen Kräften oder durch eine Meldung der Polizei-Leitstelle ein. Dann liegt es am Disponenten, bei der Entgegennahme eines Notrufs, an einer Führungskraft der Leitstelle oder spätestens am Einsatzleiter an der Einsatzstelle, die Polizeilage zu erkennen.

Ein bewusst herbeigeführtes Gewaltereignis, das zu einer Polizeilage führt, kann sich durch bestimmte Faktoren auszeichnen, die sie vom »normalen« Einsatz unterscheiden (Khoshnevisan/Micklisch, 2017):

- exponierte Örtlichkeit, mit einem hohen Symbolwert (repräsentiert westlichen Lebensstil),
- hohe Personendichte,
- »weiche Ziele«,
- Schusswaffen- oder Sprengstoffeinsatz,
- Ereignis ist untypisch für den Einsatzort,
- Ereignis ist untypisch für die Einsatzzeit.

Weiterhin können beispielsweise viele hochemotionale Notrufmeldungen eingehen (Hessisches Ministerium des Innern und für Sport und Hessisches Ministerium für Soziales und Integration, 2017) oder nur ein vereinzelter Notruf zu einem Einsatzgeschehen eingehen, bei dem sich sonst viel mehr Anrufer melden würden. Diese unklare Notrufmeldung muss als Entscheidungsgrundlage dienen. In solchen Verdachtsfällen ist zur Verifizierung von Sachverhalten eine konkrete Rücksprache mit der örtlichen Polizeileitstelle angezeigt. Im Rahmen der alltäglichen Kommunikation zwischen den Leitstellen sollte immer ein umfassender Informationsaustausch über einsatzrelevante Umstände erfolgen. Die vorliegende Information sollte konkret wiedergegeben und möglichst nicht durch die Verwendung von Schlagworten verallgemeinert werden. Jede Meldung sollte immer auf ihre Plausibilität geprüft

7.1 Führungsvorgang

werden, also ob der Inhalt Sinn ergibt oder ob er zu bisherigen Erkundungsergebnissen passt (Feyrer/Gessmann, 2017). Unter Umständen wird dazu eine Führungskraft der Leitstelle hinzugezogen. Dies mag für den Disponenten lästig sein, ist jedoch notwendig.

Sehr häufig kommt es vor, dass Feuerwehr/Rettungsdienst zu einem konventionellen Einsatz in eigener Zuständigkeit (Unfall, Feuer, TH) alarmiert werden und erst im Einsatzverlauf festgestellt wird, dass es sich um eine Polizeilage handelt. Dann ist eine sofortige Stichwortkorrektur (Roth, 2016) und entsprechende Information aller Einsatzkräfte erforderlich.

Tabelle 12: *Beispiele für eine nachträgliche Stichwortkorrektur*

Einsatz	Ursprüngliches Meldebild
Ansbach Sprengstoffexplosion	Gasexplosion
Berlin Breitscheitplatz Terroranschlag	Verkehrsunfall
Düsseldorf Amoktat Höher Weg	Brandmeldeanlage
Paris Sprengstoffexplosion am Stade de France	Gasexplosion

Bild 46: *Amoktat Höher Weg: Zunächst erfolgt die Alarmierung zu einem Feuerwehreinsatz (Auslösung einer BMA), an der Einsatzstelle wird eine Polizeilage (Amoktat mit anschließender Brandstiftung) festgestellt (Gerhard Berger).*

Zu beachten ist das Phänomen, dass beim Schusswaffengebrauch innerhalb eines Gebäudes Rauchwarnmelder ausgelöst werden. Folglich werden Einheiten des öfteren arglos zum Meldebild ausgelöste Brandmeldeanlage (BMA) alarmiert. Um zu verhindern, dass die Einheiten unvorbereitet in eine Polizeilage geraten, ist es absolut notwendig, dass die Integrierte Leitstelle über eine Polizeilage (mit Schusswaffengebrauch) durch die Polizei immer und sofort informiert wird. Zum Meldebild »ausgelöste BMA« wurden Kräfte der Feuerwehr beim Amoklauf in München, Terroranschlag in San Bernadino, Amoklauf am Höher Weg in Düsseldorf und bei der Geiselnahme am Kölner Hauptbahnhof entsendet. So ging beim Amoklauf in München zwei Minuten nach der Alarmierung der ersten Kräfte zur Patientenversorgung in einem Schnellrestaurant die Meldung über eine ausgelöste BMA im gegenüberliegenden Einkaufszentrum ein (Druckknopfmelder). Der Disponent erkannte den Zusammenhang und warnte die zum BMA-Alarm entsandten Kräfte.

Es kann aber auch vorkommen, dass Täter absichtlich den Räumungsalarm auslösen, um zu veranlassen, dass Personen das Gebäude verlassen und so leichter zu attackieren sind, beispielsweise bei Amoktaten in Schulen. In Abhängigkeit von der Deutlichkeit und des Verifizierungsgrades lässt sich ein Meldebild wie folgt einordnen.

Tabelle 13: *Einordnung des Meldebildes*

Meldebild Feuerwehr- oder Rettungsdienstlage	Unklares Meldebild	Meldebild Polizeilage
Feuerwehr und Rettungsdienst werden zu einem konventionellen Einsatz alarmiert. Es gibt keine Hinweise auf eine Polizeilage.	Während des Notrufs ist die Situation vor Ort unübersichtlich, dementsprechend ergibt sich kein klares Meldebild. Die Erfahrung und der Instinkt des Disponenten spielen hier eine wesentliche Rolle.	Feuerwehr und Rettungsdienst werden zu einem Einsatz alarmiert, bei dem durch die Polizei eine Gefahr bekämpft werden muss.

7.1.2 Beurteilung

Bei der Beurteilung der Lage wird, basierend auf den erkannten Gefahren, die Planung von Maßnahmen durchgeführt und anschließend ein Entschluss gefasst (Schläfer, 1998).

7.1 Führungsvorgang

Gefahren

Unter einer Gefahr wird das Vorhandensein einer Ursache samt Wirkung und ein bedrohtes Objekt im Gefahrenbereich verstanden. Die Definition der Gefahr besagt, dass in naher Zukunft mit hinreichender Wahrscheinlichkeit bei Nicht-Eingreifen mit dem Eintritt eines Schadens zu rechnen ist.

Bei Großen Polizeilagen, also Einsätzen, die die Abwehr eines Gewalttäters durch die Polizei notwendig machen, wird die Beurteilung von Gefahren durch folgende Merkmale erschwert:

- es gibt Verletzte und Tote
- die Schadensursache ist zunächst unbekannt
- die Anzahl an Tätern ist unbekannt, es fehlen Personenbeschreibungen
- der Aufenthaltsort des Täters ist unbekannt, der Täter ist vermutlich mobil
- die genutzten Waffen sind unbekannt
- die Tatbegehung ist im Gange

Hinzu kommen häufige Fehlwahrnehmungen von Zeugen (z. B. Erfurt, Düsseldorf) (Gasser et al., 2004). Es kann sogar vorkommen, dass übereinstimmend falsche Auskünfte gegeben oder einfach nur Fehlinformationen weitergegeben werden (Goertz, 2003). Deshalb ist es nicht verwunderlich, dass Zeugen schnell von mehreren Tätern sprechen bzw. die Polizei von mehreren Tatverdächtigen ausgeht oder ausgehen muss.

In einem abstrakten Modell lassen sich Einsätze in drei Fallgruppen einteilen, abhängig davon, mit welcher Sicherheit (Verifizierungsgrad) die Gefahr und ihr Wirkbereich (Gefahrenbereich) abgeschätzt werden können. Dieses Modell nutzt dabei die Begriffe »Schwarze, Graue und Weiße Schwäne«, die Andreas Karsten (2012) zur Vorhersehbarkeit von Schadensereignissen eingeführt hat und die wiederum auf einer Theorie von N. N. Taleb (2008) basieren.

Schwarzer Schwan

Als Schwarzer Schwan wird ein Einsatz bezeichnet, der mit der höchsten Unsicherheit einhergeht, da die Gefahr örtlich überhaupt nicht oder nur annähernd bestimmt werden kann. Beispielhaft sind die Mehrorttaten in Paris, der Amoklauf am OEZ in München oder die Terroranschläge von Madrid. Es fällt auf, dass bei diesen Einsätzen eine offensive Vorgehensweise gewählt wurde, in der Gefahren akzeptiert wurden, um die Patientenversorgung durchzuführen. Bei einem Schwarzen Schwan treffen mehrere der Aussagen zu:

- Es wird zu einer Feuerwehrlage alarmiert und erst im Laufe des Einsatzes festgestellt, dass es sich um eine Polizeilage handelt.

- Die Polizeilage tritt völlig unerwartet ein.
- Die Beurteilung von Gefahr ist kaum oder gar nicht möglich.
- Es ist keine räumliche Eingrenzung der Gefahr möglich, z. B. weil der Täter mobil ist oder sein Aufenthaltsort unbekannt ist.
- Die Anzahl der Täter und ihr Motiv sind unbekannt.
- Die Bewaffnung der Täter ist unbekannt.
- Die Lage ist höchst dynamisch.
- Es sind USBV vorhanden und es ist mit einem Zweitschlag (second hit) zu rechnen.

Wiederholt zeigt sich, dass bei Schwarzen Schwänen die Gefahrenlage auch für die Polizei über Stunden hinweg unklar ist (vgl. Rudolph/Petz, 2016). Der Gefahrenbereich, die Anzahl der Täter sowie deren Tatmotiv sind unklar. Deshalb sind allgemeine Handlungsempfehlungen wie beispielsweise »Der Rettungsdienst übernimmt die Patienten ab einem sicheren Übergabepunkt an der Grenze des Gefährdungsbereichs« (AGBF-Bund, 2016) bei dynamischen Polizeilagen praktisch kaum bzw. schwer umsetzbar.

Grauer Schwan
Daneben gibt es Einsätze, bei denen eine Gefahr vermutet wird. Im Verlauf kann die Gefahr auch örtlich grob eingegrenzt werden. Bildlich kann man von einem grauen Schleier über der Gefahr sprechen. Dabei treffen folgende Aussagen auf den Einsatz zu:

- Es gibt Informationen, die auf eine mögliche Gefährdung für Einsatzkräfte hinweisen.
- Es kann sich um eine Feuerwehr- oder auch um eine Polizeilage handeln.
- Der Aufenthaltsort der oder des Täter(s) kann bestimmt werden.
- Es handelt sich um ortsfeste Taten.

Weißer Schwan
Als Weißer Schwan können Einsätze bezeichnet werden, in denen Gewalttaten vorhersehbar sind oder die frühzeitig als Polizeilage feststehen. Oftmals werden Feuerwehr/Rettungsdienst durch die Leitstelle der Polizei über den Einsatz unterrichtet. Einsätze, die als Weißer Schwan bezeichnet werden können, sind die Ausschreitungen beim G 20-Gipfel in Hamburg oder die Geiselnahme der Insassen eines Reisebusses in Köln.

7.1 Führungsvorgang

Mehrere der folgenden Aussagen treffen auf Weiße Schwäne zu:
- Die Notrufmeldung kommt direkt über die Polizei herein.
- Es ist frühzeitig klar, dass es sich um eine Polizeilage handelt.
- Der Aufenthaltsort des Täters ist bekannt.
- Die Bewaffnung des Täters ist bekannt.
- Die Gefahr durch die Bewaffnung des Täters ist als moderat einzustufen (Stichwaffe).
- Es handelt sich um eine stabile Lage.
- Die Gefahrenbereiche (unsicher/teilsicher/sicher) können deutlich abgegrenzt werden.
- Die Beurteilung von Gefahren ist möglich.

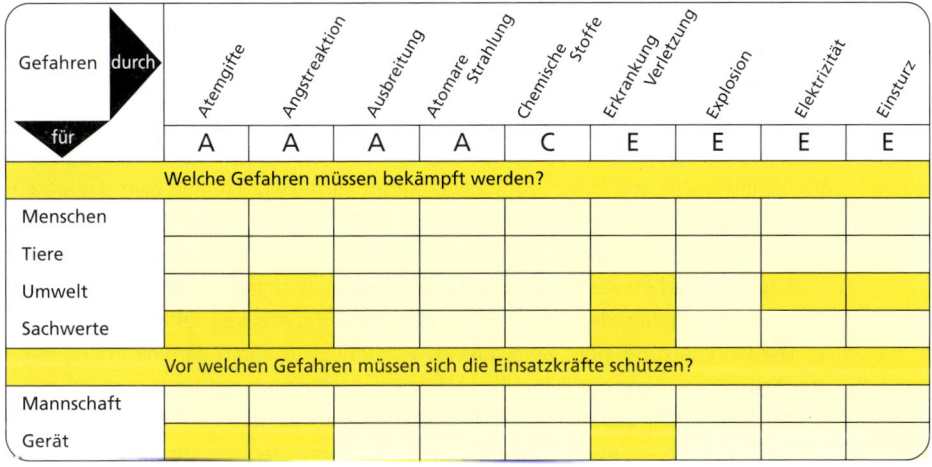

Bild 47: *Die Gefahrenmatrix (Grafik: W. Kohlhammer GmbH)*

Bei der Beurteilung von Gefahren wird in der nichtpolizeilichen Gefahrenabwehr das sogenannte AAAACEEEE-Schema verwendet. Zur Beseitigung einer Gefahr kann die Ursache bekämpft, ein Objekt gegen die Wirkung verteidigt oder das Objekt aus dem Gefahrenbereich gebracht werden. Diese umfassende Betrachtung von Gefahren führt dazu, dass beispielsweise bei einem Wohnungsbrand zwischen unterschiedlichen Wirkweisen (Ausbreitung, Atemgifte, Angstreaktion) differenziert wird.

Bei einem Wohnungsbrand gibt es einen Gefahrenbereich, der räumlich klar verortet wird. Deshalb werden ab der Rauchgrenze, beispielsweise an der Tür zur Brandwohnung, nur noch Einsatzkräfte mit entsprechender Schutzkleidung und mit umluftunabhängigem Atemschutz eingesetzt. Falls der Trupp eine Person rettet, wird sie außerhalb des Gefahrenbereichs dem Rettungsdienst übergeben (Übergabepunkt). Dieser sichere Bereich wurde früher durch die Lage des Verteilers gekennzeichnet. Nur in besonderen Einzelfällen werden Rettungsdienstkräfte ohne entsprechende Schutzkleidung im oder am Brandobjekt tätig. Denkbare Ausnahme ist die Rettung von Personen aus einem Pkw bei gleichzeitigem Entstehungsbrand, wenn das erste Löschfahrzeug erst Minuten später eintrifft oder wenn bei einem Brandereignis in einem Krankenhaus Rettungsdienstkräfte zur Räumung einer Station eingesetzt werden.

Der Einsatzleiter der Feuerwehr Erfurt analysierte am Beispiel des dortigen Amoklaufs, dass dort eine Gefährdungsbeurteilung gemäß dem Führungskreislauf nicht möglich war (Goertz, 2003). Die spezifischen Gefahren einer Polizeilage können dennoch mit dem Beurteilungsschema erfasst werden, dies wird in anderen Einsatzbeispielen deutlich.

Die Beurteilung der Gefahrenbereiche wird durch Polizei durchgeführt (AGBF-Bund, 2017 und 2016). Dabei erscheint die polizeiliche Gefährdungsbeurteilung im Vergleich zum AAAACEEEE-Schema mitunter eindimensionaler, da nur der Täter betrachtet wird. Die PDV 100 *VS-NfD* kennt grundsätzlich nur zwei Gefahrenbereiche: unsicher und sicher.

Der unsichere Bereich wird als roter Bereich bezeichnet, hier besteht eine unmittelbare Gefahr für alle Einsatzkräfte. Ausschließlich polizeiliche Kräfte werden hier tätig, um gegen den Täter vorzugehen bzw. Verletzte zu retten.

Die Einschätzung eines Bereiches als »sicher« wird durch die Polizei erst dann vorgenommen, wenn der Täter überwältigt ist. Zudem muss definitiv ausgeschlossen werden, dass keine Gefahr durch z. B. eine USBV oder weitere Täter besteht. Solange also ein Bereich intensiv abgesucht wird, wird der Bereich immer als unsicher eingeschätzt.

Der teilsichere Bereich ist als Übergang zwischen dem unsicheren und dem sicheren Bereich anzusehen. Hinsichtlich der Patientenversorgung können hier lebensrettende Sofortmaßnahmen durchgeführt werden und Betroffene in den sicheren Bereich überführt werden. Der teilsichere Bereich hat erst durch aktuelle Modelle zur Einteilung von Gefahrenbereichen Eingang in die Ausbildung gefunden. Deshalb wird der teilsichere Bereich vermutlich nicht allen polizeilichen Führungskräften geläufig sein.

7.1 Führungsvorgang

Tabelle 14: *Einteilung der Gefahrenbereiche nach der Ampelkennzeichnung (3-Bereich-Modell) (Land Schleswig-Holstein, 2017)*

	Bedeutung	Zutritt
🟥	stark erhöhtes, unkalkulierbares Risiko, vermuteter Aufenthaltsbereich des Täters	für taktisch ausgebildete und ausgerüstete Polizeikräfte
🟨	erhöhtes Risiko, aber durch polizeiliche Maßnahmen absicherbar	nur nach Freigabe und Absicherung durch Polizei, Aufenthalt ist möglichst kurz zu halten
🟩	ausschließlich allgemeines Lebensrisiko	für Rettungskräfte frei, ggf. Absperrung für andere Personengruppen aus praktischen Erwägungen

Die in der nichtpolizeilichen Gefahrenabwehr gängigen Modelle zur Unterscheidung von Gefahrenbereichen bei Polizeilagen unterscheiden sich nur insoweit, als Kräfte von Feuerwehr/Rettungsdienst im teilsicheren Bereich eingesetzt werden dürfen.

Das bayerische Staatsministerium des Innern, für Bau und Verkehr äußert sich im Hinblick auf den Amoklauf am 22. Juli 2016 in München (Schöttler, 2017):

»Die Festlegung und eindeutige Kommunikation von Gefahrenbereichen ist sowohl für den polizeilichen Einsatz als auch für den Einsatz von Rettungsdiensten unerlässlich. Jedoch ist es bei solch komplexen und hochdynamischen Einsatzlagen wie dem Amoklauf am Münchener OEZ (Olympia-Einkaufszentrum) äußerst schwierig, solche Bereiche klar zu definieren und schnellstmöglich auszuweisen«

Im Unterschied dazu mag es bei statischen Lagen mit bekanntem Aufenthaltsort des Täters (Weißer Schwan) einfacher sein, Gefahrenbereiche einzuschätzen und festzulegen.

Das Verhalten von Polizisten kann auch Aufschluss über einen Gefahrenbereich bieten. Bewegen sich Polizisten geduckt fort, suchen sie Deckung oder wird die Waffe im Anschlag gehalten, sollte dies alarmieren.

Die größte Herausforderung liegt darin, eine klare Sprache zu finden, um die vermutete Gefahr in Worte zu fassen. Sofern es die Zeit ermöglicht, sollten die den Befehlen zugrundeliegenden Informationen gerade in kritischen Situationen mitgeteilt werden (»Motivation durch Information«). In diesem Zusammenhang ist der Ausspruch »Rettungskräfte frei« eines Ludwigsburger Polizeiführers ein geeignetes Beispiel für eine eindeutig verständliche Sprache.

7 Führung in Großen Polizeilagen

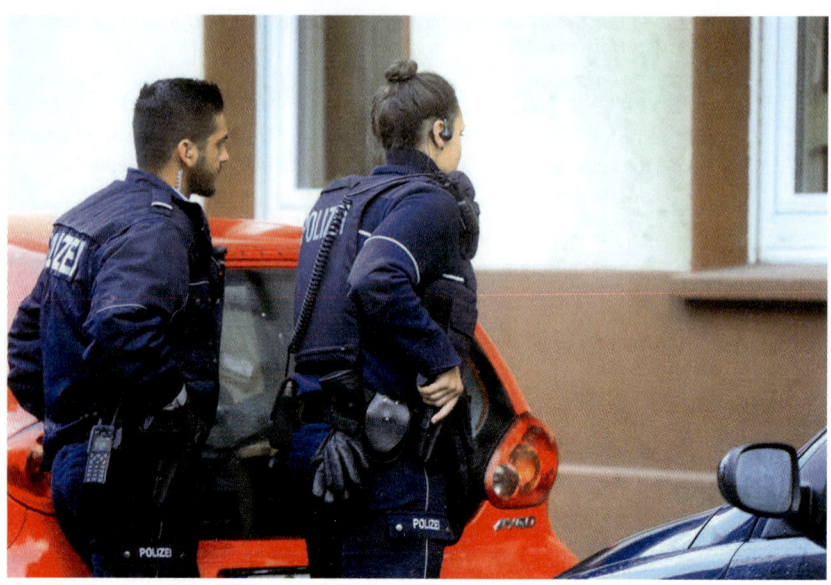

Bild 48: *Polizeikräfte bei einer Bedrohungslage (www.bf-koeln-einsaetze.de)*

Dass in diesem Zusammenhang von rot/gelb/grünen Bereichen die Rede ist, wird vermutlich eher in der Ausbildung Anwendung finden. Diese einfache Einteilung von Bereichen hilft, um die Entscheidung über taktische Maßnahmen zu trainieren. Wenn verfügbar, sind polizeiliche Einschätzungen grundsätzlich vorrangig. In der Praxis wird dem Einsatzleiter jedoch oft nichts anderes übrigbleiben, als sein eigenes Ermessen auszuüben und Entscheidungen zu treffen, die den eigenen Erkundungsergebnissen Rechnung tragen. Richtig kann nur die Entscheidung sein, die auf Tatsachen beruht, die zum Zeitpunkt der Entscheidung bekannt sind. Dabei müssen Informationen in Zusammenarbeit mit der Polizei und anderen Behörden auf ihre Plausibilität geprüft werden. Es kann sinnvoll sein, die drohende Gefahr konkret in eigenen Worten zu beschreiben (bedrohtes Objekt, Gefahr, Wirkbereich), da dies weniger ängstigt als ein Schlagwort wie »USBV« bzw. »Bombe«. Abhängig vom Wirkbereich einer Waffe muss ein Sicherheitsabstand eingehalten werden. Dieser kann von einigen zehn bis zu über 500 m betragen.

Schließlich muss entschieden werden, ob ein gesichertes Vorgehen in einem kalkulierbaren Gefahrenbereich mit Begleitung durch Polizeikräfte durchführbar ist. Eine Eigengefährdung wird nicht immer gänzlich auszuschließen sein, da die Patien-

7.1 Führungsvorgang

tenversorgung nicht unnötig aufgeschoben werden darf. Wichtig ist jedoch, dass allen Einsatzkräften die Polizeilage bewusst ist und taktisch dementsprechend gehandelt wird. Dabei werden die Grundsätze der Einsatzdurchführung berücksichtigt.

Solange es keine Anhaltspunkte für besondere Gefahren wie USBV oder den Einsatz von Kampfstoffen gibt, wird der Einsatz konventionell abgearbeitet. Gibt es konkrete Anzeichen für einen Gefährdungsverdacht, muss dieser durch entsprechende Maßnahmen (Messungen) ausgeräumt werden. Da sich dadurch die Versorgung von Verletzten verzögert, darf nicht leichtfertig ein Verdacht auf Kampfstoffe oder USBV angenommen werden.

Schutzmaßnahmen bei Sprengladungen

Beim Wirkungsbereich von Sprengladungen werden zwei Sicherheitsabstände unterschieden. Es gibt einen Mindestabstand (Räumungsbereich A), der unbedingt einzuhalten ist, unabhängig davon, ob man sich in einem Gebäude oder außerhalb aufhält, und einen priorisierten Abstand (Räumungsbereich B). Im Bereich zwischen den Räumungsbereichen A und B sollten Personen im Gebäude Deckung suchen. Sobald der Räumungsbereich B eingehalten wird, sind Verletzungen durch primäre und sekundäre Folgen der Explosion ausgeschlossen (Maniscalco/Christen, 2011).

Tabelle 15: *Wirkbereich von Sprengladungen (Maniscalco/Christen, 2011 und Homeland Security, 2015)*

	Explosive Kapazität/ TNT-Äquivalent	Mindestabstand (Räumungsbereich A)	Empfohlener Räumungsabstand (Räumungsbereich B)
Rohrbombe	2,3 kg	21 m	259 m
Selbstmordattentäter mit Sprengstoffweste	9 kg	35 m	415 m
Kofferbombe	23 kg	46 m	564 m
mit Sprengstoff beladener Pkw	230 kg	152 m	580 m
mit Sprengstoff beladener Sattelzug	27.250 kg	460 m	2.135 m

Sicherheit der eingesetzten Kräfte

Schließlich muss immer auch der Schutz der Einsatzkräfte in die Abwägung der zu ergreifenden taktischen Maßnahmen einbezogen werden. Einsatzkräfte der Feuerwehr sind für die Gefahren und Risiken, die vom Täter ausgehen können, nicht ausgebildet. Aufgrund einer erheblichen Eigengefahr kann der Einsatz im polizeilichen Gefahrenbereich, rein rechtlich gesehen, abgelehnt werden. Dazu sind folgende Argumente dienlich (Achatz/Riemert, 2017):

- Ausbildung, Ausrüstung und berufliche Verpflichtung befähigen Feuerwehr/Rettungsdienst nicht zu Aktionen in einer ungeklärten Gefahrenlage,
- Die medizinische Versorgung kann nicht in einem Objekt (Bereich) stattfinden, aus dem ein gefahrloser Rückzug nicht garantiert werden kann.
- Der Transfer der Verletzten in einen sicheren Bereich (außerhalb des Objekts/Gebiets) sollte durch die Polizei erfolgen.
- Eine billigende Gefährdung der Einsatzkräfte von Feuerwehr oder Rettungsdienst ist nicht erlaubt.

Beim Einsatz in einem Gefahrenbereich können Einsatzkräfte also lediglich auf freiwilliger Basis, geschützt durch Polizeikräfte, tätig werden. Sind keine Menschen gefährdet, dürfen Einsatzkräfte keinen Risiken ausgesetzt werden.

Als Einsatzleiter genießen Sie das Vertrauen der Ihnen unterstellten Kräfte. Das ist Grundvoraussetzung für das Bewältigen einer solchen Lage. Zu diesem Vertrauensvorschuss gehört auch, dass Einsatzkräfte nicht alle Meldungen aus den Medien (vor allem Sozialen Medien) glauben. Daneben gilt der Grundsatz eines guten Umgangs miteinander. Man kümmert sich um das Wohlergehen der Kräfte und verlangt nur Dinge, die man selbst tun würde. Die unterstellten Kräfte erwarten, dass alles für ihre Sicherheit getan wird und Führungskräfte diese Aufgabe sehr ernst nehmen. Vertrauen verlangt auch Antworten auf offene Fragen (Fürst, 2018).

Beurteilung der Vorgehensweise

Als Standardvorgehen gilt in den Köpfen vieler Führungskräfte noch immer, dass Feuerwehr und Rettungsdienst im sicheren Bereich abwarten, bis die Polizei die Gefahr beseitigt hat und den Tatort freigibt. Zur gleichen Diskussion wird aus den USA berichtet, dass die Feuerwehr nicht im Bereitstellungsraum warten kann, bis die Polizei den Tatort freigibt, da zum Teil Stunden vergehen, bis die Polizei Gebäudekomplexe intensiv abgesucht hat. Auch kam es vor, dass der Einsatzleiter der Polizei den Einsatz der Feuerwehr verzögert oder gar nicht freigab (Berkowsky, 2016).

7.1 Führungsvorgang

Diese defensive Vorgehensweise würde dazu führen, dass Feuerwehr und Rettungsdienst grundsätzlich außerhalb des Gefahrenbereichs warten, bis die Polizei die Gefahr beseitigt hat und der Bereich gesichert ist, was wiederum zu einer massiven Verzögerung der medizinischen Versorgung von Verletzten führen kann.

Problematisch an dieser defensiven Vorgehensweise ist, dass es sehr lange dauern kann, bis die Polizei die Einsatzstelle freigibt, weil etwa über Stunden die Anzahl der Täter ungewiss ist. Deshalb muss auch in Betracht gezogen werden, dass Einsatzkräfte von Feuerwehr/Rettungsdienst innerhalb des teilsicheren Gefahrenbereichs eingesetzt werden, um Sichtung, Erstversorgung und Transport der Verletzten durchzuführen (offensive Vorgehensweise). Die Sichtweisen variieren hier, ob in der Erstphase genügend Polizeikräfte zur Verfügung stehen, um Verletzte aus dem Gefahrenbereich zu transportieren oder um Einsatzkräfte von Feuerwehr oder Rettungsdienst während der Rettung zu beschützen.

Ein abwartendes Vorgehen kann auch im Nachhinein Auswirkungen auf das mentale Wohlbefinden der Einsatzkräfte haben, da die Frage, warum sie nicht mehr gemacht haben, belastend sein kann. Zudem kann das Vertrauen der Bevölkerung hierdurch enttäuscht werden bzw. können Medien Vorwürfe erheben.

Bei Entscheidungen in kritischen Situationen hat sich das planerische Vorausdenken von Szenarien als wirkungsvolles Mittel herausgestellt. Auch wenn der Einsatzleiter der Feuerwehr zunächst seine Kräfte noch nicht einsetzen kann, kann er den Einsatz bereits vorausplanen:

- Wie kann sich die weitere Lageentwicklung entwickeln (Notzugriff, geplanter Zugriff, statische Lage, dynamische Lage, mobile Lage, stationäre Lage)?
- Sammeln von Informationen zur Örtlichkeit (Unterlagen des Bauaufsichtsamtes, Feuerwehrplan, Zugangsmöglichkeiten, Anzahl der Geschosse)
- Informationen zum Umfeld (Übergabepunkt, Patientenablage, Rettungsmittelhaltepunkt)
- Wie können die Einsatzkräfte effizient eingesetzt werden?
- Bildung von Ressourcen für den Massenanfall an Verletzten
- Sind spezielle Ressourcen für die vermuteten Verletzungsmuster notwendig (Schwerverbranntenbetten, Maximalversorger)?
- Inbetriebnahme weiterer Einsatzabschnitte für die weitere Einsatzabwicklung
- Welche Möglichkeiten zur Abwehr von Gefahren bestehen?

7.1.3 Taktische Möglichkeiten zur Abwehr einer Gefahr

Bei Polizeilagen sind alle vier Möglichkeiten zur Abwehr einer Gefahr (Angriff, Verteidigung, in Sicherheit bringen, Rückzug) in Betracht zu ziehen. Der Rückzug stellt hier eine echte Alternative dar. Die Möglichkeit »Angriff« wird eine seltene Ausnahme darstellen, da das Ausschalten der Gefahrenursache hauptsächlich Aufgabe der Polizei ist.

Die einzelnen Möglichkeiten zur Abwehr einer Gefahr können durch unterschiedliche Maßnahmen umgesetzt werden. In Reinform dienen sie eher dem Verständnis, der Ausbildung oder für eine Planspiellage. In der Praxis wird es eher zu Mischformen (AGBF-Bund, 2017) kommen, indem es z. B. zu einem Rückzug kommt und dabei Schwerverletzte gerettet werden (Rückzug inklusive feuerwehrwehrbasierter Rettung).

Tabelle 16: *Übersicht der taktischen Möglichkeiten zur Abwehr von Gefahren in Polizeilagen*

Vorgehensweise	Möglichkeit zur Abwehr von Gefahren	Umsetzung
defensiv	Angriff	Zur-Verfügung-Stellung von Ausrüstungsgegenständen
offensiv		geschützter Löschangriff
defensiv	Verteidigung	polizeiliche Erstversorgung
offensiv		gesicherte Erstversorgung
offensiv		feuerwehr- oder rettungsdienstbasierte Erstversorgung
defensiv	In-Sicherheit-bringen	polizeibasierte Rettung
offensiv		Rettung mittels gepanzertem Fahrzeug
offensiv		feuerwehr- oder rettungsdienstbasierte Rettung (»sicherer Pfad«)
defensiv	Rückzug	Zurückziehen der Kräfte, Aufgeben von Einsatzzielen

Bei einem Dilemma besteht gleichzeitig eine Gefahr durch einen Gewalttäter und eine Gefahr durch einen Wohnungsbrand (Feuer/Rauch). Neben der Zur-Verfügung-Stellung verschiedener Löschmittel an die Polizei kann der Einsatz besonderer

7.1 Führungsvorgang

technischer Mittel (Manipulator, Großventilatoren, Leichtschaum, Schneidlöschgeräte, Löschlanze) in die Beurteilung einbezogen werden.

Polizeiliche Erstversorgung
Unter Verteidigung wird verstanden, dass das bedrohte Objekt im Gefahrenbereich vor der Wirkung der Gefahr geschützt wird. Bezogen auf eine Person mit Schuss- oder Stichverletzung (Gefahr der Erkrankung/Verletzung) kann dies eine medizinische Erstversorgung sein.

Geht eine Spezialeinheit der Polizei im Gefahrenbereich vor, wird unter Umständen ein sanitätsdienstlich qualifizierter Polizist (»Medic«) das Erkundungsteam begleiten. Beim Auffinden eines Verletzten entscheidet der taktische Führer, ob man sich um den Verletzten kümmert oder ob das taktische Ziel (Ausschalten des Täters) im Vordergrund steht. Falls der taktische Führer sich für eine medizinische Versorgung entscheidet, beschränken sich Maßnahmen auf das Stillen lebensbedrohlicher Blutungen. Dabei findet u. a. der Ansatz »care under fire« Anwendung. Dazu wird eine Deckung genutzt und der Ort der Versorgung abgesichert. Je nach Lage wird der Verletzte abtransportiert. Ansonsten wird die Person gesichert, bis der Täter ausgeschaltet ist und der Abtransport sicher möglich ist (Ministerium für Inneres, Digitalisierung und Migration, 2017 und Dombrowski, 2012).

Ein weiterer Ansatz der taktischen Medizin ist »tactical field care«. Hierbei wird der C-ABCDE-Algorithmus angewendet. Das vorangestellte »C« gilt für das Stoppen von lebensbedrohlichen Blutungen. An Extremitäten werden zur temporären Blutstillung Tourniquets angewendet. Verletzungen an anderen Stellen müssen durch Kompression oder Wundtamponade versorgt werden. Anschließend erfolgt die Untersuchung von Atemwegen, Atmung, Kreislauf, des neurologischen Status usw. (Lippay, 2018). Vor dem Transport wird der Verletzte sowie das Material auf Transportbereitschaft überprüft, z. B. ob der Atemweg noch frei ist oder die Verbände noch anliegen. Während des Transports wird der Verletzte erneut untersucht (Reassessment).

Gesicherte Erstversorgung
Eine rettungsdienstliche Versorgung im teilsicheren Gefahrenbereich – geschützt durch Polizeikräfte – kann eine Handlungsalternative darstellen. Dabei beschränkt man sich auf die Vorsichtung, Erstversorgung und den anschließenden Transport zur gesicherten Patientenablage, RTW, Rettungsmittelhaltepunkt bzw. Ladezone. In der Praxis lässt sich eine gesicherte Erstversorgung von einer feuerwehr- oder rettungsdienstbasierten Rettung kaum unterscheiden.

Patientenablagen sollten in jedem Fall durch Polizeikräfte geschützt oder zumindest beobachtet werden (gesicherte Patientenablage). Zum einen könnte der

Bild 49:   *Polizeilich gesicherte Patientenablage (Gerhard Berger)*

Täter als Verletzter dort versorgt werden oder sich zum Zweck eines Zweitschlags (second hit) einschleusen.

Polizeibasierte Rettung
In-Sicherheit-bringen bedeutet, dass das bedrohte Objekt aus dem Wirkbereich der Gefahr gebracht wird. Bei der polizeibasierten Rettung werden Verletzte durch Polizeikräfte per Crash-Rettung transportiert oder geführt (Räumen) aus dem Gefahrenbereich gebracht. Lebenserhaltende Maßnahmen werden in der Regel nicht durchgeführt. Medics der SEK stellen hier eine Ausnahme dar.
 Das Land Schleswig-Holstein konkretisiert unter polizeibasierter Rettung:

Die Polizei bringt Verletzte aus dem Gefahrenbereich und übergibt sie an Rettungskräfte an einem festgelegten Übergabepunkt (Land Schleswig-Holstein, 2017).

Dies wird unter anderem bei der Berufsfeuerwehr Krefeld gemeinsam mit Streifenbesatzungen der Polizei bereits praktiziert. Dabei werden im Einsatz der Polizei Transport-Hilfsmittel (Trage, Stuhl usw.) zur Verfügung gestellt und die Bedienung

7.1 Führungsvorgang

durch Streifenbesatzungen jährlich trainiert. Daneben können weitere Hilfsmittel, wie Spineboard, Rettungs- oder Tragetuch, zur Verfügung gestellt werden. In jedem Fall ist die Festlegung von Übergabepunkten wichtig.

Bei Gehfähigkeit können die Verletzten geführt werden; schwierig wird es, wenn die Verletzten nicht mehr gehfähig sind. Für den Transport müssen ausreichend Polizeikräfte verfügbar sein, die in der Erstphase in der Regel nicht zur Verfügung stehen. Zudem werden Polizeikräfte beim Transport mehrerer Verletzter körperlich stark belastet und müssen schnell ausgetauscht werden.

Eine Option auf offener Straße ist die *Rettung mittels Fahrzeug*. Die Polizei hält gepanzerte Fahrzeuge vor, die zum Transport von Verletzten im Wirkbereich eines Täters genutzt werden können. Dies ist bei Einsätzen in Erfurt und Köln so praktiziert worden. Dabei wurden auch Rettungskräfte im gepanzerten Fahrzeug mitgeführt.

Feuerwehr- oder rettungsdienstbasierte Rettung
Aufgrund der Tatsache, dass in der Erstphase vermutlich kaum ausreichend Polizeikräfte zur Verfügung stehen, um verletzte Personen transportieren oder erstversorgen zu können, können Einsatzkräfte von Feuerwehr/Rettungsdienst unter Polizeischutz im teilsicheren Bereich tätig werden. Diese Variante nennt sich »*sicherer Pfad*«. Dabei wird ein teilsicherer Bereich durch Polizeikräfte geschützt, so dass Einsatzkräfte von Feuerwehr/Rettungsdienst hier tätig werden können. Es handelt

Bild 50: *Polizeikräfte begleiten den Abtransport (Gerhard Berger)*

sich um Bereiche eines Gebäudes, die bereits durchsucht worden sind oder durch Polizeikräfte als gesichert gelten. Hierbei handelt es sich oftmals um Flure oder Treppenhäuser. Am ehesten lässt sich das in kleineren Gebäuden wie Restaurants oder Büroräumen verwirklichen (Berkowsky, 2016).

Dabei sind auch Situationen denkbar, in denen Betroffene schnellstmöglich gerettet (Crash-Rettung) werden müssen und keine Hilfsmittel eingesetzt werden können. So kann z. B. eine Person über den Boden gezogen oder per Rückenschleiftrick nach Rautek aus dem Gefahrenbereich verbracht werden (Lippay, 2018). Hierbei werden bewusst Techniken verwendet, die nicht notfallmedizinischen Aspekten genügen, aber zielführend sind.

Schildkrötentaktik
Eine weitere Variante stellt die sogenannte Schildkrötentaktik dar. In den USA werden speziell für die rettungsdienstbasierte Rettung im (teilsicheren) Gefahrenbereich sogenannte *Rescue Task Forces* aufgestellt. Dabei handelt es sich um taktisch besonders geschulte und ausgerüstete Rettungsdienstkräfte der Feuerwehr. Gemeinsam mit Polizeikräften bilden sie ein Follow-up-Team, das den Interventionskräften der Polizei folgt und dabei Korridore betritt, die bereits als gesichert gelten. Zum Schutz der Einsatzkräfte werden sie mit ballistischen Schutzwesten und Helmen ausgestattet (Tierney, 2016). Die Feuerwehr Los Angeles hat 2013 diese Taktik für sich festgelegt (Tierney, 2016). Weitere Feuerwehren haben ähnliche Konzepte umgesetzt (Arlington County, Fairfax County). Die Größe der *Rescue Task Forces* reicht von zwei Polizisten und zwei Medics bis zu vier Polizisten und vier Medics (Berkowsky, 2016).

In Farmington (USA) nehmen Polizei, Feuerwehr und Rettungsdienst jährlich an einem gemeinsamen »active-shooter-training« teil. Dabei liegt der Fokus darauf, dass Feuerwehr und Rettungsdienst auch dann schnell reagieren können, wenn der Täter noch an der Einsatzstelle aktiv ist. Dabei begibt sich ein Team von Feuerwehrleuten und Rettungsassistenten in Begleitung der Polizei ins Gebäude. Diese offensive Vorgehensweise wird auch unter US-amerikanischen Feuerwehrleuten kontrovers diskutiert.

Die Vorgehensweise einer *Rescue Task Force* muss vorab trainiert werden. Gemeinsame Ausbildung von Feuerwehr und Polizei ist hierfür notwendig. Der Einsatz von *Rescue Task Forces* wird durch die Einsatzleiter von Polizei und Feuerwehr koordiniert.

Die AGBF (2017) hat für Deutschland festgehalten, dass Schildkröten-Sicherungen aufgrund der mangelnden Ausbildung und des unzulänglichen Trainings der eingesetzten Kräfte nicht ausreichend sicher sind und daher nur im Einzelfall in

7.1 Führungsvorgang

Betracht gezogen werden sollen. In Deutschland verfolgt das Land Schleswig-Holstein ein Konzept, das den durch die Polizei geschützten Einsatz von Rettungsdienstkräften in teilsicheren Bereichen vorsieht, um Erstversorgung oder Vorsichtung durchzuführen. Dabei stellt dies jedoch nur eine von mehreren Einsatzoptionen des Einsatzleiters dar. Gemeinsam mit der Schutzpolizei trainierte das Rettungsdienstpersonal diese Vorgehensweise im Rahmen der 30 h-Fortbildung sowie parallel als polizeiliche Fortbildung. Bei diesem Einsatz wird das Rettungsdienstpersonal mit ballistischen Schutzwesten ausgestattet. Der Patiententransport ist jedoch ausschließlich Polizeikräften vorbehalten, da hierzu vermutlich der rote Bereich durchquert werden muss. Im Rahmen dieser Fortbildung können Rettungskräfte individuell die Einschätzung treffen, ob sie zu einem solchen Einsatz bereit sind.

Das Land Baden-Württemberg zum Beispiel widerspricht der Nutzung von ballistischen Schutzwesen für Feuerwehr/Rettungsdienst, da diese eine subjektive Sicherheit vortäuscht, die zu einem nicht vorgesehenen Einsatz im ungesicherten Bereich motiviert (Ministerium für Inneres, Digitalisierung und Migration, 2017).

Taktischer Rückzug
Aufgrund der Dynamik des Einsatzes können Einsatzkräfte von Feuerwehr und Rettungsdienst in unsicheren Bereich geraten. Beim Einsatz von Fahrzeugen und Ausrüstung sollte immer berücksichtigt werden, dass jederzeit der Rückzug möglich sein soll. Die Erfahrungen aus dem Polizeieinsatz anlässlich eines kurdischen Kulturfestivals (siehe Kapitel 5.1.1) und den damit verbundenen Ausschreitungen zeigt, dass der taktische Rückzug eine echte Handlungsalternative darstellt. Dabei bietet ein geordneter Rückzug immer auch die Möglichkeit, Kräfte für andere Ziele einzusetzen (Tierney, 2016).

Wird an einer Einsatzstelle festgestellt, dass es sich um eine Polizeilage handelt, kann der taktische Rückzug eine Möglichkeit bieten, um alle Einsatzkräfte auf einen einheitlichen Wissensstand zu bringen und erneut in den Einsatz zu führen.

Gemäß FwDV 3 hat jede Einsatzkraft beim Erkennen einer besonderen Gefahr (z. B. Explosionsgefahr) das Kommando »Gefahr – Alle sofort zurück« zu erteilen. Danach ziehen sich alle Einsatzkräfte zurück und sammeln sich am Einsatzfahrzeug. Ersatzweise kann ein anderes Ziel des Rückzugs festgelegt werden. Anschließend wird die Vollzähligkeit überprüft und weitere Maßnahmen getroffen. Dieses bekannte Kommando eignet sich auch für die Gefahren einer polizeilichen Lage. Wird beispielsweise ein USBV entdeckt oder wird festgestellt, dass es sich trotz anderslautender Alarmierung um eine Polizeilage handelt, kann dieses Kommando gegeben werden, um alle Kräfte über die Gefährdung zu informieren und weitere Maßnahmen zu treffen. Finden sich Einsatzkräfte dennoch in einer Situation unmittelbarer Konfrontation mit einem Gewalttäter, lassen sich die im Kapitel 10.3.2 skizzierten Handlungsempfehlungen befolgen.

Gewählte taktische Vorgehensweisen

Führen offensive und defensive Vorgehensweisen voraussichtlich gleichermaßen zum Einsatzerfolg, sollte die defensive Vorgehensweise bevorzugt werden, um Einsatzkräfte nicht unnötig zu gefährden. Betrachtet man die dargestellten Großen Polizeilagen wird deutlich, dass der Grad der Verifizierung der Gefahrenlage direkten Einfluss auf die Vorgehensweise und die gewählte taktische Umsetzung hat. Je weniger konkrete Informationen zur Gefahr vorlagen, desto eher wurde die Unsicherheit akzeptiert (Tabelle 17) und Kräfte von Feuerwehr- und Rettungsdienst zur medizinischen Rettung eingesetzt.

Tabelle 17: *Einsatzbeispiele Schwarzer Schwan*

Ort	Anlass	Wirkmittel	Vorgehensweise	Taktische Möglichkeit
Berlin	Terroranschlag	Lkw	offensiv	gesicherte Erstversorgung
Ansbach	Terroranschlag	Sprengsatz	offensiv	gesicherte Erstversorgung
Mannheim	Tumult	divers	defensiv	Rückzug
Paris	Terroranschlag (Mehrorttat)	Schusswaffe, USBV	offensiv	feuerwehr- oder rettungsdienstbasierte Erstversorgung
Madrid	Terroranschlag (Mehrorttat)	USBV	offensiv	gesicherte Erstversorgung
München	Amoktat	Schusswaffe	defensiv	gesicherte Erstversorgung
Winnenden/ Wendlingen	Amoktat	Schusswaffe	defensiv	gesicherte Erstversorgung

7.1 Führungsvorgang

Weiterhin wird deutlich, dass die polizeiliche Rettung nur dort sinnvoll eingesetzt werden kann, wo auch ein Gefahrenbereich deutlich abgegrenzt werden kann.

Tabelle 18: *Einsatzbeispiele Grauer Schwan*

Ort	Anlass	Wirkmittel	Vorgehensweise	Taktische Möglichkeit
Erfurt	Amoktat	Schusswaffe	offensiv	gesicherte Erstversorgung, Rettung mittels Fahrzeug
Münster	Amoktat	Fahrzeug	offensiv	gesicherte Erstversorgung
Köln (18.10.2018)	Geiselnahme	Schusswaffe, USBV	defensiv	polizeiliche Erstversorgung, polizeiliche Rettung, Zur-Verfügung-Stellung von Ausrüstung
San Bernadino (USA)	Terroranschlag	Schusswaffen, USBV	defensiv	polizeiliche Rettung
Düsseldorf	Amoktat	Hiebwaffe	offensiv	gesicherte Erstversorgung, feuerwehr- oder rettungsdienstbasierte Rettung

Bei den untersuchten Geiselnahmen dominierte eine stationäre Lage. Das bedeutet, dass die Polizei die Bewegungsfreiheit des Täters eingrenzen konnte und der Täter damit örtlich gebunden war.

Tabelle 19: *Einsatzbeispiele Weißer Schwan*

Ort	Anlass	Wirkmittel	Vorgehensweise	Taktische Möglichkeit
Köln (28.07.1995)	Geiselnahme	Schusswaffe	defensiv	polizeiliche Rettung
San Diego	Amoktat	Schusswaffe	defensiv	polizeiliche Rettung
Bad Honnef	Geiselnahme	Schusswaffe	defensiv	feuerwehr- oder rettungsdienstbasierte Erstversorgung

7.1.4 Taktische Grundsätze

Das taktische Verhalten kann sich am Verhalten bei ABC-Lagen gemäß GAMS-Regel[20] (AGBF-Bund, 2017) und an der FwDV 500 orientieren. Wie bei einem Gefahrstoffunfall ist die Einschätzung der Gefahr schwierig und nicht ad hoc möglich. Die Gefahrenbereiche sind räumlich ausgeprägt. Die rettungsdienstliche Versorgung von Verletzten ergibt sich aus der Einsatztaktik und ist insbesondere vom Standort der Verletzten innerhalb des Gefahrenbereichs abhängig. Nachfolgend werden taktische Grundsätze beschrieben, die sich praktisch umsetzen lassen.

Gemeinsam mit der Polizei ist der Gefahrenbereich abzuschätzen, abzustimmen, entsprechend abzusperren und zu kommunizieren.

Die Aufenthaltsdauer an der Einsatzstelle (Vor-Ort-Zeit) und im Gefahrenbereich wird begrenzt (AGBF-Bund, 2017), indem z. B. die medizinische Versorgung auf das Nötigste beschränkt wird. Die weitere Versorgung erfolgt außerhalb des Gefahrenbereichs bzw. durch den zügigen Abtransport ins Krankenhaus.

Ähnlich wie bei der sogenannten Stoßtrupptaktik, gehen die Einsatzkräfte möglichst geschlossen vor. Staffel, Gruppe oder Zug gehen gemeinsam in den Einsatz, damit sie durch Polizeikräfte effizient geschützt werden können. Dabei sind weniger Polizisten zum Schutz notwendig, als wenn truppweise vorgegangen würde. Der Einsatz- oder Abschnittsleiter kann zudem einfacher den Überblick über die Kräfte wahren und sie führen. Verteilt auf mehrere Einsatzkräfte kann das Material eines RTW leichter mitgeführt werden. Gegen eine solche geschlossene Vorgehensweise spricht aber, dass die Einsatzkräfte in der Gruppe beim Beschuss ein leichteres Ziel abgeben, als wenn sie sich einzeln bewegen.

Markante Schutzkleidung macht einerseits Einsatzkräfte leichter sichtbar und damit zu einem gut sichtbaren Ziel. Andererseits wird je nach Motivation des Täters angenommen, dass Einsatzkräfte von Feuerwehr und Rettungsdienst, wenn sie als solche identifiziert werden, nicht als Ziel gewählt werden.

Da Waffen einen bestimmten Wirkbereich haben, bietet entsprechender Abstand Schutz. Daneben sind auch Deckung und Bewegung hilfreich. Jederzeit sollte ein Rückzugsweg erkundet sein, der genutzt werden kann. Um mit den Fahrzeugen flüchten zu können, sollten sie in Fluchtrichtung geparkt werden und möglichst nur Ausrüstung genutzt werden, die einen umgehenden Abmarsch ermöglicht. Indem z. B. Rollschläuche statt des Schnellangriffs genutzt werden.

---

20 Gefahr erkennen, Absperren, Menschenrettung, Spezialkräfte nachfordern.

7.1 Führungsvorgang

Aufbauend auf dem LACES[21], das ursprünglich einen taktischen Grundsatz in der Waldbrandbekämpfung darstellte, kann mit dem RAUB-Algorithmus eine umfassende Handlungsempfehlung für Polizeilagen gegeben werden (vgl. Maniscalco/Christen, 2011 und Hofmann, 2011):

- **R** – Rückzug: Ein Rückzugsweg und ein alternativer Weg in einen sicheren Bereich sollten zur Verfügung stehen. Distanz, Bewegung, Deckung sorgen für Sicherheit. Die Vor-Ort-Zeit und der Aufenthalt im Gefahrenbereich wird so kurz wie möglich gehalten.
- **A** – Aufmerksamkeit: Alle Einsatzkräfte verfügen über das notwendige Situationsbewusstsein und sind bereit, auf Lageveränderungen zu reagieren. Dazu müssen die Einsatzkräfte entsprechend informiert sein.
- **U** – Übersicht: Die gesamte Einsatzstelle wird im Blick gehalten. Alle Fahrzeugbesatzungen melden Auffälligkeiten.
- **B** – Bereitstellung: Die Aufstellung der Einsatzkräfte erfolgt außerhalb des Gefahrenbereichs. Nicht dringend benötigte Kräfte fahren Haltepunkte an.

Im Hinblick auf etwaige Anschläge ist auf folgende Gesichtspunkte bei tatverdächtigen Personen zu achten:

- **A**: allein und nervös
- **L**: lockere Kleidung
- **E**: sichtbare Elektronik
- **R**: Rumpf steif wirkend
- **T**: »Trigger« – Hände fest geschlossen (Land Schleswig-Holstein, 2017).

7.1.5 Befehlsgabe

Je größer und unübersichtlicher der Einsatz bzw. die Einsätze werden, desto nötiger wird es, dass Aufgaben an die unterstellten taktischen Führer delegiert werden. Die Auftragstaktik ist angebracht, um der Tatsache Rechnung zu tragen, dass nicht alle Umstände überblickt werden (Karsten, 2012). Dabei steht und fällt der Einsatz mit den handelnden Führungskräften. Damit Verantwortung zumindest teilweise an unterstellte Führungsebenen delegiert werden kann, ist gegenseitiges Vertrauen

---

21 Lookout, awareness, communication, escape and safety (Assistant Chief Phil Chovan of the Marietta, Georgia).

notwendig. Weiterhin müssen Führungskräfte Eigeninitiative, Entschlossenheit, Beharrlichkeit und Anpassungsfähigkeit zeigen (Clausewitz, 1980). Der Ansatz der Auftragstaktik findet ebenfalls Berücksichtigung in der *Führungsorganisation*.

Ordnen der Kräfte

Innerhalb der Führungsebenen, aber auch zwischen den Organisationen, sollte das Rollenverständnis geklärt sein. In Übungen können sich unterstellte Führungskräfte mit ihrem Auftrag auseinandersetzen und mit ihrem Verantwortungsbereich vertraut machen.

Für die Einsatzkräfte bedeutet das, dass sie diszipliniert arbeiten müssen. Dazu gehört, dass keine unnötigen Rückfragen gestellt und die Einsatzaufträge vorbehaltlos erledigt werden. Wichtig ist Disziplin auch dahingehend, dass es zu keinem Einsatz ohne Auftrag kommt. Ausnahme bilden Aufträge durch Führungskräfte (z. B. Einsatzabschnittsleiter) im Sinne der Befehlstaktik. Grundsätzlich bleiben Kräfte in ihrer taktischen Einheit zusammen, um den Koordinations- und Kommunikationsaufwand gering zu halten. Dementsprechend ist der Einsatz von selbstständigen taktischen Einheiten (Modulen) sinnvoll, da sie bereits bei Alarmierung einer Führung unterstellt sind und nicht mehr zusammengestellt werden müssen.

Taktische Reserven sind vorzuhalten, um auf eine Lageveränderung reagieren zu können. Einsatzkräfte müssen sich deshalb darauf einstellen, längere Zeit auf sich allein gestellt zu sein, also ohne ausreichende Einsatzkräfte und -mittel tätig zu werden. Dabei kann der Einsatzerfolg eventuell nur teilweise erreicht werden. Es kann vorkommen, dass Kräfte ausfallen, z. B. indem sie eingeschlossen werden oder aus technischen Gründen nicht mehr handeln können. Dann macht sich bezahlt, wenn sich die Kompetenzen von Einheiten überlappen und Führungs- und Spezialaufgaben auch von anderen Kräften wahrgenommen werden können.

Hinsichtlich der Alarmierung dienstfreier Kräfte sollte frühzeitig der »große Knopf« gedrückt werden, um weitere Kräfte heranzuziehen. Über ein automatisches Alarmierungssystem wird dienstfreies Personal alarmiert. Dabei sind neben Einsatzkräften (Brandschutz, Rettungsdienst) auch Leitstellenpersonal und Führungskräfte zu mobilisieren. Da Mobilfunknetze keinen sicheren Alarmierungsweg darstellen, sollten zusätzliche Alarmierungswege zur Verfügung stehen.

Sobald Medien über den Einsatz berichten, werden bei Großen Polizeilagen dienstfreie Kräfte wahrscheinlich auch unaufgefordert die Dienststelle anfahren, ggf. direkt die Einsatzstelle. Dienstfreie Kräfte sollten sich zurückhaltend in die Führungsorganisation integrieren. Da damit zu rechnen ist, dass der Straßenverkehr zum Erliegen kommt, können Gerätehäuser der Freiwilligen Feuerwehr besetzt werden.

7.1 Führungsvorgang

Rückwärtige Unterstützung

Die Einsatzabwicklung kann durch rückwärtige Führungsunterstützung gestärkt werden, da schnell ein großer Bedarf an Entscheidungen anfallen kann, die rückwärtig getroffen werden müssen, um den Einsatzleiter zu entlasten. Frühzeitig muss eine gemeinsame Pressearbeit aufgenommen werden, da z. B. Pressevertreter sonst die Leitstelle lahmlegen könnten.

Weitere Aufgaben können rückwärtig vorbereitet oder durchgeführt werden:
- Erkundung des Lagebildes von Gemeinde, Kreis, Land
- Nachforderung medizinischen Verbrauchsmaterials
- Warnung und Information der Bevölkerung
- Einrichtung eines Bürgertelefons
- Kommunikationseinsatz
- Kommunikation mit Hilfsorganisationen und Krankenhäusern

Ordnung des Raumes

Insbesondere bei Großen Polizeilagen bietet das Anfahren eines sicheren Bereichs einen wesentlichen Schutz. Diese taktische Maßnahme ist in den USA als »Staging« bekannt. Kräfte der nichtpolizeilichen Gefahrenabwehr können zurückgehalten werden, indem sie z. B. zunächst einen Haltepunkt anfahren. Dies betrifft vor allem nicht benötigte und Unterstützungseinheiten. Damit kann sich eine Führungs- oder Erkundungseinheit an die Einsatzstelle begeben und mit der Polizei in Kontakt treten.

Ein Haltepunkt bezeichnet einen kurzen Halt vor der Einsatzstelle, um so gezielt die Ordnung des Raumes und die Fahrzeugaufstellung festlegen zu können. Der Haltepunkt kann auch als Abrufplatz bezeichnet werden. Im Bereitstellungsraum[22] werden bei größeren Schadenslagen Einsatzkräfte gesammelt, gegliedert und als Reserve geführt. Umgangssprachlich wird mit Bereitstellungsraum oft ein Haltepunkt bezeichnet. Hauptsache ist dabei, dass alle Beteiligten wissen, was gemeint ist.

Bei Polizeilagen sollte noch vor oder während der Anfahrt die Ordnung des Raumes mit der Polizei abgestimmt werden. Die Abstimmung dient auch dazu, um nicht während der Anfahrt durch den Gefahrenbereich hindurchzufahren. Notfalls muss die Alarmierung um einige Minuten verzögert werden, um vorab mit der Leitstelle der Polizei und dem Einsatzleiter Anfahrten, Haltepunkte bzw. Bereitstellungsräume abzustimmen (Wurmb et al., 2017). Kann kein Haltepunkt abgestimmt werden, ist abhängig von der Wirkweise der Waffen eine entsprechende

---

22 Ein Bereitstellungsraum unterliegt einer Führung und Unterstützung (Stolt, 2009).

Distanz zu wahren. Ein Sicherheitsabstand von 500 m wird beim Verdacht auf Schusswaffengebrauch als geeignet angesehen (Wolfskämpf, 2018).

Kann die Polizeilage nicht örtlich genau definiert werden, so können mehrere dezentrale Haltepunkte festgelegt werden. Weiterhin gibt es hinsichtlich der Bereitstellung von Einsatzmitteln verschiedene taktische Möglichkeiten. Diese sollten auch entsprechend der Einsatzlage individuell gewählt werden. Wichtig ist, dass diese Verfahrensweisen für die Leitstelle handhabbar sind.

Bei der Gefahr durch Sprengmittel oder Schusswaffen sollten die Kräfte aufgelockert bereitstehen, d. h. es werden unterschiedliche Straßenseiten benutzt, Zwischenräume zwischen den Fahrzeugen geschaffen und Deckung durch Gebäudestrukturen wird genutzt. Dabei sind Glasfassaden zu meiden.

Bei Tumultsituationen oder bei Tätern mit Stichwaffen kann das Prinzip Wagenburg zweckmäßig sein: Die Fahrzeuge werden dabei eng nebeneinander gestellt. Dadurch sind die Einsatzkräfte im Inneren der Wagenburg von außen kaum zu sehen und der Zutritt ist erschwert.

Bei der Ringbereitstellung werden die Einsatzfahrzeuge aus mehreren, möglichst durch die Polizei geschützten Bereitstellungsräumen (Haltepunkten) in den Einsatz gebracht. Dadurch soll eine Konzentration von Einsatzfahrzeugen vermieden werden. Ist ein Schutz durch die Polizei nicht möglich, können Einsatzfahrzeuge auch auf größeren Ausfallstraßen um die Einsatzstelle kreisen bzw. sich eigenständig Haltepunkte suchen. Sowohl Haltepunkt als auch Bereitstellungsraum können durch Polizeikräfte geschützt betrieben werden.

Auch Feuer- und Rettungswachen können als Bereitstellungsräume genutzt werden. Der Vorteil liegt darin, dass über Rundspruch auch bei ausgelastetem 4 m-Funk Fahrzeuge alarmiert werden können.

Raumordnung an der Einsatzstelle

An der Einsatzstelle sind gemeinsam mit der Polizei frühestmöglich Absperrradien festzulegen (Besch et al., 2017). Die Polizei wird die entsprechenden Absperrungen vornehmen. Können Gefahrenbereiche eindeutig definiert werden, sind diese Bereiche deutlich zu markieren, indem z. B. Flatterband eingesetzt wird. Die Festlegung eines Übergabepunktes an der Grenze zwischen sicherem und unsicherem Bereich (Sefrin, 2017) ist sinnvoll. Müssen Betroffene aus dem Gefahrenbereich gebracht werden, ist die Einrichtung einer Patientenablage oder einer Betreuungsstelle abzustimmen (Tietz, 2010).

Nachrückende Einsatzfahrzeuge werden, bedingt durch Straßensperrungen und entstehende Verkehrsstauungen, nur verzögert oder über Umwege die Einsatzstelle

7.1 Führungsvorgang

Bild 51: *KdoW wird durch nachrückende Einsatzfahrzeuge zugestellt*

erreichen. An der Einsatzstelle werden vermutlich nachrückende Einsatzfahrzeuge der Polizei die Bewegungsfreiheit von Einsatzmitteln einschränken.

Sperr- oder Kontrollstellen
Nach der Amokfahrt in Münster wurden vorgeplante Verkehrssperrungen im Land Nordrhein-Westfalen aktiviert. Nach einem Anschlagsgeschehen muss damit gerechnet werden, dass die Polizei Straßensperren errichtet und den Verkehr zum Erliegen bringt. Auch der öffentliche Personennahverkehr (ÖPNV) kann lokal oder regional gesperrt bzw. eingestellt werden, um die Flucht der Täter zu erschweren oder um eine Einsatzstelle abzusperren. Polizeilich spricht man dabei vom »Lockdown«.

Dienstfreie oder ehrenamtliche Kräfte werden sich mit dem Auto auf den Weg zu den Gerätehäusern machen. Sie könnten besonders gefährdet sein, wenn sie Kontrollstellen der Polizei passieren oder durch den Fahrstil auffallen. Kontrollstellen der Polizei sind auch durch Einsatzfahrzeuge (auch bei Alarmfahrten) zu beachten. Zeichen und Weisungen der Polizeikräfte ist unbedingt Folge zu leisten. Eine Behinderung ist zu akzeptieren und der Leitstelle mitzuteilen, die Kontakt mit der Polizei herstellen oder eine andere Einheit alarmieren kann. Es ist denkbar, mit der Polizei Verfahren abzustimmen, damit Einsatzkräfte sich ausweisen und dann festgelegte Korridore benutzen können, um zu den Wachen zu gelangen.

7　Führung in Großen Polizeilagen

Bild 52:	*Sperrung durch die Polizei (masterpress)*

Deshalb muss für die Einsatzplanung angenommen werden, dass dienstfreie Kräfte aus angrenzenden Kommunen nicht oder nur mit großer Zeitverzögerung ihre Dienststelle erreichen können.

Bild 53:	*Kontrollstelle der Polizei (masterpress)*

7.1 Führungsvorgang

7.1.6 Szenario 3: Randalierer

Als sog. B-Dienst (Führungsdienst mit Verbandsführerqualifikation) besetzen Sie den 1-ELW-1 und befinden sich auf der Feuer- und Rettungswache. Ein Disponent der Leitstelle teilt Ihnen telefonisch mit, dass es einen SEK-Einsatz gäbe und ein RTW zur Absicherung benötigt würde. Die Alarmierung soll in wenigen Minuten erfolgen.

Auf Ihre Frage nach dem zugrundeliegenden Sachverhalt nimmt der Disponent erneut Kontakt zur Leitstelle der Polizei auf und gibt Ihnen wenige Minuten später die Rückmeldung, dass ein vermutlich geistig verwirter Täter in einem Wohnhaus mit Gegenständen vom Balkon wirft und damit droht, das Gebäude in Brand zu setzen.

Daraufhin erwirken Sie, dass zusätzlich der gesamte Löschzug alarmiert wird. Folglich werden 1-ELW-1, 1-NEF-1, 1-RTW-1, 1-HLF20-1, 1-DLK23-1 und 1-HLF20-2 alarmiert.

Die Polizei teilt den Ihnen unterstellten Kräften zunächst einen sehr weit entfernten Bereitstellungsraum zu. In Absprache mit der Polizei fahren Sie mit dem ELW 1 die Einsatzstelle an. Kräfte des Streifendienstes haben in etwa 300 m Luftlinie vom Einsatzort die Straße gesperrt.

Bei dem Einsatzobjekt handelt es sich um ein Mehrfamilienwohnhaus, das an einer Hauptstraße liegt. Das Gebäude ist dreigeschossig mit 12 Wohnparteien. Auf einem Balkon im zweiten Obergeschoss (außen rechts) ist Brandrauch sowie Feuerschein erkennbar. Dabei handelt es sich um die Wohnung des mutmaßlich geistig verwirrten Täters. Außer dem Täter befindet sich keine Person mehr im Gebäude.

Ein Polizist kommt auf Sie zu. Welche Informationen benötigen Sie für Ihren Einsatz im Hinblick auf den Feuerwehreinsatz, die Zusammenarbeit mit der Polizei sowie etwaige Gefahren? Welche Gefahren erkennen Sie und welche Vorgehensweise wählen Sie?

Ordnen des Kommunikationseinsatzes

In Einsätzen und Übungen zeigt sich immer wieder, dass die Kommunikation kritisch für den Einsatzerfolg ist. Aufgrund des hohen Abstimmungs- und Kommunikationsaufwandes ist die Belastung der Kommunikationsnetze entsprechend groß und sollte in der Kommunikationsplanung berücksichtigt werden.

In erster Linie ist die Einhaltung von grundlegenden Konventionen des Sprechfunks wichtig. Sie sichert auch in dynamischen Polizeilagen die Kommunikation. Um Rückmeldungen eindeutig zuordnen zu können, sollte bei Rückmeldungen im Leitstellenfunk auch immer die Einsatzstelle angegeben werden. Die Möglichkeit

7   Führung in Großen Polizeilagen

Bild 54: *Das betroffene Gebäude*

eines Kanal- bzw. Gruppenwechsels sollte in Betracht gezogen werden, wenn eine Größere Polizeilage den Sprechverkehr lahmzulegen droht.

Ein vorab erstellter Kommunikationsplan (Funkskizze) sollte Bestandteil der Einsatzplanung sein. Auch muss in Betracht gezogen werden, dass es durch das Anschlagsgeschehen zu einem Ausfall der Kommunikationsinfrastruktur kommen kann. »Funkanlagen« müssen redundant funktionieren, d. h. auch der Ausfall einer Basisstation muss in Betracht gezogen werden. Es muss außerdem sichergestellt werden, dass das »Tagesgeschäft« nicht unvermittelt in die Polizeilage gerät. Weiterhin sollte eine Redundanz für das Mobilfunknetz vorgesehen werden, da das Mobilfunknetz durch Teilnehmer überlastet (Goertz, 2003) oder durch die

7.1 Führungsvorgang

Bild 55: *Der Pressesprecher der Polizei telefoniert nach einem Amokgeschehen an einer Ludwigshafener Berufsschule (masterpress).*

Sicherheitsbehörden bewusst gestört werden könnte. Der Einsatz eines Jammers kann die Kommunikation über Digital-, Analog- und Mobilfunk stören.

Die Kommunikation zwischen dem Einsatzabschnittsführer der Polizei vor Ort und dem Einsatzleiter der Feuerwehr sollte möglichst im Direktkontakt vor Ort erfolgen. Ist dies nicht möglich, muss die Kommunikation über Digitalfunk sichergestellt werden. Kann die Polizei keine gemeinsamen BOS-Gesprächsgruppen schalten, sind entsprechende HRT auszutauschen. Es ist natürlich darauf hinzuwirken, dass Endgeräte der Polizei und anderer BOS so programmiert sind, dass die Gruppen zur Zusammenarbeit mit anderen BOS geschaltet und genutzt werden können. Die Nutzung einer TMO-Rufgruppe sollte präferiert werden, da hierdurch die netzseitigen Vorteile wie eine Kommunikation über weitere Entfernung genutzt werden können (Wolfskämpf, 2018).

Kommen besonders viele Kräfte zum Einsatz, wie dies beim G 20-Gipfel in Hamburg oder beim Amoklauf in München der Fall war, stellt dies für den Digitalfunk eine Extremsituation dar. Hierzu gibt es entsprechende Handlungsempfehlungen, die den Einsatzkräften bekannt sein müssen. Aufgrund der Vielzahl an Einsatzkräften und damit an HRT kam es zu einer verzögerten Einbuchung in die entsprechende Funkzelle. Weiterhin kam es zu einem Warteschlangenbetrieb mit durchschnittlicher Verzögerung von knapp zwei Sekunden.

Warteschlangenbetrieb bedeutet, dass man beim Drücken der Sprechtaste kein Freizeichen erhält. Nun muss man sie weiter gedrückt halten und warten. Wenn man jedoch die Taste loslässt, reiht man sich wieder hinten in der Warteschlange ein. Das Mithören der Heimatgruppe ist im überörtlichen Einsatz zu unterlassen, da es

7 Führung in Großen Polizeilagen

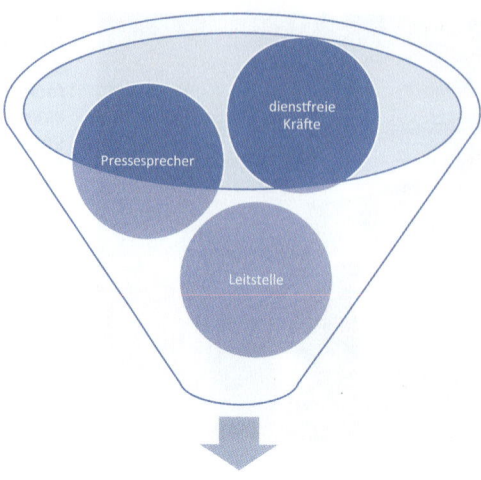

Bild 56: *Trichtereffekt*

unnötige Kapazitäten der Funkzelle bindet. Die Regeln zum Einsatz von Kommunikationsmitteln in Großschadensereignissen müssen regelmäßig trainiert werden.

Beim Einsatz in München hat sich der Digitalfunk bewährt und gezeigt, dass er eine deutliche Verbesserung gegenüber der analogen Funktechnik darstellt. Verbesserungspotenzial wurde bei der Inhouse-Versorgung gesehen. Deshalb sollte bei den Objektfunkanlagen in Einkaufszentren, Sportstadien eine TMO-Objektversorgung gefordert werden, die auch von der Polizei genutzt werden kann.

Mobilfunk

In mehreren Einsatzberichten (Erfurt, Düsseldorf, Köln) wird von der Kommunikation über das Mobiltelefon berichtet. Dies mag daran liegen, dass komplexe Sachverhalte sich einfacher über ein Telefonat als über Funksprüche mitteilen lassen. Zudem ist es aufwändiger, per Funk Rückfragen zu stellen, um etwas richtig zu verstehen.

Eine bekannte Handynummer ist in einer solchen Lage oft unbrauchbar, weil ungebetene Anrufer, Kollegen aus der Freizeit, Pressevertreter u. v. a. m. anrufen oder Nachrichten senden werden. Man spricht von einem sogenannten Trichtereffekt. Dieser ist zu vermeiden, indem alle Anrufer sich an die Leitstelle oder ELW richten (Gasser et al., 2004). Als besonderes Problem ist dabei anzusehen, dass dienstfreie Kräfte den Einsatzleiter im Einsatz stören. Dabei kann es sich um gutgemeinte Ratschläge oder um den bewussten Eingriff (Durchgriff) in die Führungs-

7.1 Führungsvorgang

organisation handeln. Mitarbeiter, die ohne Einsatzauftrag handeln, tragen die Verantwortung, wenn durch ihr Handeln der Einsatzerfolg gefährdet wird. Zudem entspricht ein solches Verhalten nicht einem kollegialen Miteinander.

8 Verletztenversorgung

Große Polizeilagen gehen fast immer mit einem Massenanfall von Verletzten einher. Der Täter beabsichtigt, viele Menschen zu verletzen und zu töten. Dabei erschweren die besonderen Umstände der Polizeilage das Abarbeiten des Massenanfalls von Verletzten. Der dynamische Massenanfall von Verletzten nach einer Polizeilage oder einem Anschlagsgeschehen unterscheidet sich grundlegend von einem eher statischen Geschehen nach einem konventionellen Schadensereignis (Franke et al., 2017). Nach einem konventionellen Schadensereignis (Feuer, Verkehrsunfall, ABC-Lage) orientiert sich das rettungsdienstliche Vorgehen nur am Patientenwohl, während es sich bei einer Polizeilage nach der Gefährdung bzw. der Sicherheit vor Ort richtet (Henke et al., 2017). Insbesondere wenn der Täter nicht gefasst ist, ist die Gefahrensituation dynamisch. Dadurch muss sich der MANV-Einsatz den Möglichkeiten zur Abwehr von Gefahren und den taktischen Grundsätzen anpassen, was ein hohes Maß an Improvisation und Flexibilität der Einsatzkräfte erfordert.

Folgende Fragen ergeben sich:
- Gibt es Zugang zu den Verletzten oder sind sie noch im Gebäude eingeschlossen?
- Sind Übergabepunkte festgelegt, an denen Verletzte von der Polizei an den Rettungsdienst übergeben werden?
- Haben sich spontan Patientenablagen gebildet bzw. wo sollen geschützte Patientenablagen gebildet werden?

8.1 Verletzte

Die Verletzungen bei Terroranschlägen sind schwerwiegender als bei Unfällen, da beispielsweise Sprengsätze mit Schrauben und Nägel gefüllt werden oder bei der Explosion Chemikalien freigesetzt werden. Dabei typischerweise auftretende Verletzungsmuster (Schuss- und Explosionsverletzungen) sind in der Bundesrepublik nicht alltäglich und deren Behandlung für Notfallmediziner und Chirurgen nicht gängig (Achatz/Riemert, 2017). Ebenso selten sind in Europa multiple und schwerste stumpfe Traumata (Kowalzik et al., 2017). An stumpfen Traumata litten beispielsweise die Verletzten des Anschlags auf dem Berliner Breitscheidplatz. Schuss- und Explosionsverletzungen sind teilweise nur der Bundeswehr durch Erfahrungen aus Auslandseinsätzen bekannt (Franke et al., 2017); dort werden Kriegswaffen ein-

8.1 Verletzte

gesetzt, die unter anderem Hochgeschwindigkeitstraumata verursachen (Achatz/Riemert, 2017).

Mit folgende Schuss- und Explosionsverletzungen muss gerechnet werden:
- Amputationsverletzungen
- Perforationsverletzungen der großen Körperhöhlen
- Weichteilverletzungen
- Offene und geschlossene Frakturen
- Verbrennungen
- Barotrauma luftgefüllter Organe
- Schmerzzustände
- Volumenmangelschockzustände

Die häufigsten tödlichen Verletzungen, die durch Schusswaffen oder Explosivstoffe hervorgerufen werden, sind Blutverlust, Spannungspneumothorax oder die Verlegung der Atemwege (airway obstruction) (La Mantia, 2017). Diese Verletzungen können zwar mit geringem Materialaufwand erstversorgt werden, jedoch ist die Durchführung zeitintensiv. Jede Verzögerung erhöht die Gefahr eines Todes, weil der Patient in zwei bis drei Minuten verbluten kann oder in vier bis fünf Minuten aufgrund von verlegten Atemwegen verstirbt. Das Stoppen der Blutung hat deshalb Priorität (Paschen, 2017; La Mantia, 2017 und Hossfeld et al., 2017). Dazu wird manuelle Kompression, Kompressionsverband oder das Anlegen eines Tourniquets angewendet. An Stellen, an denen kein Tourniquet eingesetzt werden kann, wird Gaze verwendet, meist mit einem Wirkstoff (sog. Hämostyptika) versehen, der die Blutung in Kombination mit der Kompression zum Stillstand bringt. Anschließend liegt das vordringliche Ziel bei der Behandlung von Schuss- und Explosionsverletzungen im möglichst schnellen Transport in die Klinik zur apparativen Diagnostik (CT) (Kanz, 2013) und definitiven Versorgung.

Explosionsverletzungen

Durch die spezifische Wirkweise rufen Explosionen verschiedene Schädigungen hervor. Zunächst wirkt die durch die Explosion ausgelöste Überdruckwelle vorwiegend auf luftgefüllte Organe (Mittelohr, Lunge) schädigend (Lackner/Urban, 2010). In einem geschlossenen Gebäude sind die Verletzungen deutlich gravierender, da die Druckwelle reflektiert wird (Lackner/Urban, 2010). Bei der Erkundung gilt es herauszufinden, ob die Explosion sich in einem geschlossenen Bereich ereignet hat. Insbesondere innere Organe werden durch große Druckwellen geschädigt (Kanz, 2013).

8 Verletztenversorgung

Durch die Druckwelle können Personen umhergeschleudert und beim Aufprall verletzt werden. Durch die Detonation werden Splitter der den Sprengstoff umgebenden Hülle mit hoher Geschwindigkeit an die Umgebung abgegeben. Dabei können Nägel oder Schrauben dem Sprengsatz beigefügt sein, um die Wirkung zu verschlimmern (Lackner/Urban, 2010).

Durch die Explosion entstehen Hitze, Feuer oder Rauchgase. So führt die Stichflamme zu Verbrennungen, die etwa bei einem Drittel der Verletzten die Versorgung in Schwerbrandverletzten-Zentren nötig machen. Weiterhin ist eine Schädigung durch Gefahrstoffe möglich, die Bestandteil des Explosivstoffes waren.

Typische Verletzungsmuster in diesem Zusammenhang sind:
- Schädel-Hirn-Verletzungen,
- Thoraxverletzungen,
- stumpfe Verletzungen der Extremitäten
- sowie Verletzungen des Gehörsystems.
  Letzteres erschwert den Einsatz der Rettungskräfte, da die Patienten aufgrund der Wirkung der Druckwelle »taub« zu sein scheinen (Kanz, 2013).

Oftmals ist der überwiegende Teil der Verletzten nach einer Explosion entweder nur leicht verletzt oder unmittelbar verstorben. Um das Überleben kritischer Patienten zu sichern, ist ein schneller Transport ins Krankenhaus notwendig, wo sie der apparativen Diagnostik unterzogen werden (Lackner/Urban, 2010).

Bei Sprengstoffanschlägen muss in Betracht gezogen werden, dass nicht alle platzierten Sprengvorrichtungen umgesetzt haben und es verzögert zu weiteren Explosionen kommen kann. Ebenso ist ein gezielter Zweitschlag (vgl. Bicks et al., 2019) auf Einsatzkräfte möglich (second hit). Zudem sind Einsatzkräfte durch die Freisetzung biologischer, chemischer oder radiologischer Gefahrstoffe gefährdet (Lackner/Urban, 2010).

Massenanfall verletzter Polizeibeamter
Beim G 20-Gipfel erlitten Polizisten vorwiegend »Verletzungen in Form von multiplen Prellungen, einschließlich Schädelprellungen, durch Bewurf mit Fremdkörpern, Augenverletzungen und Knalltraumata«. Nicht durch Fremdeinwirkung verursacht waren vor allem Verstauchungen und Erschöpfungszustände (Deutscher Bundestag, 2017). Nach langen und schweren Einsätzen ist die physische Erschöpfung von Polizeibeamten möglich. Durch das Tragen der Einsatzschutzkleidung kann es zum Kreislaufkollaps kommen (Schäfer, 2013).

8.1 Verletzte

Planungsgröße Verletzte

Die wichtigste Erkenntnis des Las Vegas Shootings mit 58 Toten und 850 Verletzten[23] lautete, dass die Einsatzmaßnahmen nach einem MANV ein wesentlicher Bestandteil der Vorbereitung darstellen müssen (FEMA, 2018 und Ferazzi, 2018). Die übliche Planungsgröße für MANV-Szenarien beträgt 50 Verletzte. Diese Annahme basiert auf dem Szenario eines Busunfalls. Als Planungsgröße für eine Polizeilage sollten mindestens 100 Verletzte angenommen werden, da die Tat absichtlich dort ausgeführt wird, wo möglichst viele Menschen geschädigt bzw. getötet werden sollen und entsprechende Waffen verwendet werden.

Die Sichtung ist eine ärztliche Tätigkeit, zuvor kann eine Priorisierung bzw. Vorsichtung durch nichtärztliche Kräfte (Notfallsanitäter oder Rettungsassistenten) erfolgen. Bisher gilt der Grundsatz, dass außerhalb des Gefahrenbereichs gesichtet wird. Moderne Vorsichtungsalgorithmen basieren auf einfachen Kriterien, also ob sich der Verletzte nach Aufforderung bewegen kann oder einen spürbaren Radialispuls hat.

Sind 100 Verletzte an einer Einsatzstelle zu versorgen, ist die Schwere ihrer Verletzung sehr wichtig für die Kategorisierung. Dafür dienen als Annahmen Verteilungsschlüssel. Der am meisten verbreitete Schlüssel lautet 40/20/40, ausgerichtet an den Sichtungskategorien (SK 1 – 3).

Die Auswertung von realen MANV-Einsätzen (Heller et al., 2018 und Brüne, 2013) präzisiert die bisher verbreitete planerische Verteilung von Sichtungskategorien 40/20/40 hin zu einer planerischen Verteilung von 20 % roten (SK I), 30 % gelben (SK II) und 50 % grünen Patienten (SK III). Bild 60 zeigt von links nach rechts den verbreiteten Verteilungsschlüssel, den Ansatz von Brüne und die tatsächliche Situation beim Amoklauf in Düsseldorf. Speziell bei Polizeilagen muss planerisch angenommen werden, dass es initial Tote und ein höherer Anteil an Schwerverletzten (SK I) gibt (Juncken et al., 2018).

---

23 Am 1. Oktober 2017 eröffnete ein Täter aus einem Hotelzimmer das Feuer auf die Besucher eines Musikfestivals in Las Vegas.

8 Verletztenversorgung

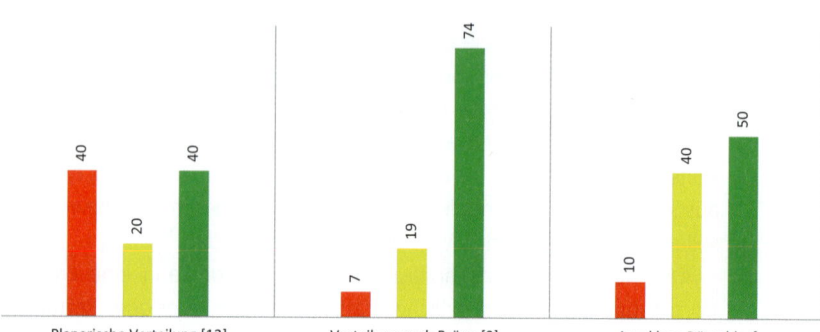

Bild 57: *Planerische Verteilung von Sichtungskategorien*

Führung/Organisation an der Einsatzstelle

Definitionsgemäß liegt ein Massenanfall von Verletzten und Erkrankten vor, wenn die Anzahl an Verletzten, die vor Ort befindlichen Einsatzmittel (NEF, RTW) zur Versorgung übersteigt (DIN 13050). Auch wenn kein Mangelverhältnis besteht, weil die Vorhaltung des Rettungsdienstbereichs für die individualmedizinische Versorgung ausreicht, sollte die Führungsorganisation für einen MANV niederschwellig eingesetzt werden, damit die Abläufe bekannt sind (Routine).

Um die Führungsarbeit bei einem solchen Großeinsatz überschaubar zu halten, werden aufgabenorientiert Einsatzabschnitte gebildet, die jeweils durch eine Führungsfunktion geführt werden. Meist werden nach einem konventionellen Schadensereignis[24], das mit einem MANV einhergeht, zwei Einsatzabschnitte gebildet. Im EA Gefahrenabwehr wird die bestehende Gefahr abgewehrt, also Brandbekämpfung oder Technische Rettung durchgeführt. Im EA Medizinische Rettung (oder Rettungsdienst) wird die Patientenversorgung durchgeführt (Marten/Lechleuthner, 2012). Dieser Abschnitt wird von einem Verbandsführer (Zugführer) mit rettungsdienstlicher Qualifikation geführt. Dieser nimmt die Aufgaben des Organisatorischen Leiters Rettungsdienst (OrgL) wahr. Unterstützt wird er vom LNA als Teil der Einsatzleitung, der medizinisch-organisatorische Aufgaben wahrnimmt. Bevor weitere Führungskräfte eintreffen, übernimmt der ersteintreffende NEF-Führer (möglichst mit Gruppenführerqualifikation) die Führung der Patientenablage.

---

24 Feuer, Verkehrsunfall, Explosion.

8.1 Verletzte

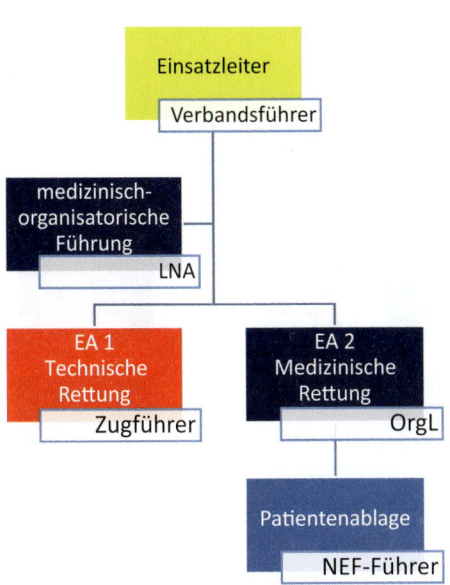

Bild 58: *Führungsorganisation MANV < 5 Verletzte*

Im Hinblick auf Mehrorttaten sollte vorgeplant werden, dass zeitgleich mehrere Einsatzstellen mit einem Massenanfall an Verletzten zu bearbeiten sind und eine ausreichende Anzahl an Führungskräften verfügbar ist. Sobald mehrere Einsatzstellen zu verzeichnen sind, die mit einem MANV-Geschehen einhergehen, ist eine zentrale Führung notwendig, um einen Verteilungskonflikt von Rettungsmitteln zu vermeiden.

> **Exkurs:**
>
> Angenommen wird ein simultaner Mehrfachanschlag auf eine S-Bahn (Einsatzstelle 1) und einen Linienbus (Einsatzstelle 2). Jeweils sind etwa fünf Patienten der Sichtungskategorie I und II zu versorgen. Um Verwechslungen zu vermeiden, werden die Einsatzstellen nach dem Einsatzort benannt. Hinsichtlich der Führung ist zu überlegen, ob an jeder Einsatzstelle eine kommissarische OrgL-Funktion den Einsatzabschnitt Medizinische Rettung führt. Alle Einsatzstellen werden durch den LNA mit Hilfe des OrgL rückwärtig geführt. Dabei reduziert sich die Verantwortung der kommissarischen OrgL auf ihren Abschnitt und die vor Ort befindlichen Einsatzkräfte.

8 Verletztenversorgung

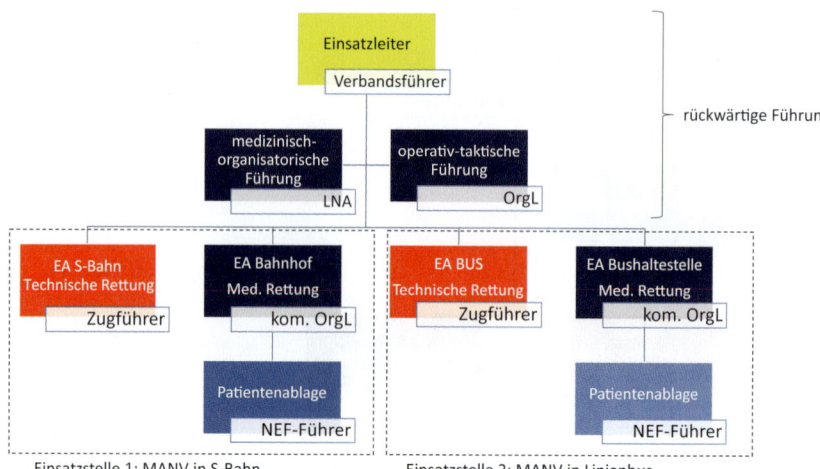

Bild 59: *Führungsorganisation bei zwei gleichzeitigen Einsatzstellen mit einem MANV*

Praxistipp:

Überlegen Sie, wie Ihre örtliche Führungsorganisation bei zwei zeitgleichen MANV-Ereignissen aussehen würde.

Um eine effiziente Versorgung zu ermöglichen, werden bestimmte medizinische Versorgungsprinzipien und Maßnahmen wichtig (Marten/Lechleuthner, 2012):

- Erkundung der medizinischen Lage (Sichtung)
- Qualifizierte Rückmeldung
- Raumordnung
- Ressourcen- und Patientenbündelung
- Einbindung von Laien, Ersthelfern sowie nachrückenden Kräften
- Bildung einer Führungsstruktur inklusive Unterabschnitten usw.

Verfügbare Ressourcen werden räumlich und zeitlich konzentriert. Dazu wird beispielsweise eine Patientenablage gebildet, in der sich Verletzte an einem Ort befinden und Material sowie Einsatzkräfte effizient eingesetzt werden können.

8.2 Medizinische Versorgung

Spontan gebildete Patientenablagen

Üblicherweise organisieren sich die Patienten vor dem Eintreffen der ersten Einsatzkräfte selbst (Marten/Lechleuthner, 2012) und bilden automatisch improvisierte Patientenablagen, an denen Zeugen Erste Hilfe an Patienten durchführen. Hier gilt es abzuwägen, ob sich diese spontan gebildete Patientenablage innerhalb oder außerhalb des Gefahrenbereichs befindet, um sie entweder zu verlegen oder durch Polizeikräfte schützen zu lassen. In jedem Fall sollte die Aufenthaltsdauer minimiert werden, indem sich medizinische Maßnahmen auf die Erstversorgung (Stoppen der Blutungen) beschränken, um die Patienten schnell abtransportieren zu können.

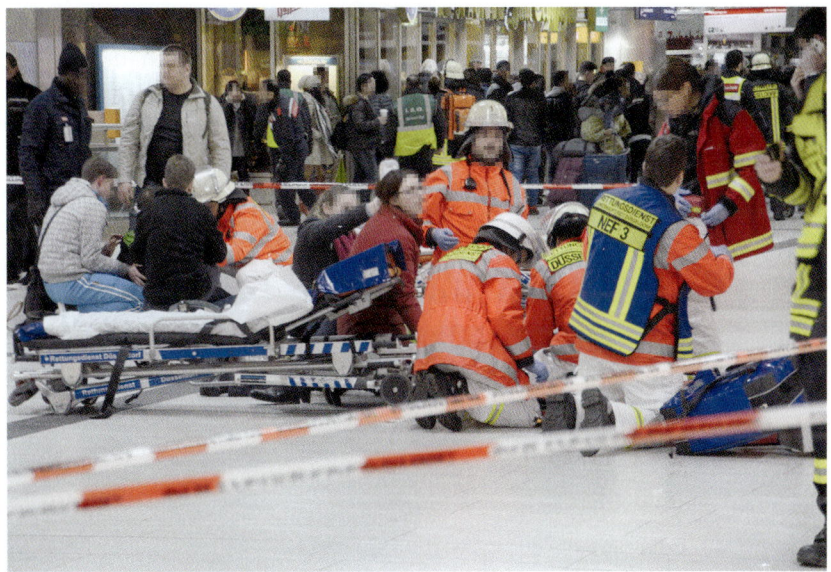

Bild 60: *Spontan gebildete Patientenablage nach der Amoktat im Düsseldorfer Hauptbahnhof (Gerhard Berger)*

8.2 Medizinische Versorgung

Die prompte Erstversorgung entscheidet oft über Leben und Tod. Das Versorgungsparadigma sieht eine schnelle Rettung der Verletzten vor, Erstversorgung, Vorsichtung und dann der Abtransport ins Krankenhaus. Einige Patienten werden eine sofortige klinische Versorgung benötigen, so dass ein schnellstmöglicher Transport (Soforttransport) mit einem Rettungsmittel notwendig ist. Die medizinische Erst-

8 Verletztenversorgung

versorgung (Lagerung, Blutungen von Schussverletzten stoppen) sollte trainiert werden.

Alle Verletzten sollten durch den Rettungsdienst hinsichtlich verdächtiger Gegenstände (Sprengstoff, Waffen) untersucht werden. Bei einer Polizeilage muss dies standardmäßig durchgeführt werden. Gepäckstücke werden immer vor Ort zurückgelassen (Land Schleswig-Holstein, 2017). Beim Fund gefährlicher und verdächtiger Gegenstände erfolgt ein sofortiger Rückzug und eine Meldung an die Polizei. Tote verbleiben am Tatort. Sobald der Täter ausgeschaltet ist, wird zunächst ein USBV-Team herangezogen, um etwaige Sprengstoffe auszuschließen.

Zusammenarbeit

Beim Blick auf vorangegangene Polizeilagen wird deutlich, dass im Vergleich zum »normalen Rettungsdiensteinsatz« mit etwa vier Einsatzkräften (Besatzung RTW + NEF) pro Patienten in Polizeilagen eine Vielzahl von Einsatzkräften von Feuerwehr und Rettungsdienst notwendig ist. Dabei können pro Patienten bis zu zehn Einsatzkräfte für die Erstversorgung, Betreuung, Sicherung der Einsatzstelle angenommen werden (vgl. Tabelle 20).

Tabelle 20: *Verhältnis von Patienten und Einsatzkräften*

	Patienten (Tote und Verletzte)	Einsatzkräfte nichtpolizeiliche Gefahrenabwehr	Verhältnis
Geiselnahme Köln	13	120	1:9
Amoktat Düsseldorf	10	70	1:7
Amoktat Erfurt	37	191	1:5
Terroranschläge Paris	683	1.300	1:4

Der »besondere MANV« erfordert einen hohen Abstimmungsaufwand. Dieser Aufwand wird um ein Vielfaches größer, wenn Feuerwehr und Rettungsdienst durch zwei unabhängige Organisationen geführt werden und die Polizei sich mit beiden abstimmen muss. Vorteile ergeben sich dadurch, dass die Feuerwehr im Rettungsdienst mitwirkt, indem integrierte Leitstellen den Einsatz von Feuerwehr und Rettungsdienst bündeln und die Einsatzkräfte vor Ort multifunktional eingesetzt werden können (Marten, 2017). Oftmals kann eine Mangelversorgung vermieden werden, indem das Personal der Löschzüge kurzfristig die medizinische Versorgung unterstützt.

8.2 Medizinische Versorgung

Erste-Hilfe-Maßnahmen

Auch wenn auf dem Löschgruppenfahrzeug keine Notfallsanitäter, Rettungsassistenten oder Rettungssanitäter sitzen, können Einsatzkräfte von Feuerwehr oder von Hilfsorganisationen die Patientenversorgung unterstützen (Dombrowski, 2012). Neben logistischen Aufgaben, wie Patientenablage einrichten, Patienten-, Materialtransport, Beleuchtung sicherstellen usw., verfügen alle Einsatzkräfte mindestens über eine Erste-Hilfe-Ausbildung und können somit:

- Atemwege kontrollieren, Puls messen,
- Kleidung entfernen,
- Blutung stoppen, eine Kompression anlegen,
- den Wärmeerhalt mittels Rettungsdecke sicherstellen,
- bei Wirbelsäulenverletzung: Schaufeltrage, Spineboard einsetzen,
- Möglichkeiten zur Immobilisierung (HWS-Schiene) anwenden,
- Lagerungsarten (Beinhochlagerung, Atemhilfslagerung, stabile Seitenlagerung) durchführen,
- Schmerztherapie durch psychologische Betreuung anwenden,
- Transport (Rautek-Rettungsgriff, Gamstragegriff, Zweipersonentransport) vornehmen
- und die Dokumentation (Sichtung) durchführen.

Diese Basismaßnahmen können während gemeinsamer Übungsdienste mit Schnelleinsatzgruppen o. ä. trainiert werden und sollten zum Standard jeder Einsatzkraft gehören.

Praxistipp:
Erweitern Sie die Erste-Hilfe-Ausbildung, um die Erstversorgung unterstützen und lebenserhaltende Maßnahme durchführen zu können (Dombrowski, 2012).

Überörtliche Kräfte

Um den Kräftemangel auszugleichen, werden weitere Rettungsdienstkräfte, zum Teil auch mittels überörtlicher Hilfe, hinzugezogen. Grundlage für die erfolgreiche Einbindung externer Kräfte ist eine möglichst einheitliche Führungsstruktur an der Einsatzstelle, indem beispielsweise Einsatzabschnitte und Funktionen gleich benannt werden, und generell die verwendeten Begriffe allen Beteiligten bekannt sind. Die Alarmierungswege sowie Kommunikation müssen technisch und organisatorisch funktionieren. Es muss geklärt sein, auf welchem Weg Kräfte angefordert werden und wie die Kräfte vor Ort kommunizieren (Weidringer et al., 2009).

8 Verletztenversorgung

Tabelle 21: *Allgemeine Katastrophenschutz-Einheiten*

Name	Definition	Leistungsvermögen
Schnelleinsatzgruppe	In vielen Bundesländern ist die Schnelleinsatzgruppe als schnelle Verstärkung des Rettungsdienstes geschaffen worden, um den Rettungsdienst bei länger anhaltenden Lagen bei der Erstversorgung von Verletzten und Betreuung von Betroffenen zu unterstützen.	Abmarschbereitschaft innerhalb von 30 Minuten. Im ländlichen Bereich ist eine SEG mitunter deutlich schneller.
Einsatzeinheit	In einigen Bundesländern ist die Einsatzeinheit die Standardeinheit des Katastrophenschutzes. Sie hat die Schwerpunktaufgaben Betreuung und Sanitätsdienst. Die Personalstärke beträgt meist etwa 30 Einsatzkräfte. Sie besteht aus mehreren Modulen (Führung, Sanität, Betreuung, Technik). In NRW können zwei Einsatzeinheiten einen Behandlungs- oder einen Betreuungsplatz betreiben.	

Der Vorteil standardisierter Landeskonzepte liegt darin, dass zwischen anfordernder Stelle und entsendender Stelle Automatismen wirken. Die Leistungsfähigkeit und Zusammenstellung ist dabei klar festgelegt und der Koordinationsaufwand dadurch gering. Es werden autark arbeitende Einheiten mit eigener Führungsstruktur entsendet.

Tabelle 22: *Katastrophenschutzeinheiten des Landes-NRW*

Name	Definition	Leistungsvermögen	Besonderheit
Ü-MANV-Sofort	Nachbarschaftliche Soforthilfe	Verstärkung in der Erstversorgung/Patientenablage 1 NEF + 2 RTW + 1 RTW/KTW	keine Vorlaufzeit, Bereitstellung aus dem Regelrettungsdienst

8.2 Medizinische Versorgung

Tabelle 22: *Katastrophenschutzeinheiten des Landes-NRW – Fortsetzung*

Name	Definition	Leistungsvermögen	Besonderheit
Patiententransport-Zug 10 NRW (PT-Z 10 NRW)	Der PT-Z 10 ist eine Einheit in Zugstärke. Sie besteht aus mehreren Rettungsmitteln, die zum Abtransport von mindestens zehn Patienten dienen.	Transport von mindestens acht liegenden und zwei stehenden Verletzten 1 KdoW + 4 RTW + 4 KTW + 2 Notärzte	Nach 60 Minuten abmarschbereit; geschlossener Marschverband

Die Katastrophenschutzkonzepte der Länder unterscheiden sich stark voneinander. Für länger anhaltende Lagen können oder müssen Einheiten des Katastrophenschutzes hinzugezogen werden. Gerade Schnelleinsatzgruppen stellen eine wichtige Ergänzung des Regelrettungsdienstes dar. Für die Einbindung der Hilfsorganisationen bietet sich der Einsatz eines Fachberaters Hilfsorganisationen im Führungsstab an.

Taktische Medizin

Vor Ort kann ein Polizeiarzt (oder ein Medic) eine gute Schnittstelle zwischen der Polizei und dem Rettungsdienst/Feuerwehr bilden, da er Verständnis für beide Organisationen hat und sich insbesondere in den Rettungsdiensteinsatz hineindenken kann (Sladek/Feyrer, 1997).

Alle rettungsdienstlich qualifizierten Polizeikräfte sind an der Einsatzstelle als Ansprechpartner geeignet, weil sie die Strukturen bzw. Vorgehensweise des zivilen Rettungsdienstes am besten kennen und verstehen.

Mit einem Algorithmus zur taktischen Verwundetenversorgung wurde ein Standard entwickelt, der auch bei Bedrohungslagen eingesetzt werden kann. Tactical Emergency Medical Services (TEMS) wurde zunächst durch die GSG 9 eingesetzt. Die gesamte Bundespolizei bildet ihren polizeiärztlichen Dienst danach aus. Zwei Eigenschaften von TEMS sind wertvoll:

1. Die einheitliche Einstufung des Verletzten nach dem Grad der Verletzung und nach der dazugehörigen Rettungsmaßnahme.
2. Die zweite Eigenschaft betrifft die Einordung des Gefahrenbereichs: Je gefährlicher der Bereich ist, desto geringer fallen Erste-Hilfe-Maßnahmen aus.

8 Verletztenversorgung

Bild 61: *Medic eines SEK (2. v. r.) (David Young)*

Dieses Handlungsschema wird einheitlich angewendet, unabhängig davon, ob es sich um einen Polizeiarzt, einen polizeilichen Rettungssanitäter oder einen Polizisten handelt (Marten, 2017).

8.2.1 Szenario 4: Überörtliche Hilfe bei einer Polizeilage

Es ist Samstagabend gegen 19:30 Uhr. Sie sind Zugführer[25] auf dem 1-ELW-1. Alarmiert werden: 1-ELW-1, 1-NEF-1, 1-RTW-1, 4-RTW-1 und dem 4-KTW-1.

Dabei handelt es sich um Fahrzeuge des Regelrettungsdienstes von Wache 1 und 4. Zusätzlich erscheint auf Ihrem Funkmeldeempfänger der Hinweis, dass Sie sich über Draht bei der Leitstelle melden sollen. Die Leitstelle teilt Ihnen mit, dass es im Nachbarkreis zu einer Schlägerei in einem Einkaufszentrum gekommen ist. Die Polizei ist mit starken Kräften vor Ort. Es wird von zahlreichen Verletzten berichtet. Sie

---

25 Mit der Qualifikation Organisatorischer Leiter Rettungsdienst.

werden zur Unterstützung nach einem MANV-Stichwort mit zehn Verletzten entsandt.

Welche Informationen benötigen Sie, um ihre Kräfte effektiv in den Einsatz bringen zu können? Welche Fragen stellen Sie dazu der Leitstelle?

8.3 Krankenhaus

Eine Vielzahl von Patienten muss in Krankenhäuser eingeliefert werden, um hier versorgt zu werden. Insbesondere kritisch verletzte oder erkrankte Patienten sind adäquat und zeitnah ins bestgeeignete Krankenhaus zu transportieren. Für die Versorgung von Schussverletzungen sind hochspezialisierte Einrichtungen notwendig, Schwerpunktkliniken mit Neurochirurigie usw. Im Idealfall ist die Verteilung von Patienten in geeignete Kliniken bereits vorgeplant, beispielsweise in Form eines Ticketsystems, das festlegt, welches Krankenhaus wieviele Patienten der einzelnen Sichtungskategorien erhält. Erfolgt zunächst ein Transport in eine Klinik zur Erstversorgung, sind anschließend weitere Sekundärtransporte notwendig, die Rettungsmittel und Notärzte binden.

Bei Polizeilagen müssen Patientengruppen ggf. getrennt werden. Dies gilt für die Konfliktparteien nach einer Massenschlägerei, die zwingend in unterschiedliche Krankenhäuser gebracht werden müssen, aber auch für verletzte Polizeieinsatzkräfte nach einem Demonstrationseinsatz, die von verletzten Demonstrationsteilnehmern zu trennen sind. Wenn zu viele Patienten anfallen, ist diese Trennung nicht mehr aufrechtzuerhalten. Weiterhin ist das Krankenhaus Anlaufpunkt für Angehörige und Medienvertreter. Bei einer Großen Polizeilage werden im Verlauf des Einsatzes Polizeikräfte zum Schutz des Krankenhauses benötigt. Fraglich ist, zu welchem Zeitpunkt die Polizei dafür Kräfte bereitstellen kann. Falls noch nicht an der Einsatzstelle erfolgt, müssen Patienten auf verdächtige Gegenstände untersucht werden. Hierfür eignet sich am besten die Sichtungsstelle.

Krankenhaus-Alarm

Bereits im Alltag stoßen Kliniken häufig an Kapazitätsgrenzen. Zusätzliche Ressourcen für Versorgungsspitzen oder Großschadenslagen werden kaum vorgehalten. Handelt es sich um ein externes Schadensereignis, das das Krankenhaus an seine Kapazitätsgrenzen bringt, oder andere besondere Maßnahmen wichtig werden, müssen die dafür vorgeplanten Strukturen in der Klinik aktiviert werden.

8 Verletztenversorgung

Durch Soziale Medien werden Kliniken vor einem Krankenhaus-Alarm bereits Kenntnis über das Schadensereignis haben. Werden die Krankenhäuser nicht informiert, werden sie sich bei der Leitstelle melden oder eigenständig handeln.

Informationen über die Anzahl an Patienten, die Schädigungsmuster und die Schwere der Verletzungen sind wünschenswert. Deshalb ist es wichtig, dass es ein festgelegtes Verfahren zur Meldung gesicherter Informationen und Alarmierung der Krankenhäuser gibt. Oftmals trifft dabei ein diensthabender Arzt, beispielsweise Leiter der Notaufnahme, die Entscheidung über die Auslösung des Krankenhaus-Alarms (Cwojdzinski/Poloczek, 2010).

Praxistipp:
Versetzen Sie die Krankenhäuser frühzeitig in die Lage, eigenständig auf das Ereignis reagieren zu können, Personal hinzuzuziehen oder freie Bettenkapazitäten zu schaffen.

Dank der klinikinternen Alarmplanung werden im Krankenhaus vorgeplante Strukturen aktiviert, damit kein Chaos entsteht. Folgende Schwerpunkte sind im Krankenhaus bei einem externen Schadensereignis wichtig (Moecke et al., 2012):

- Etablierung einer Führungsstruktur im Krankenhaus,
- Alarmierung dienstfreier Kräfte, um die Personalstärke zu erhöhen,
- Kapazitätsausweitung,
- Versorgung mit logistischen Gütern,
- Steuerung des Patientenflusses (Zugangskonzept).

Während bei der Feuerwehr die Personalstärke meist rund um die Uhr gleich ist und die Verfügbarkeit der ehrenamtlichen Einsatzkräfte sich außerhalb der regulären Arbeitszeit verbessert, ist dies in Krankenhäusern anders. Hier beträgt das Mitarbeiterverhältnis zwischen Regelarbeits- und Bereitschaftszeit 3:1. Außerhalb der regulären Arbeitszeit ist also davon auszugehen, dass das Personal für eine adäquate Patientenversorgung bei einem Mehraufkommen an Patienten nicht ausreicht. Dies kann kompensiert werden, indem eine Schicht nicht nach Hause entlassen wird und so das Krankenhauspersonal von zwei Schichten anwesend ist.

Merke:
Die Situation der Krankenhäuser (Krankenhaus-Lage) ist durch eine rückwärtige Führungsunterstützung zu kontrollieren.

9 Psychosoziale Aspekte

In Polizeilagen ist das Situations- oder Lagebewusstsein (situation awareness) der Einsatzkräfte ungemein wichtig. Dazu gehört, dass man sich seiner Umgebung intensiv bewusst wird, geistesgegenwärtig bzw. aufmerksam für die Umwelt ist, ungewöhnliche Eindrücke, Gerüche und Geräusche wahrnimmt und ihre Bedeutung versteht. Dadurch lassen sich Veränderungen in der Umgebung für eine kurze Zeitspanne voraussagen (Wie werden Fahrgäste einer Straßenbahn reagieren, nachdem diese geräumt wurde?) (Davies, 2018).

Während man sich im Alltag, abgesehen vom Straßenverkehr, kaum auf die Wahrnehmung von Gefahren konzentriert, ist dies in einer Einsatzsituation anders. Um die verschiedenen Zustände der Aufmerksamkeit zu verstehen, die gerade im Zusammenhang mit der besonderen Bedrohung durch Gewalttäter wichtig sind, bietet sich die Farbskala nach Jeff Cooper (Hoffmann, 2011) an. Dieses Modell zeigt auf einfache Weise die mentalen Zustände eines Menschen vor und während einer Konfrontation mit einer Gefahr. Diese Zustände lassen sich auch auf andere Alltagssituationen ummünzen. Es ist hilfreich, sich damit vertraut zu machen, um schlagartig hellwach und aufmerksam zu werden.

Das Modell von Cooper kann dabei helfen, die mentale Aufmerksamkeit im Einsatz zu steigern, indem man sich der unterschiedlichen Stufen bewusst wird. Der Leser kann sich sicherlich an Einsätze erinnern, in denen es schlagartig zu einer Veränderung der Aufmerksamkeit/des Bewusstseins kam: z. B. Einsatzkräfte verharren über längere Zeit im Bereitstellungsraum und verlieren dabei die nötige Anspannung/Konzentration. Bei einer Türöffnung wird die Aufmerksamkeit plötzlich gesteigert, als der CO-Warner auslöst. Während der Gruppenführer die Gefahr einer Durchzündung erkannt hat und sich im Zustand Rot befindet, ist der Angriffstrupp noch im Zustand Gelb. Die Reflexion des Grades der Aufmerksamkeit von Einsatzkräften hilft in der Nachbesprechung von Einsätzen bei der Analyse von Fehlern.

Tabelle 23: *Farbskala nach Jeff Cooper (Hoffmann, 2011)*

Zustand	Definition
Weiß	Bei diesem Bewusstseinszustand wird jede Gefährdung ausgeschlossen. Die Aufmerksamkeit ist dabei auf andere Aktivitäten gerichtet, die nicht im Zusammenhang mit einem Angriff stehen. Deshalb wird auch nicht aktiv nach Gefahrensignalen gesucht.

Tabelle 23: *Farbskala nach Jeff Cooper (Hoffmann, 2011) – Fortsetzung*

Zustand	Definition
Gelb	Dies ist ein Zustand der erhöhten Aufmerksamkeit. Es findet eine aktive, permanente Suche nach Gefahrensignalen statt. Die Umwelt, Personen und das nähere Umfeld werden aktiv wahrgenommen. Konkrete Anhaltspunkte für eine Gefahr bestehen nicht.
Orange	Durch Sinneswahrnehmung wird ein Gefahrensignal aktiv erkundet. Weiterhin muss das gesamte Umfeld beobachtet werden. Das Gefahrensignal hat sich noch nicht als echte Gefahr erwiesen, dennoch werden Handlungsweisen und Handlungsalternativen überlegt, um auf einen etwaigen Angriff zu reagieren.
Rot	Das Gefahrensignal hat sich als echte Gefahr herausgestellt. Es wird davon ausgegangen, dass ein Angriff kurz bevorsteht. Eventuell ist eine Deeskalation hin zum Zustand »Gelb« oder »Orange« möglich.

Auf eine Bedrohung (Zustand gelb/rot) reagiert der Körper, indem er die Wahrnehmung schärft und sich auf die Anwendung von Gewalt vorbereitet. Dazu werden Stresshormone ausgeschüttet und so die körperliche Leistungsfähigkeit gesteigert. Der Körper kann durch die Ausschüttung von Adrenalin höhere Leistungen vollbringen und ist bei der Erfüllung des Einsatzauftrags effizienter.

Angst ist eine Reaktion auf ungewisse oder bedrohliche Situationen. Dabei wird das Verhalten nicht sofort geändert. Es ändert sich erst, wenn sich die Angst steigert und Situationen als besonders bedrohlich angesehen werden oder wenn die eigene Gesundheit bedroht ist, man aber andererseits nicht auf die Situation einwirken kann und keine Handlungsoptionen hat.

Wenn Personen nicht adäquat auf eine Situation reagieren können und die Angst sich ins Unermessliche steigert, fallen sie in intuitive Handlungsweisen wie Kampf, Flucht oder Erstarren (Fight, Flight, Freeze) zurück (vgl. Cannon, 1915).[26] Die Reaktion kann jedoch sehr individuell ausfallen. Einsatzkräfte können auch in ein solches Handlungsmuster verfallen. Die Kurzschlusshandlung einzelner Personen oder Personengruppen wird als Angst- und Panikreaktion bezeichnet und hat

---

26 Hierbei handelt es sich um ein Modell, das aufgrund seiner Einfachheit für die Gefahrenabwehr geeignet ist, jedoch die Komplexität menschlicher Verhaltensweisen nur schematisch widerspiegelt.

9.1 Belastungen für Einsatzkräfte

Eingang in die Gefahrenmatrix (vgl. Bild 47) erhalten. Als »Panik« wird eine Angstreaktion einer größeren Menschenmenge bezeichnet. Unter »Erstarren« versteht man, dass sich eine Person ihrem Schicksal ergibt und nicht mehr handlungsfähig ist. Bei »Flucht« versucht die Person, sich aus dem Gefahrenbereich zu entfernen. Bei beiden Handlungsweisen kann die Person zu irrationalen Handlungen verleitet werden, die sie selbst oder andere gefährdet (Knorr, 2018). Der Betroffene schätzt dabei seine Handlung dennoch als vernünftig ein (Tunnelblick). Personen, die eine solche Ausweglosigkeit erfahren haben, muss gezeigt werden, dass sie handlungsfähig/selbstwirksam sind, indem sie einfache Aufgaben ausführen.

Bei Polizeilagen spielen auch mentale Modelle (mind set) der Einsatzkräfte eine besondere Rolle, weil sie Einfluss auf die Einschätzung von Gefahren haben. Generell müssen Einsatzkräfte, insbesondere auch Disponenten, für Polizeilagen sensibilisiert werden, damit sie entsprechende Anzeichen erkennen können (Wolfskämpf, 2018).

Erfahrene Leitstellenmitarbeiter verfügen oftmals über den nötigen Instinkt »da stimmt was nicht«, »da ist was komisch«. Nehmen Sie solche Aussagen ernst und bestärken Sie Disponenten bei solchem Verhalten durch Lob.

Bei der Einschätzung der Gefahr/Gefährdung spielt natürlich eine Rolle, welche Ereignisse es in jüngster Vergangenheit gegeben hat und über welche Konflikte aktuell in der Nachrichtenlandschaft berichtet wird. So kam bei einer unklaren Polizeilage, die im zeitlichen Zusammenhang mit den terroristischen Anschlägen von Paris, Nizza, Ansbach, Istanbul und Berlin stand, schnell der Verdacht auf, dass es sich um ein Anschlagsereignis mehrerer Täter an mehreren Tatorten (Zweitschlag) handeln könnte. Hierbei kann »die Woche der Angst« hervorgehoben werden, als es nach dem Terroranschlag in Nizza innerhalb von zehn Tagen zu vier Ereignissen (Würzburg, München, Ansbach, Reutlingen) kam, die zunächst alle mit Terrorismus in Verbindung gebracht wurden. Mentale Modelle können die Gefahren- oder Risikowahrnehmung negativ beeinträchtigen.

9.1 Belastungen für Einsatzkräfte

Polizeilagen stellen für Einsatzkräfte eine besondere Belastung dar, weil solche Einsätze selten und die von Gewalttätern ausgehenden Gefahren unbekannt sind.

Man kann annehmen, dass bei Großen Polizeilagen alle Einsatzkräfte überfordert sind. Einerseits aufgrund der vorgefundenen Lage und dem Informationsdefizit, andererseits mental infolge einer hohen Anzahl an Toten und Schwerverletzten, infolge Belastung durch Angehörige der Opfer und nicht zuletzt aufgrund einer starken Medienpräsenz (Helmerichs, 2017). Zentral ist dabei jedoch die Belastung der

9 Psychosoziale Aspekte

eingesetzten Kräfte durch die potenzielle Lebens- und gesundheitliche Bedrohung. Die ultimative Angst des Menschen ist die Furcht vor dem eigenen Tod (Martens/Begus 2016).

Wie vielschichtig die belastenden Aspekte bei einer Großen Polizeilage sind, veranschaulichen die Beobachtungen eines Seelsorgers bei der Geiselnahme in Köln (siehe Kapitel 5.4.1): Die Einsatzkräfte empfanden Folgendes als belastend (Reiprich-Meurer, 1995):

- »Angst um das eigene Leben und die eigene Gesundheit bzw. die der Mitarbeiter
- Konfrontation mit der seelischen Verfassung und den Emotionen der Geiseln
- Gefühl der Hilflosigkeit im Umgang mit den befreiten Geiseln
- mehrschichtige gleichzeitige Gefühle
- Freude über die zum Schluss maximal leicht verletzt befreiten Geiseln
- Wut und Trauer angesichts der getöteten Personen
- Hass auf den Täter
- Genugtuung über den Tod des Täters
- Erschrecken angesichts der biografischen Nähe zum Schicksal der Opfer
- Verantwortungsdruck
- Kommunikations- und Informationsdefizite
- erhöhte Anspannung aufgrund eines Informationsdefizits
- untätiges Warten in trügerischer Ruhe und damit verbunden erhöhte Anspannung
- Nervosität in Bezug auf das weitere Geschehen […]«

Der zentrale Punkt bei der psychischen Belastung ist jedoch die Bedrohung des eigenen Lebens oder der Tod/schwere Verletzung eines Kollegen. Gemeinsam mit den Kollegen bildet man eine Gefahrengemeinschaft, für die gegenseitiges Vertrauen wichtig ist (Pulm, 2017). Dabei ist es möglich, Gefühle zuzulassen und sich im Vorhinein mit einem potenziell lebensbedrohlichen Einsatz auseinanderzusetzen. Legitim sind dabei auch Zweifel und Ängste.

Nicht nur durch den Täter droht Gefahr, auch Kollateralschäden durch polizeiliche Interventionsmaßnahmen (»friendly fire«) sind möglich (Altenhofen, 2017), mit denen Einsatzkräfte von Feuerwehr und Rettungsdienst umgehen müssen. Die Verwundung eines Kollegen hat für die Einsatzkräfte zur Folge, dass Wut und Aggression aus Trauer um den Kollegen heruntergeschluckt werden müssen (Reiprich-Meurer, 1995) und der Einsatz dennoch erfolgreich abgearbeitet wird. Als

9.1 Belastungen für Einsatzkräfte

beklemmend kann auch wahrgenommen werden, dass man sich im Einsatz auf Polizeikräfte verlassen muss und die eigene Sicherheit von ihnen abhängig ist.

Oft stellt sich die Frage nach der eigenen Weltanschauung. Es macht einen Unterschied, ob man das eigene Verhältnis zum Leben, zum Sterben und zum Tod geklärt hat (Müller et al., 2012). Die Polizei hat dies erkannt und bereitet sich in Seminaren auf lebensbedrohliche Einsätze vor, indem ethische, moralische und rechtliche Fragestellungen beantwortet werden müssen, um in Ausnahmesituationen klar, schnell und ohne Zögern handeln zu können (Altenhofen, 2017).

Es muss den Einsatzkräften jedoch immer wieder ins Bewusstsein gerufen werden, dass die Wahrscheinlichkeit einer Amoklage oder eines terroristischen Anschlags statistisch sehr gering ist. Durch Mediendarstellung oder Soziale Medien werden Szenen aus entsprechenden Einsätzen verbreitet, die auch bei Einsatzkräften oft ein Bild einer viel größeren »gefühlten« Bedrohung erzeugen als sie tatsächlich ist (La Mantia, 2017). Prophylaktisch müssen deshalb Führungskräfte eine realistische Vorbereitung auf die besonderen Dimensionen und Auswirkungen von Großen Polizeilagen leisten (Frese, 2017).

Im Einsatz kann die Gefahr für das eigene Leben, die nur schwer verortet werden kann, die Einsatzkraft mental stark beschäftigen und dadurch hemmen. So ist eine Angstreaktion möglich, in der Einsatzkräfte versuchen könnten, den Einsatz zu vermeiden (verzögertes Ausrücken, einen Umweg nehmen) (Federal Bureau of Investigation, 2016). Unter ehrenamtlichen Kräften wird es vermutlich eine unterschiedliche individuelle Bereitschaft geben, Gefahren einer lebensbedrohlichen Lagen zu akzeptieren.

Die Einsatzkraft kann jedoch auch aus sachlichen Erwägungen auf die Alarmierung ablehnend reagieren. Während allgemein bei einer Alarmierung dienstfreier Kräfte davon auszugehen ist, dass bei einer spontanen Alarmierung zwischen 30 bis 60 % der Kräfte erreichbar und davon wiederum weniger Kräfte tatsächlich verfügbar sind (Urban et al., 2008), werden bei einer Polizeilage noch weniger verfügbar sein – insbesondere, wenn bereits über die Presse oder Soziale Medien der Verdacht verbreitet wurde, es könnte sich um einen Anschlag handeln. Dies liegt am sogenannten Dienst-oder-Familie-Konflikt (Work-family-conflict). Werden dienstfreies Personal oder ehrenamtliche Helfer zur Verfügung stehen, wenn deren Familien direkt/indirekt durch einen Anschlag betroffen sind? So können Kinder unter Umständen nicht aus der Betreuung abgeholt werden, der Partner kann die Arbeit nicht verlassen usw. Einsatzkräfte, die mit ihren Familien selbst im betroffenen Gefahrenbereich wohnen, werden teilweise bei ihren Familien bleiben, solange sie ihre Familien nicht in Sicherheit wissen.

Aus diesem Grund sollte zurückhaltend agiert werden und man sollte solche Aspekte in die Führungsorganisation einbringen, weil der Einsatz dienstfreier Kräfte immer zusätzlichen Koordinationsaufwand erzeugt. Die Einsatzstelle wird nur auf Weisung mit Auftrag angefahren.

Praxistipp:
Stellen Sie sich selbst die Frage, ob Sie persönlich Ihrer Dienststelle zur Verfügung stünden, wenn Ihre Familie sich im Gefahrenbereich (Schwarzer Schwan) befände? Wie können Sie dafür Sorge tragen, dass Ihre Familie ohne Sie in Sicherheit ist? Organisieren Sie vorab, wo und wie Ihre Angehörigen unterkommen.

Persönliche Vorbereitung

Allgemein gelten Einsatzkräfte als Risikogruppe für Belastungsstörungen, da sie häufiger potenziell traumatisierenden Situationen ausgesetzt sind. Bestimmte Faktoren, wie Besprechung schwieriger Einsätze, Sinnhaftigkeit der Tätigkeit, kollegiales Umfeld sowie das Arbeitsumfeld, fördern die Arbeitszufriedenheit. Wenn die Dienststelle für diese Arbeitszufriedenheit sorgt, ist dies ein wichtiger Baustein der Prävention gegen Belastungsstörungen (Pajonk/Cransac, 2010). Neben der Dienststelle ist aber auch jede Einsatzkraft und insbesondere Führungskraft gefordert, um am Aufbau und Erhalt der eigenen mentalen Widerstandskraft zu arbeiten. Verschiedene Strategien können eingesetzt werden, um handlungsfähig zu bleiben. Das eigene Verhalten spielt dabei eine wichtige Rolle.

Eine positive Grundhaltung, die sich durch Selbstvertrauen auszeichnet, bewirkt, dass man den Herausforderungen des Einsatzes optimistisch begegnet. Dabei muss auch die Erwartungshaltung realistisch sein, das schützt vor Frustrationen, falls es trotz optimalem Einsatz zu Todesfällen kommt. Wenn Fehler passieren, muss man versuchen, damit konstruktiv umzugehen, das eigene Verhalten zu reflektieren und die Handlungsweisen zu optimieren. Feedback kann dabei eine Unterstützung bieten.

Individuell muss man sich im Dienst vor Augen führen, heute könnte »der Tag« sein. Wie man sich persönliche Konzentration erarbeitet, ist individuell. Die Erstellung einer eigenen Einsatz-Kladde gibt Sicherheit. Sie beruhigt, da man weiß, dass alle wichtigen Informationen bei Bedarf nachgeschlagen werden können. Vermutlich lernt man selbst am besten, wenn man für sich die wichtigsten Informationen zusammenfasst.

Dem persönlichen Stressmanagement kommt ebenfalls eine besondere Funktion zu. Nicht nur Berufsanfängern wird die Stressbelastung durch unterschiedliche Ereignisse und Einsätze gelegentlich zu viel. Mit den eigenen Kräften gilt es sinnvoll zu haushalten. So sind Pausen, ausreichend Schlaf und längere Auszeiten wie Urlaube wichtig. Denn wer bereits übernächtigt in einen längeren Einsatz (> 10 Stunden) geht, wird schneller sein Belastungslimit erreichen.

Daneben helfen Hobbys und Sport als Ausgleich, um Gegengewichte zum Erlebten zu schaffen. Sport ist deshalb sehr wirkungsvoll, weil wir dabei dem natürlichen Instinkt nach Flucht nachkommen. Als soziale Unterstützung dient ein funktionierendes soziales Umfeld. Freunde und Angehörige gewähren Sicherheit und Schutz, jedoch machen auch sie sich Sorgen (Federal Bureau of Investigation, 2014). Regelmäßiges Training von notwendigen Fertigkeiten und Kompetenzen sowie Entspannungstechniken helfen, den Stresspegel in Einsatzsituationen gering zu halten, um handlungsfähig zu bleiben. In Frage kommen autogenes Training, positive Selbstinstruktion, Atemtechniken, progressive Muskelentspannung oder andere Techniken.

Praxistipp:
Lassen Sie sich Entspannungstechniken von Ihrem Sportlehrer beim nächsten Dienstsport zeigen.

9.2 Psychosoziale Notfallversorgung

Führungskräfte und insbesondere Einsatzleiter müssen die Hilfsangebote für eigene Kräfte und Betroffene kennen und sie bei Bedarf in die Gefahrenabwehr vor Ort einbinden. Die Betreuung muss vor Ort mit den vorhandenen Kräften durchgeführt werden, bis spezialisierte Fachdienste eintreffen. Anhand der örtlichen Gegebenheit werden die Betreuungsdienste der Hilfsorganisationen, Kriseninterventionsteams und Seelsorger eingesetzt. Im Folgenden werden Fachbegriffe nach den Definitionen des Bundesamtes für Bevölkerungsschutz und Katastrophenhilfe verwendet, die in den einzelnen Ländern variieren können (z. B. PSU für Einsatzkräfte, PSNV für Betroffene).

Neben der Prävention und Früherkennung von psychosozialen Belastungsfolgen besteht das Ziel der psychosozialen Notfallversorgung (PSNV) in der Bereitstellung von Unterstützung und Hilfe für Betroffene und Einsatzkräfte. Weil landes- oder bundeseinheitliche Regelungen bislang noch fehlen, müssen solche Strukturen auf kommunaler Ebene mit Partnern wie Kirchen, Fachgesellschaften, Vereinen usw. entwickelt werden. Einige Länder haben auf Landesebene bereits Ansprechstellen eingerichtet (Helmerichs, 2017). Solche Strukturen sind für Betroffene, aber auch für

9 Psychosoziale Aspekte

die eigenen Einsatzkräfte notwendig und entsprechen dem Stand von Wissenschaft und Technik.

Praxistipp:

Behandeln Sie das Thema Betreuung nicht stiefmütterlich. Der eigene Einsatzabschnitt ist auch für den Betreuungseinsatz sinnvoll. Lassen Sie PSNV-Kräfte bereits alarmieren, während der Gefahrenabwehreinsatz noch läuft. Nach dem Einsatz ist es wichtig, den PSNV-Kräften für ihre meist ehrenamtliche Arbeit die nötige Anerkennung zukommen zu lassen.

Bei der Entscheidung, ob PSNV an der Einsatzstelle benötigt wird oder nicht, ist man oftmals zu zögerlich. Spätestens dann, wenn Betroffene vor Ort sind, sollten PSNV-Kräfte alarmiert werden, da die Situation die Zivilbevölkerung, die nicht mit Einsätzen vertraut ist, überfordern kann. Aber auch den eigenen Kräften (auch Leitstellenpersonal) ist nach Fällen schwerer Körperverletzung (ggf. mit Todesfolge) ein PSNV-Angebot zu unterbreiten.

Die Alarmierungsschwelle muss insbesondere deshalb niedrig sein, weil Gewalttaten im Vergleich zu Unfällen eine viel stärkere, umfassendere Betroffenheit, Unsicherheit und Angst auslösen. In der Bevölkerung kann das Gefühl entstehen, dass sich ein solches Ereignis jederzeit wieder ereignen kann (Igl, 2016). PSNV-Kräfte sind daher unbedingt hinzuziehen.

Es ist wichtig, dass die psychosoziale Versorgung Betroffener sofort angeboten wird und es nicht zu Betreuungslücken kommt (Helmerichs, 2017). Die Betreuung nach der Akutphase in den ersten Tagen und Wochen kann nicht durch die allgemeine Gefahrenabwehr organisiert werden, sondern muss in die Hände der PSNV-Kräfte übergeben werden bzw. durch andere kommunale Ämter sichergestellt werden (Helmerichs, 2017). Hier wird deutlich, dass vorbereitende Maßnahmen notwendig sind und die PSNV organisatorisch auf eigenen Füßen stehen muss.

Betreuung an der Einsatzstelle

Generell dürfte bei den Betroffenen neben Stabilisierung, Orientierung, Information, emotionalem Beistand zunächst ganz pragmatische Maßnahmen dringend benötigt werden, wie z. B. eine Unterbringung, Wetterschutz, Hygiene, Verpflegung, Ruhe. Dazu eignen sich Nahverkehrsbusse, Zelte oder auch angrenzende Turnhallen, Schulgebäude oder Gaststätten. Ggf. sind spezielle Abrollbehälter, Schnelleinsatzzelte, Großraumrettungswagen usw. vorhanden, die zur Betreuung eingesetzt werden können. Am wichtigsten ist jedoch, dass den Betroffenen das Gefühl vermittelt wird, dass sie sich in Sicherheit befinden.

9.2 Psychosoziale Notfallversorgung

Bild 62: *Betreuung von Schülern nach einem Amokalarm an einem Kölner Gymnasium (www.bf-koeln-einsaetze.de)*

PSNV-Lagebild

Im Laufe des Einsatzes stehen immer mehr Informationen zur Anzahl Betroffener, Anzahl verletzter Personen inklusive deren Sichtungskategorie (Patientenübersicht) sowie unverletzter Betroffener zur Verfügung. Die Betroffenen werden durch alle Organisationen (Feuerwehr, Rettungsdienst, Polizei) von der Einsatzstelle einer Anlaufstelle oder einem Betreuungsplatz zugeführt und dort gesammelt. Anschließend werden sie von den Verletzten getrennt, falls dies nicht schon früher geschehen ist. Im Verlauf stellt sich heraus, wer unter den Betroffenen einen Betreuungsbedarf hat.

Durch eine fachlich fundierte Einschätzung der PSNV-Lage können Schwerpunkte des EA Betreuung gesetzt werden, z. B. kann ein hoher Informations- oder Beratungsbedarf bestehen. Daran kann abgeschätzt werden, ob eine Hotline (Personenauskunft oder Gefahrentelefon) notwendig ist und wie groß die Nachfrage sein wird (Igl, 2013). Speziell für die Führung der Betreuung wurde ein sogenanntes PSNV-Lagebild geschaffen. Dieses Lagebild enthält (Igl, 2013):

- Ereignisauswirkungen (zu erwartende Dynamiken und Komplikationen)
- Informationsbedarfe

9 Psychosoziale Aspekte

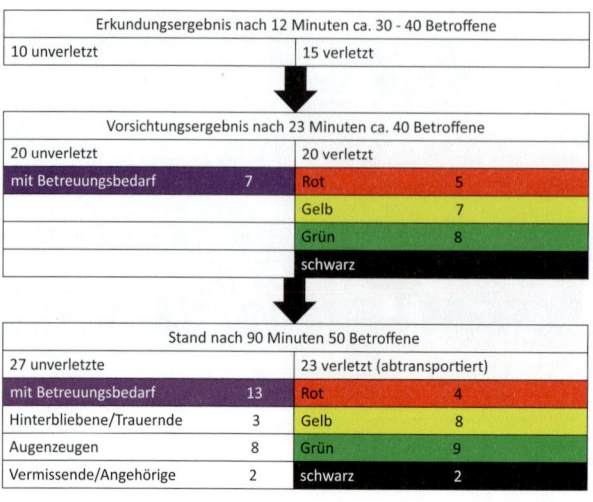

Bild 63: *Darstellung von Informationen über Betroffene*

- Betroffenengruppen (geschätzte Personenzahl)
- für eine Hotline relevante Zielgruppen
- PSNV-Kräfteübersicht

Der Betreuung sollte ein eigener Einsatzabschnitt zugeordnet sein. Als Betreuungsschlüssel sollte ein Notfallseelsorger für etwa zehn Betroffene zur Verfügung stehen. Werden eine große Anzahl von Notfallseelsorgern benötigt, macht vermutlich eine Alarmierung bis maximal 100 km Sinn, damit die Anfahrt maximal zwei Stunden dauert (Goertz, 2003).

Nicht jede PSNV-Führungskraft wird über eine Führungsausbildung nach (Fw)DV100 verfügen, um den Einsatzabschnitt Betreuung eigenständig führen können. Deshalb sollte hier eine Führungskraft ggf. von einer Hilfsorganisation, optimalerweise mit der Ausbildung Organisatorischer Leiter Rettungsdienst oder vergleichbar, eingesetzt werden. Damit kann eine Doppelspitze aus Feuerwehr-Führungskraft und PSNV-Führungskraft etabliert werden. Der Feuerwehrmann mit Führungsausbildung kümmert sich um das Organisatorische (Verpflegung, Wetterschutz, Wärme usw.) und die PSNV-Fachkraft organisiert die unmittelbare psychosoziale Versorgung. Nachdem weitere PSNV-Kräfte eingetroffen sind, werden spätestens weitere Untereinsatzabschnitte gebildet. Mit dem Aufwachsen des Betreuungseinsatzes ist etwa zwei Stunden nach Einsatzbeginn zu rechnen.

9.2 Psychosoziale Notfallversorgung

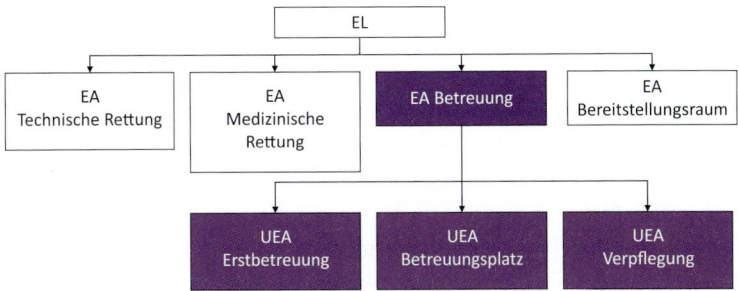

Bild 64: *Struktur des Betreuungseinsatzes*

Allgemeiner Umgang mit Betroffenen

Generell dürfte bei Betroffenen das Interesse an Informationen bzw. Informationsaufbereitung und der Zusammenführung mit Familie oder Freunden bestehen. Jede Einsatzkraft kann in die Betreuung einbezogen werden, wichtig ist dabei eine empathische Grundhaltung.

Folgende Hinweise sind zu beachten (Bundesamt für Bevölkerungsschutz und Katastrophenhilfe, 2016):

- Suchen Sie Kontakt, begeben Sie sich auf gleiche Höhe wie die Betroffenen,
- sprechen Sie mit den Betroffenen, machen Sie dem Betroffenen klar, dass er nicht alleine ist,
- hören Sie geduldig zu,
- leichte Berührungen an Arm, Schulter oder Hand können von Betroffenen als angenehm und beruhigend empfunden werden,
- machen Sie keine streichenden Berührungen und vermeiden Sie es, Kopf, Beine, Bauch, Oberkörper und Hüfte zu berühren,
- fragen Sie nach akuten Bedürfnissen (Wärmeerhalt, Trinken, Telefonat),
- und schützen Sie die Betroffenen vor neugierigen Blicken.

Unterschiedliche Bedürfnisse von Betroffenen

Nachdem weitere PSNV-Kräfte eingetroffen sind, können die Gruppen von Betroffenen aufgrund unterschiedlicher Bedürfnisse voneinander getrennt und entsprechend betreut werden.

Anhand der Versorgung von Betroffenen nach der Geiselnahme in Köln werden die unterschiedlichen Zielgruppen von Betreuung veranschaulicht:

9   Psychosoziale Aspekte

Für die Betroffenen konnte während der mehrstündigen Geiselnahme in einer nahegelegenen Sanitätsstelle eine Betreuungsstelle eingerichtet werden. Im Verlauf der Geiselnahme schafften es einzelne Geiseln zu flüchten. Die unverletzten Geiseln haben intensive (Todes-)Angst und Hilflosigkeit erlebt. Ihnen stand jeweils ein Ansprechpartner zur Verfügung.

Ein Angehöriger des Busfahrers war zu betreuen, er hatte noch keine Gewissheit über das Schicksal seines Angehörigen und war Vermissender. Eventuell treffen Angehörige ein; dies können Eltern sein, die ihre Kinder abholen wollen, oder Vermissende, die nach Freunden oder Familienangehörigen suchen. Für Vermissende ist die Ungewissheit über den Verbleib und den Gesundheitszustand der Angehörigen sehr belastend (Paschen, 2017). Eine Geisel konnte flüchten, musste jedoch einen Angehörigen zurücklassen und war ebenso vermissend, bis sie nach dem Zugriff Gewissheit hatte.

Trauernde Betroffene (Hinterbliebene), die Gewissheit über das Schicksal eines Angehörigen erlangt haben, haben andere Bedürfnisse als Betroffene, die einen Angehörigen vermissen und noch hoffen. So musste in Köln ein Hinterbliebener über Stunden durch einen Seelsorger betreut werden und darüber hinaus galt es, Betroffenen mit unterschiedlichen Bedürfnissen beizustehen.

Vom langen Sitzen im heißen Bus unter Todesangst waren die Geiseln deutlich gezeichnet. Folgende Bedürfnisse waren zu befriedigen:

- Gang zur Toilette
- sich waschen
- Musik hören
- etwas trinken
- Rauchen
- Telefonieren
- sich ruhig in eine Ecke setzen
- Weinen, schluchzen
- jemanden umarmen

Aufgrund des unterschiedlichen Informationsbedarfs werden Augenzeugen und unverletzte Überlebende, Hinterbliebene und Vermissende in verschiedenen Räumlichkeiten voneinander getrennt betreut.

Bei Kindern ist es wichtig, dass sie ein Gefühl von Sicherheit vermittelt bekommen, indem jemand bei dem Kind bleibt oder optimal die Eltern oder andere Bezugsperson ausfindig gemacht werden. Es ist erforderlich, den Kindern einen freundlichen Eindruck zu vermitteln.

Touristen und anderen Personen, die ggf. der deutschen Sprache nicht mächtig sind, kann durch die Körpersprache das Gesagte besser verständlich gemacht werden. Bei Bedarf können Angehörige oder Dolmetscher eingesetzt werden, um die Kommunikation aufrecht zu halten. Dies war auch im Fall der Geiselnahme in Köln so: Aufgrund der vielsprachigen Geiseln war nicht immer eine sprachliche Kommunikation möglich, jedoch konnte ehrliche Zuwendung auch ohne Worte gezeigt werden (Goertz, 2003). Nach etwa einer Stunde wurden die Betroffenen zur Vernehmung ins Polizeipräsidium transportiert.

Einsatzabschnitt Betreuung

Die Polizei unterhält ebenfalls einen Abschnitt Betreuung. Unter (taktischer) Betreuung wird die zielgerichtete Einflussnahme auf Opfer, Angehörige, Zeugen, Auskunftspersonen zum Herstellen und Erhalten der Kooperationsbereitschaft verstanden. Dabei ist das Ziel, schnell Informationen über den Täter, Gefahren an der Einsatzstelle, Besonderheiten der Örtlichkeiten sowie Erkenntnisse über die Schadensursache zu erhalten (Happe, 2013).

Allein schon aus semantischen Gründen sind hier Verwechslungen der Betreuungsangebote der nichtpolizeilichen mit denen der polizeilichen Gefahrenabwehr möglich, weshalb die PSNV-Kräfte die Strukturen aller beteiligten Organisationen kennen sollten (Happe, 2013).

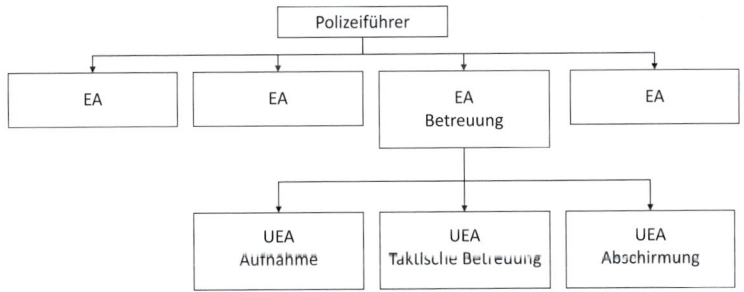

Bild 65: *Einsatzabschnitt Betreuung der Polizei*

Eine intensive und koordinierte Zusammenarbeit zwischen Betreuung der Polizei und des Betreuungsdienstes ist anzustreben. Der Übergabe der Betroffenen von der einen zur anderen Organisation sollte ineinander übergehen und nicht abrupt geschehen (Skrzek, 1995). Der Einsatz der nichtpolizeilichen Gefahrenabwehr ist nach schweren

Tötungsverbrechen teilweise erst mit dem wenige Tage später stattfindenden Trauergottesdienst beendet (Goertz, 2003).

Einsatzabschnitt Ermittlungen (EA Ermittlungen)
Zunächst zielt die Ermittlungsarbeit der Polizei darauf ab, Informationen über die Tatbegehung, zur Beweissicherung und etwaigen Fahndungsmaßnahmen zu erhalten. Wie oben bereits erwähnt bildet die Polizei ebenso einen Abschnitt Betreuung, dabei geht es vornehmlich darum, polizeiliches Handeln zu unterstützen. Betroffene werden vor Ort befragt oder für die Befragung aus dem Betreuungsplatz herausgeführt. Im Idealfall werden bei dieser Zeugenbefragung psychosoziale Aspekte berücksichtigt (Happe, 2013).

Kriminalpolizeiliche Ermittlungen (am Tatort) werden gestartet, wenn die Gefahrenabwehr/Bekämpfung des Täters sowie die medizinische Versorgung von Verletzten abgeschlossen ist. Dabei werden Spuren gesichert und Zeugen vernommen. Die Feuerwehr leuchtet gegebenenfalls die Einsatzstelle aus. Weiterhin kann ein Wetterschutz in Form eines Pavillons, Schnelleinsatz- oder Faltzelts oder eines Fahrzeuges, wie Großraum-KTW, benötigt werden, wenn z. B. Zeugen verhört oder Spuren gesichert werden.

In einigen Bundesländern (Rheinland-Pfalz, Saarland, Berlin) kann zur Ermittlung eine Kriminalpolizeiliche Katastrophenkommission (KimKatKom) gebildet werden. Dieser Einsatzabschnitt wird durch den Abschnittsführer KrimKatKom geführt (Tietz, 2010). Ihm unterstehen die Unterabschnitte Tatortgruppe, Ermittlungsgruppe, Vermisstenstelle, Leichenidentifizierungsgruppe sowie Verletztenidentifizierungsgruppe. Die Aufgaben dieses Einsatzabschnittes können die Erfassung von Daten nicht identifizierter Toter, Leichenteilen und Vermissten umfassen.

Psychosoziale Versorgung für Einsatzkräfte (PSNV-E)
Während des Einsatzes beschränkt sich die psychosoziale Unterstützung auf die Beobachtung durch speziell geschulte Einsatzkräfte, Kameraden (Peers) sowie Feuerwehr-, Rettungsdienst- oder Polizeiseelsorger oder auch Polizeipsychologen. Falls es die Dauer und die Dynamik des Einsatzes erfordern, erfolgen psycho-soziale Maßnahmen noch an der Einsatzstelle. Der Phase größter Anspannung folgt eine stark ausgeprägte Ermüdungsphase, ähnlich wie nach einer sportlichen Betätigung (Hofmann, 2011). Ebenso wie bei Betroffenen hilft es, Getränke und Verpflegung bereitzustellen. Direkt nach einem besonders belastenden Einsatz kann der Einsatzleiter oder eine hochrangige Führungskraft mit den Einsatzkräften auf der Wache/im Gerätehaus über den Einsatz sprechen. Dabei kann ehrliche Wertschätzung ausgedrückt werden, also festgehalten werden, welche Maßnahmen durchgeführt

9.2 Psychosoziale Notfallversorgung

wurden und welche Wirkung dadurch erzeugt wurde. Dabei sollte auch Lob ausgedrückt und auf mögliche normale Belastungsreaktionen, wie z. B. Konzentrationsprobleme, Schlafstörungen, Albträume, Ängste, allgemeine Unzufriedenheit sowie das Aufsteigen von belastenden Bildern (Helmerichs, 2017) hingewiesen werden. Einsatzkräfte werden vermutlich die während des Einsatzes durchgeführten Maßnahmen schildern. Durch die Informationsweitergabe entsteht Verständnis für die getroffenen Maßnahmen oder längere Zeiten der »gefühlten« Untätigkeit. Nicht immer lässt sich eine inhaltliche Nachbereitung von der psychischen Aufarbeitung trennen. Zudem kann auf sogenannte Nachsorgegespräche hingewiesen werden. Dabei kann eine PSNV-Fachkraft bereits zugegen sein, die bei den Einsatzkräften bekannt und auch persönlich akzeptiert ist (Müller-Lange, 2005).

Wenige Tage nach einem belastenden Einsatz kann ein Einsatznachbereitungsgespräch (vgl. Gruppenintervention, Debriefing) angeboten werden. Dabei wird die taktische Auswertung vernachlässigt, vielmehr sprechen die Einsatzkräfte über ihr eigenes Erleben des Einsatzes, inklusive Gedanken und Gefühlen. Dieses Gespräch untersteht natürlich der Vertraulichkeit. Die Erläuterung von posttraumatischen Phänomenen rundet das Ganze ab. Neben Gesprächen mit einzelnen Einsatzkräften oder Gruppen kann auch ein geschlossenes Online-Forum eine Möglichkeit darstellen, um persönliche Rückmeldungen anonym oder ohne Rücksicht auf die dienstliche Hierarchie zu erhalten (Fürst, 2018).

10 Presse- und Öffentlichkeitsarbeit

Grundsätzlich sind bei Polizeilagen Angaben über den Einsatz der nichtpolizeilichen Gefahrenabwehr von allen Behörden mit der Polizei abzustimmen (Meier, 2018). Da die Informationen zu laufenden Einsatzmaßnahmen auch für den Täter interessant sein oder den Einsatzverlauf anderweitig beeinflussen können (Kaes, 2013), müssen Feuerwehr/Rettungsdienst zurückhaltend gegenüber der Presse sein. Detaillierte Information zum Geschehen, über die sonst nur der Täter Kenntnis (Täterwissen) hat, können die Ermittlungsarbeit der Polizei erschweren (Kaes, 2013). Während einer Großen Polizeilage ist bei Auskünften gegenüber der Presse besonders zurückhaltend zu agieren und alle Auskünfte sind zwingend mit der Polizei abzustimmen. Die Bevölkerung ist verunsichert und wird vermutlich auch Zusammenhänge zwischen Einsätzen konstruieren, die nicht im tatsächlichen Zusammenhang stehen (Kaes, 2013). Lediglich Informationen über den Einsatz von Feuerwehr und Rettungsdienst, die der Presse bereits vorliegen, werden ggf. bestätigt, wenn daraus für polizeiliche Maßnahmen kein Nachteil erwächst.

Sobald eine bestätigte Große Polizeilage vorliegt, sollte der Pressesprecher informiert werden und seine Arbeit aufnehmen. Dabei ist wünschenswert, dass die Pressesprecher von Polizei und Feuerwehr sich kennen und bereits erfolgreich zusammengearbeitet haben (Kaes, 2013). Konkrete Szenarien können auch bereits vorab durchgesprochen werden, um die Zuständigkeiten zu klären und Absprachen zu treffen. Kontaktmöglichkeiten zu den Pressesprechern anderer Behörden sind abzuspeichern (Kaes, 2013).

Vielfach werden Extremereignisse auch instrumentalisiert, das heißt dass die Polizeilage durch Gruppierungen politisch gedeutet wird, indem man z. B. eine bestimmte Bevölkerungsgruppe für ein Verbrechen verantwortlich macht (Pörksen, 2018). Die Aufgabe der Behörden, der politischen Entscheidungsträger und der Medien ist es jedoch, faktenbasierte Aufklärung zu leisten. Die Mitwirkung unabhängiger Medien, denen die Bevölkerung vertraut, ist dabei unverzichtbar.

Übrigens sollte der Name eines Täters nicht öffentlich genannt werden. Die Aufmerksamkeit der Öffentlichkeit zu erlangen, ist mitunter ein Ziel des Täters. Besonders deutlich wird dies am Beispiel des Tatverlaufs in Christchurch, als der Täter den eigenen Angriff mit einer Helmkamera aufnahm und die Bilder live ins Internet übertrug (Biermann et al., 2019).

Deshalb werden die Medien sensibilisiert, den Täter nicht in den Fokus der Berichterstattung zu rücken, ihn nicht zu glorifizieren. Bei Massenshootings wurden laut einer Studie der US-Forscherin Sherry Towers (et al., 2015) Nachahmer durch nationale und internationale Aufmerksamkeit inspiriert. Dies ist Grund genug, dass die Gefahrenabwehr keine Auskünfte zum Hintergrund des Täters gibt. Vor allem Terroristen streben mit ihren Taten nach Öffentlichkeit (Binder, 1978).

10.1 Soziale Medien

Soziale Medien sind zu einem Massenmedium geworden. Nach einer repräsentativen Studie der Universität Siegen und der Technischen Universität Darmstadt nutzten rund 49 % der Befragten täglich ihr Smartphone. Ein Drittel schaut sogar stündlich auf das Smartphone (Reuter, 2017). In Deutschland werden vielfach Facebook, Twitter und andere Dienste als Nachrichtenkanäle genutzt (Schmidt, 2017). Die Berichterstattung über diese Medien ist bei Polizeilagen gefährlich, weil hier Gerüchte, Spekulationen und Falschnachrichten ungefiltert an eine breite Öffentlichkeit gelangen (Schmidt, 2017). Mitunter werden diese Kanäle genutzt, um bewusst falsche Nachrichten zu verbreiten oder um Hass gegenüber Personen oder Personengruppen zu schüren.

Eine Polizeilage wird, auch über Soziale Medien, schnell bekannt. Dabei wird in der ersten Zeit nach einem solchen Ereignis kaum eine Information bestätigt, sodass Gerüchte und ggf. Falschmeldungen leicht verbreitet werden können. Die Polizei oder andere Behörden benötigen in der Regel einige Stunden, um ein Ereignis bestätigten und zum Teil erklären zu können (»Wahrheit braucht Zeit«). Bis offizielle Stellen sich äußern, werden gerade in Sozialen Medien Spekulationen verbreitet. Dabei wird deutlich, dass die »vernetzte Gesellschaft […] keinen Moment der Ungewissheit ertragen« kann (Kaes, 2013), wie die Beispiele aus München und Münster zeigen.

Soziale Medien während des Amoklaufs in München

Um die Verbreitung von Falschmeldungen zu minimieren, betreibt die Bayerische Polizei eine eigene frühzeitige und offensive Öffentlichkeitsarbeit. Durch diese polizeiliche Öffentlichkeitsarbeit wurde die Kommunikation zwischen den Bürgern und der Austausch bzw. die Weitergabe von Meldungen unter den Bürgern positiv beeinflusst. Neben den klassischen Medien, insbesondere Fernsehen, Radio oder Printmedien, wurde auch der Bereich der Sozialen Medien bedient. Das Polizeipräsidium München ist bereits seit September 2014 im Bereich der Sozialen Medien aktiv. Überdies ist eine zeitnahe Ausweitung auf alle Präsidien der Bayerischen Landespolizei vorgesehen. Die Polizei München hat auch gute Erfahrungen mit der

Auswertung von Sozialen Medien gemacht, etwa 80 % der Hinweise unterstützten die Polizeiarbeit (Martins, 2018).

Am 14. Juli 2016 wurden in Nizza durch einen Terroranschlag 86 Menschen getötet. Nur vier Tage später verletzte ein Einzeltäter in einem Regionalzug in der Nähe von Würzburg mit einer Axt mehrere Fahrgäste. Als nach weiteren vier Tagen in München Tote und Verletzte durch einen Schützen gemeldet wurden, glaubte die Mehrheit der Bevölkerung aufgrund der vorangegangenen Ereignisse an einen Terroranschlag.

Nach den Schüssen am Olympia-Einkaufszentrum heizte sich laut Süddeutscher Zeitung die Stimmung aufgrund mangelnder Informationen auf, es herrschte Panik. Angst und Unsicherheit führten dazu, dass die Polizei aufgrund von Falschmeldungen und Gerüchten zu 66 weiteren Einsatzstellen alarmiert wurde, an denen nichts vorgekommen war (Backes et al., 2017). Zum Teil verletzten sich Menschen bei der panischen Flucht aus dem Münchner Hofbräuhaus, als jemand »shooting« brüllte (Pörksen, 2018). Auch der Nachrichten-Fernsehsender n-tv sprach von Schüssen, die am Stachus, einem zentralen Platz in München, gefallen sein sollen. Später gab der Journalist zu, dass er diese Information aus dem Funkverkehr eines Rettungswagens erhalten habe. Nach dem Schneeballprinzip verbreiteten sich solche Falschinformationen über soziale Netzwerke mit dem Ziel, Informationen zu verbreiten. In Wirklichkeit schürten sie jedoch Panik und suggerierten nur, dass die Informationen als gesichert gelten (Backes et al., 2017). Dies wurde auch in den Sozialen Medien deutlich. Im Laufe des Abends und der Nacht tauchten 2.978 Tweets mit dem Begriff »Amok« auf – und 58.237 Tweets sprachen von »Terror«. Der Begriff Amok tauchte dagegen nur selten auf, obwohl eine Polizeisprecherin schon vorher festgestellt hatte, dass die Polizei von einem Amoklauf ausgehe.

Dabei ist es kein Widerspruch, dass die Leistung des Pressesprechers der Münchener Polizei sehr gelobt wurde, weil er das Bedürfnis nach Information und Sicherheit bediente. Nachdem um 18:00 Uhr erste Schüsse gemeldet worden waren, meldete bereits um 19:08 Uhr die Polizei München per Twitter, dass öffentliche Plätze zu meiden sind (Backes et al., 2017).

10.1 Soziale Medien

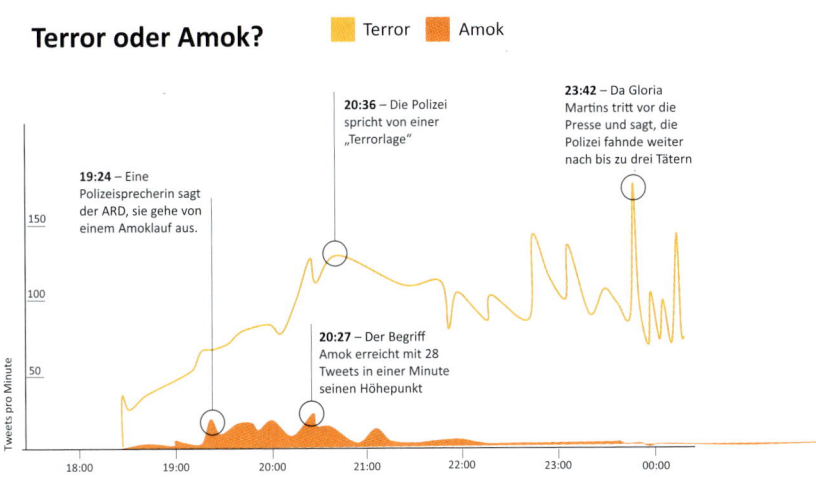

Bild 66: Tweets zu den Begriffen Terror und Amok im Vergleich (nach Backes et al., 2017)[27]

Soziale Medien nach der Amokfahrt von Münster

Als am Samstag den 7. April 2018 gegen 15.20 Uhr ein Einzeltäter mit seinem Fahrzeug in die Außenterrasse eines Lokals raste, wurden drei Menschen getötet und 20 verletzt, bevor sich der Täter selbst tötete. Zunächst war der Hintergrund der Tat völlig unklar. Schnell verbreiteten sich jedoch Gerüchte über Soziale Medien. Um 17.07 Uhr rief die Polizei Münster über Twitter zu Zurückhaltung und Mäßigung auf (Besch et al., 2017), denn zu diesem Zeitpunkt kursierten im Internet wilde Spekulationen zum Täter und dessen Motiv. Unter anderem wurde das Foto eines Tatverdächtigen veröffentlicht. Diese Spekulationen schürten Unsicherheit in der Bevölkerung, die wie die Vorgänge in München zeigten, zu vermeidbaren Paralleleinsätzen führte und damit die Ressourcen der Gefahrenabwehr unnötig band.

Offizielle Verlautbarungen von Behörden stehen in Konkurrenz mit Informationen, die durch Dritte verbreitet werden. Einsatzkräfte sind entsprechend auszubilden, dass sie ihren Vorgesetzten vertrauen, sich ein eigenes Bild machen und nicht allen Schlagzeilen Glauben schenken.

---

27 Mit freundlicher Genehmigung der Süddeutschen Zeitung.

10　Presse- und Öffentlichkeitsarbeit

Soziale Medien im Einsatz

Während des G 20-Gipfels in Hamburg wurde neben der Social-Media-Betreuung auch eine Auswertung der sozialen Netzwerke eingerichtet. Diese Auswertung erfolgt mit sogenannten Monitoring-Tools (Unger, 2017). Sie muss zeitnah und rund um die Uhr erfolgen, was sie sehr personalintensiv macht. Auf diese Weise wurde sichergestellt, dass eine wahrheitsgemäße Berichterstattung über die Feuerwehr bzw. den Rettungsdienst erfolgte und keine Falschmeldungen verbreitet wurden (o. A., 2018). Zu diesem Zweck wurden Fragen der Bevölkerung beantwortet und Gerüchte richtiggestellt.

Um kurzfristig die Auswertung personell zu verstärken, wurde ein Virtual Operation Support Team (VOST) eingesetzt. Dazu wurde über das Netzwerk der Pressesprecher der deutschen Berufsfeuerwehren um Unterstützung gebeten. Fortan unterstützten mehrere Pressesprecher von ihren Dienststellen aus die Auswertung Sozialer Medien.

Nach einem Einsatz kann über Soziale Medien auch Dank und Lob an die Bevölkerungsteile ausgesprochen werden, die besonnen reagiert und keine Falschmeldung in die Welt gesetzt haben. Heute können Behörden und Organisationen mit

Bild 67:　*Ein Pressesprecher der Polizei gibt im Rahmen einer Demonstration am Kölner Hauptbahnhof Auskunft gegenüber einer Journalistin (www.bf-koeln-einsaetze.de).*

Sicherheitsaufgaben lediglich entscheiden, ob sie sich aktiv an der Kommunikation über Soziale Medien beteiligen (o. A, 2018). Wenn sich eine Behörde entscheidet, eigene Kanäle auf Facebook oder Twitter zu betreiben, müssen diese auch betreut werden. Denn die Sozialen Medien und insbesondere die eigenen Kanäle müssen ständig (in Realzeit) mit Informationen »gefüttert« werden. So wäre es kontraproduktiv, einen Beitrag auf Facebook zu posten und dann die daraus entstandene Diskussion laufen zu lassen, obwohl Falschmeldungen usw. gepostet werden. Stattdessen müssen Kommentare, Tweets beobachtet werden und bei Bedarf zeitnah reagiert werden. Wenn man erst am nächsten Morgen zur Bürozeit auf negative Kommentare eingeht, reicht das nicht aus (Kaufhold/Reuter, 2017). Die Erwartung der Bevölkerung hinsichtlich der Reaktion ist dabei zweigeteilt. Fast die Hälfte erwartet eine Antwort innerhalb einer Stunde, die andere Hälfte ist der Meinung, dass die Behörden dazu zu beschäftigt sind (Reuter, 2017).

Um Fehlnutzungen zu verhindern, müssen Regeln eingehalten werden. Oftmals gibt es Hinweise für das Verhalten in Sozialen Medien, sogenannte Social-Media-Guidelines. So muss z. B. erkennbar sein, ob es sich um ein öffentliches Account der Feuerwehr oder um ein privates Account handelt. Aus der rechtlichen Stellung von Angehörigen der Berufs- und freiwilligen Feuerwehr ergeben sich besondere Pflichten bei der Meinungsäußerung. Der Bürger erwartet von ihnen politische Neutralität und ein einheitliches und professionelles Auftreten (Unger, 2017).

Nicht jeder kann für die Betreuung Sozialer Medien eingesetzt werden. Es muss einheitliche Regeln für die Redaktion geben, so dass oftmals nur der Pressesprecher und ein bestimmter Kreis Zugriff hat. Soziale Medien müssen regelmäßig mit Inhalt (Content) gefüllt werden. Dabei muss der Inhalt interessant und spannend sein. Wohl dosiert können auch humorvolle Inhalte übermittelt werden. Dadurch werden Follower gewonnen und die Nachrichten der Feuerwehr erreichen einen größeren Kreis von Menschen.

10.2 Warnung der Bevölkerung

Im Gefahrenfall müssen die Kommunen bzw. die unteren Katastrophenschutzbehörden die Bevölkerung über Risiken und Schutzmaßnahmen informieren (Rechenbach, 2012). Dazu stehen aus technischer Sicht weit entwickelte Warnsysteme zur Verfügung. Wichtig ist, dass neben den Sirenen alle Kanäle (Radio, Fernsehen, Soziale Medien, Warn-App Nina) bedient werden. Der Vorteil des modularen Warnsystems (MoWaS) liegt darin, dass eine Vielzahl von Medien genutzt wird und auf diese Weise auch an den Gefahrenort angrenzende Leitstellen über eine Große Polizeilage informiert werden.

Hinsichtlich der Gestaltung von Warntexten gibt es kaum Erkenntnisse. Klar ist lediglich, dass in einer dynamischen Polizeilage eine rückwärtige Führungsunterstützung die Warnung der Bevölkerung in Abstimmung mit der Polizei durchführen muss. Um entsprechend schnell reagieren zu können, müssen vorgefertigte Texte und Nachrichten bereitstehen, die konkrete Handlungshinweise beinhalten. Hinweise zur taktischen Kommunikation finden sich im folgenden Kapitel.

Folgende Fragen sollten durch Warnmeldungen beantwortet werden (Rechenbach, 2012):

- Was ist passiert?
- Welcher Bereich ist betroffen?
- Welche Hilfe ist unterwegs?
- Was kann zur Selbsthilfe unternommen werden (taktische Kommunikation)?

Krisenhotline

Unter dem Begriff Krisenhotline lassen sich verschiedene telefonische Beratungsangebote zusammenfassen. Nicht nur Betroffene und deren Angehörige, sondern auch die Bevölkerung hat ein großes Informationsbedürfnis. Sogenannte Gefahren- oder Bürgertelefone bieten eine Möglichkeit, um schnell qualifizierte Auskünfte/Informationen zu erhalten. An eine Personenauskunftsstelle wenden sich Verwandte, Bekannte und Freunde, um Auskunft über Vermisste zu erhalten. Eine Hotline kommt auch in Frage, um psychosoziale Betreuungsangebote für Betroffene und Helfer zu vermitteln.

Nach dem Amoklauf in Erfurt gab es unter Betroffenen und Erfurter Bürgern einen starken Informations- und Beratungsbedarf (ca. 2.000 Anrufe), der befriedigt werden musste. Um den großen Ansturm abarbeiten zu können, wurde nach dem Calltaker-Dispatcher-Prinzip verfahren. Ein bzw. mehrere Call-Center-Agenten nahmen die Anrufe entgegen und leiteten sie dann an den zuständigen Ansprechpartner (psychosoziale Betreuung, Beratung, Informationsbedürfnis oder Vermittlung) weiter (Igl, 2013). Für eine solche Anrufannahme kommen grundsätzlich alle Personen in Frage, die dem Anrufer Wertschätzung und Empathie entgegenbringen. Eine enge Vernetzung jeglicher Krisenhotline zur Einsatzleitung ist wichtig, damit zeitgerecht die richtigen Informationen bereitgehalten werden.

10.3 Taktische Kommunikation: Handlungsempfehlungen für die Bevölkerung

In Deutschland sind im Vergleich zu anderen europäischen Ländern Naturkatastrophen und große Anschläge bisher glücklicherweise ausgeblieben bzw. sehr selten vorgekommen. Daher scheinen Selbstschutz und Selbsthilfefähigkeit der Bevölkerung eher unterentwickelt.

Dank Sozialer Medien lässt sich das Verhalten der Bevölkerung beeinflussen, indem Hinweise zur Selbsthilfe gegeben werden und zum anderen Rückmeldungen der Bevölkerung zu Einsatzmaßnahmen, Lageveränderungen und Gefahren gewonnen werden können (Kaufhold/Reuter, 2017). Schon während eines laufenden Einsatzes können Soziale Medien also wichtige Informationen bereithalten oder als Kommunikationsmittel dienen. Die taktische Kommunikation mit der Bevölkerung bietet die Chance, wirkungsvolle Einsatzmaßnahmen zu ermöglichen, wie das Beispiel aus Hamburg zeigt.

Während des G 20-Gipfels wurden über die sozialen Netzwerke versperrte Wege zu Einsatzstellen »freigetwittert« (Wenderoth et al., 2018).

Bild 68: *Beispiel des "Freitwitterns" (Feuerwehr Hamburg)*

Bereits bei Warnmeldungen kann darauf hingewirkt werden, dass das Notrufaufkommen reduziert wird, indem dazu aufgerufen wird, nur akute Notfälle zu melden und keine Auskunftsersuchen an die Leitstelle zu stellen.

Speziell bei Anschlägen wird sich die Bevölkerung vermutlich über Stunden hinweg in Unsicherheit fühlen und Handlungsempfehlungen benötigen.

10.3.1 Verhaltensanweisung bei Schusswaffengebrauch

Grundsätzlich gelten Gefechte mit Schusswaffen als sehr komplex, so dass sich kaum allgemeingültige taktische Regeln ableiten lassen (Hoffmann, 2011). Kann der Gefahrenbereich nicht genau bestimmt werden oder befinden sich Zivilisten (zufällig) im Gefahrenbereich, gilt es, dem Angreifer kein leichtes Opfer zu sein. Dabei sind drei Faktoren wichtig: Distanz, Bewegung, Deckung (Hofmann, 2011).

Distanz, Bewegung, Deckung
In Studien des FBI sowie der New Yorker Polizei wurde festgestellt, dass die meisten Konfrontationen mit Schusswaffengebrauch innerhalb einer Entfernung von sechs Metern stattfinden (Federal Bureau of Investigation, 2014). Eine größtmögliche Distanz zum Schützen kann also als ein guter Schutz angesehen werden. Das US-amerikanische FBI hat eine Handlungsempfehlung für Ereignisse mit Amokschützen veröffentlicht. Diese Handlungsempfehlung richtet sich zwar an Zivilpersonen, sie ist jedoch aus zwei Gründen auch für Angehörige von Feuerwehr und Rettungsdienst interessant: *Erstens* lassen sich auf dieser Grundlage taktische Hinweise an Anrufer oder über Twitter weitergeben, *zweitens* kann das Verhalten von Betroffenen besser eingeschätzt werden.

Flucht oder Auseinandersetzung
Danach ist die Flucht aus dem Wirkbereich des Täters die beste Handlungsoption. Falls möglich, sollte man das Gebäude auf dem sichersten Weg verlassen und sich zu einem sicheren Sammelpunkt (in entsprechender Entfernung) begeben. Deshalb ist es sinnvoll, sich den Fluchtweg einzuprägen und bei der Flucht die Benutzung von Fahrstühlen vermeiden. Dabei kann es jedoch vorkommen, dass der übliche Fluchtweg, der beispielsweise beim Feueralarm genutzt wird, unsicher ist oder nicht genutzt werden kann. Deshalb sollte eine alternative Route bekannt sein. Als letzte Alternative gibt es die Möglichkeit, das Gebäude auch unter Beschuss rennend zu verlassen. Lässt es sich nicht verhindern in das Schussfeld des Täters zu geraten, hilft Bewegung, um es dem Schützen schwer zu machen. Die amerikanischen For-

10.3 Taktische Kommunikation

schungsergebnisse zeigen, dass die sofortige Flucht die beste Methode ist, um zu überleben. Zögern kann tödlich sein, deshalb sollte man Personen, die sich weigern zu flüchten, zurücklassen. Persönliche Gegenstände sind ebenso zurückzulassen. Um Sicherheitskräften zu verdeutlichen, dass man keine Gefahr darstellt, sollten die Hände hochgehalten werden.

Ist eine Flucht nicht möglich, dann ist das Ausharren an einem sicheren Ort mit dicken Wänden und möglichst wenig Fenstern angebracht, da hier der beste ballistische Schutz geboten wird. Dabei gilt es, Türen abzuschließen und durch schwere Möbel zu blockieren. Das Licht sollte ausgeschaltet sein. Die Personen sollten sich still verhalten und elektronische Geräte (Handy) lautlos schalten. Ist man im Freien auf Deckung angewiesen, ist zu berücksichtigen, dass Gewehrkaliber die Karosserie eines Pkw in den meisten Fällen durchschlagen (Federal Bureau of Investigation, 2014).

Wenn keine Möglichkeit zur Flucht oder Deckung besteht und es zur direkten Konfrontation kommt, sollte in Betracht gezogen werden, den Täter auszuschalten oder handlungsunfähig zu machen. In 17 von 51 Ereignissen mit Schusswaffengebrauch schafften es die potenziellen Opfer, den Täter zu überwältigen (Federal Bureau of Investigation, 2018). Vor Verhandlungen mit dem Täter oder »Aufgeben« wird abgeraten (Davidson, 2017).

Notruf absetzen
Sobald gefahrlos telefoniert werden kann, ist die 110 anzurufen. Die Polizei benötigt folgende Informationen:
- Anzahl der Täter und deren Aufenthaltsort,
- Ihren Aufenthaltsort,
- Anzahl und Art eingesetzter Schusswaffen
- sowie die potenzielle Anzahl Verletzter.

Grundsätzlich sollte das Gespräch mit der Leitstelle nicht selbstständig beendet werden. Der Einsatzsachbearbeiter der Polizei wird ggf. weitere Fragen stellen.

Wenn Polizeikräfte eintreffen, sollten Gegenstände wie Taschen oder Jacken abgelegt werden. Die Hände sind zu heben, immer sichtbar und die Finger gespreizt zu halten. Polizisten achten auf sichtbare Handrücken, die signalisieren, dass keine Gewalt von der Person ausgeht. Schnelle Bewegungen sind zu vermeiden, genauso laute Schreie, weil auch die Einsatzkräfte sich in einer Ausnahmesituation befinden.

10 Presse- und Öffentlichkeitsarbeit

Einsatzkräfte von Feuerwehr/Rettungsdienst dürfen unter keinen Umständen den Eindruck erwecken, dass es sich bei ihnen um Täter handelt, also beispielsweise eine Schusswaffe an sich nehmen oder durch schnelle Bewegungen Polizeikräfte irritieren.

10.3.2 Handlungsempfehlung des FBI und der Londoner Polizei

Die Londoner Polizei warnte 2017 während eines Terroranschlags über Twitter mit einer leicht abgewandelten Anweisung: »Run. Hide. Tell.« (Flucht, Verbergen, Notruf) (Davidson, 2017). Die nachfolgende Grafik fasst die Handlungsempfehlungen von FBI und der Londoner Polizei zusammen. Diese Handlungsanweisung könnte über Soziale Medien verbreitet werden oder Eingang in das modulare Warnsystem (MoWaS) bzw. Warn-App Nina finden. Außerdem unterstützt sie Disponenten, die bei der Notrufannahme in die Situation kommen können, dass sie dem Anrufer Anweisung geben müssen, wie dies beim Amoklauf in Erfurt oder den Anschlägen in Paris der Fall war.

Es bleibt jedoch zu beachten, dass Verhaltenshinweise immer nur einen begrenzt allgemeingültigen Charakter haben. Aus polizeilicher Sicht ist immer eine Einzel-

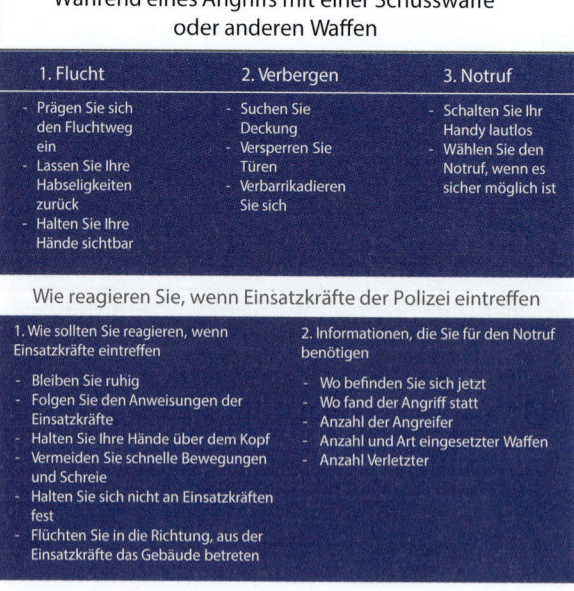

Bild 69: Handlungsempfehlung (vgl. Federal Bureau of Investigation, 2014, 2016 und 2018 und Davidson, 2017)

10.3 Taktische Kommunikation

fallbetrachtung des konkreten Sachverhalts vorzuziehen. So kann beispielsweise der Hinweis: Deckung im Gebäude suchen, fallweise richtig oder falsch sein. Die Mehrfachanschläge von Paris verdeutlichen jedoch, dass auch ohne Lageerkenntnisse vor Ort Handlungsempfehlungen an die Bevölkerung gegeben werden müssen, da die Bevölkerungen sich möglicherweise über Stunden in einer gefühlten Gefahrensituation befindet.

Einen ähnlichen Ansatz verfolgt die Anti-Terror-Tafel, die ebenfalls auf den Handlungsempfehlungen des FBI basiert (Schulze, 2018). Innerhalb eines Gebäudes bieten sich weitere Handlungsmöglichkeiten an, um Personen in Sicherheit zu bringen. Diese Handlungsoptionen werden in den USA in betriebliche Planungen einbezogen und vorab trainiert (Emergency Management Institute, 2016). Sie lauten:

Tabelle 24: *Handlungsempfehlungen innerhalb eines Gebäudes (Emergency Management Institute, 2016)*

Räumen	Das Gebäude verlassen, wenn dies sicherer ist als der Verbleib im Inneren.
Gegenteiliges Räumen	Personen werden aus dem Freien (ohne Deckung) in ein Gebäude gebracht, wenn es im Gebäudeinneren sicherer ist. Zudem gibt es im Gebäude weitere Handlungsoptionen (Einschluss).
Präventiver Einschluss	Ein begrenzter Einschluss wird gewählt, wenn kein Hinweis auf eine drohende Gefahr besteht oder eine Eskalation vermieden werden kann (Täter aus dem Weg gehen).
Notfall-Einschluss	Wechsel in ein Teil eines Gebäudes, in dem man sich besser verbarrikadieren kann. Gefährdete Personen müssen ruhig und außerhalb des Sichtbereichs des Täters bleiben. Teilweise haben sich Täter nicht an verschlossenen Türen aufgehalten und sind weiter gegangen.
Deckung suchen	Hinter einem Hindernis Deckung suchen, wenn keine Flucht oder Einschluss möglich ist.
Raumwechsel	Schneller und organisierter Wechsel in einen sicheren Raum innerhalb des Gebäudes.

11 Fazit

Bei Polizeilagen handelt es sich um Einsätze, bei denen die Abwehr der Gefahr vorrangig durch Einsatzkräfte der Polizei durchgeführt wird. Dabei kann es sich um Fälle von häuslicher Gewalt bis hin zum Schusswaffengebrauch handeln. Bei Großen Polizeilagen wie Amoktat, Geiselnahme oder Terroranschlag kommt es entsprechend zu polizeilichen Großeinsätzen, da gleichzeitig verschiedene Maßnahmen erforderlich werden.

Die besondere Herausforderung für Feuerwehr und Rettungsdienst in Polizeilagen besteht darin, dass ein taktisches Umdenken notwendig wird. Der Einsatz orientiert sich nicht mehr allein am Patientenwohl, sondern ist häufig einer dynamischen Gefahr durch Gewalttäter unterworfen. Das taktische Vorgehen richtet sich nach der polizeilichen Intervention gegen den Täter und dem Wirkbereich der verwendeten Waffen. Dass die Einsatztaktik sich an einer relativ ungewissen Gefahrenursache und einem räumlich ungenau ausgeprägten Gefahrenbereich ausrichten muss, ist nicht komplett neu: Bei der Abwehr von Gefahren durch ABC-Stoffe oder in der Waldbrandbekämpfung finden sich taktische Grundsätze, auf die sich aufbauen lässt.

Aus der Zusammenarbeit mit der Polizei ergibt sich ein erheblicher Koordinationsaufwand. Eine intensive Abstimmung ist wichtig für den Einsatzerfolg. Dies bedarf besonderer Anstrengungen in der Kommunikation mit den rückwärtigen und den vor Ort befindlichen Einsatzabschnitten der Polizei. Schließlich müssen auch eigene Kräfte über die Gefahrensituation informiert sein.

Dies hat auch Auswirkungen auf den Führungsvorgang. Die wichtigste Maßnahme von Führungskräften besteht darin, möglichst frühzeitig zu erkennen, dass es sich um eine Polizeilage handelt. Eine Lagefeststellung ist im Rahmen einer Polizeilage erschwert und ist letztendlich nicht umfassend möglich. Sobald die besonderen Erschwernisse der Polizeilage überwunden sind, sind im Kern »nur« noch Maßnahmen von Feuerwehr- und Rettungsdienst notwendig, die als Standardmaßnahmen (Technische Rettung, Versorgung von Verletzten, Brandbekämpfung) gelten.

Im Weiteren ist die frühzeitige Information der Öffentlichkeit, insbesondere über Soziale Medien, notwendig, um dadurch Unsicherheit, Angst und Panik in der Bevölkerung zu vermeiden. Schließlich wird über die Hilfeleistung für die Verletzten das Vertrauen, das die Bevölkerung in den Staat setzt, bestätigt bzw. wiederherstellt. Nicht nur für die unmittelbar Betroffenen ist psychosoziale Notfallversorgung notwendig, sondern auch der extremen psychischen Belastung von Einsatzkräften ist bereits präventiv zu begegnen.

11 Fazit

Die Vorbereitung auf einen solchen Einsatz spielt eine wesentliche Rolle. Derzeit werden landesweit verschiedene Einsatzpläne und -konzepte entwickelt. Aufgrund der Seltenheit von Großen Polizeilagen gibt es wenig Evaluationsergebnisse darüber, welche Maßnahmen die richtigen sind. Die Erkenntnisse basieren bislang auf Einzelfällen. In diesem Buch wurden die Vorgehensweisen aus mehreren Einsätzen miteinander verglichen. Dabei wird deutlich, dass die getroffenen Entscheidungen sich auf die vier taktischen Möglichkeiten (Angriff, Verteidigung, In-Sicherheitbringen und taktischer Rückzug) zurückführen lassen.

Es ist wünschenswert, dass weitere Anstrengungen unternommen werden, um eine einheitliche Lehrmeinung für bestimmte Szenarien zu entwickeln.

Der Autor freut sich über weitere Erkenntnisse, Anmerkungen und Hinweise zu diesem Thema. Im Sinne des fachlichen Austausches kann dazu nachfolgende Kontaktadresse genutzt werden: feuerwehrlage@gmx.de

Danksagung

Nachfolgenden Personen danke ich für Ihre Mithilfe bei der Entstehung dieses Fachbuchs durch die Überlassung von Informationen, den Austausch und Diskussion von Gedanken sowie konstruktiver Kritik:

Dr. Andreas Bräutigam, Ministerialrat, Ministerium des Innern des Landes Nordrhein-Westfalen
Dr. Ulrich Cimolino, Branddirektor, Feuerwehr Düsseldorf
Andy Dorroch, Kreisbranddirektor, Kreisbrandmeister Landkreis Ludwigsburg
Johannes Feyrer, Direktor der Feuerwehr Köln i. R.
Benno Fritzen, Leitender Branddirektor der Feuerwehr Münster i. R.
Bernd Gessmann, Oberbrandrat, Stellvertretender Leiter der Feuerwehr Aachen
Arvid Graeger, Branddirektor, Feuerwehr Düsseldorf
Karlheinz Gremm, Stadtdirektor, Leiter der Feuerwehr Mannheim
Bernd Hendigk, Polizeidirektor, Deutsche Hochschule der Polizei
Dirk Hülsken, Oberbrandrat, Feuerwehr Münster
Dr. Julian Jepsen, Brandassessor, Freiwillige Feuerwehr Hamburg
Heinz Kamphausen, Brandrat, Feuerwehr Düsseldorf
Christoph Kann, Hauptbrandmeister, Feuerwehr Düsseldorf
Lars Klausing, Brandrat, Feuerwehr Krefeld
Fabian Müller, Oberbrandrat, Feuerwehr Stuttgart
Prof. Dr. Dieter Müller, Hochschule der Sächsischen Polizei (FH)
Oliver Nestler, Branddirektor, Feuerwehr Dortmund
Stephan Neuhoff, Direktor der Feuerwehr Köln i. R.
Daniel Osterbrink, Hauptbrandmeister, Ausbilder Höhenretter, Feuerwehr Düsseldorf
Jan Peters, Oberbrandrat, Feuerwehr Hamburg
Frank Sanders, Brandamtmann, Feuerwehr Köln
Dr. Julia Sasse, Robert-Koch-Institut Berlin
Dieter Schäfer, Polizeidirektor, Polizeipräsidium Mannheim
Carsten Schneider, Branddirektor, Stellvertrender Leiter der Feuerwehr Bonn
René Schubert, Branddirektor, Leiter der Feuerwehr Ratingen
Jochen Stein, Leitender Branddirektor, Leiter der Feuerwehr Bonn
Volker Stephan, Erster Polizeihauptkommissar, Polizeipräsidium Düsseldorf
Leon Teipel, Brandamtmann, Feuerwehr Dortmund
Jan Ole Unger, Oberbrandrat, Feuerwehr Hamburg

Danksagung

Stefan Werner, Erster Polizeihauptkommissar, Polizeipräsidium Köln
und den Fotografen Gerhard Berger, Markus Proßwitz, Miklos Laubert, David Young

Abkürzungsverzeichnis

AAO	Alarm- und Ausrückeordnung (Feuerwehr)
AAO	Allgemeine Aufbauorganisation (Polizei)
AGBF	Arbeitsgemeinschaft der Leiter der Berufsfeuerwehren
BAO	Besondere Aufbauorganisation (Polizei)
BKA	Bundeskriminalamt
BOS	Behörden und Organisationen mit Sicherheitsaufgaben
BMA	Brandmeldeanlage
CT	Computertomographie
CO	Kohlenstoffmonoxid
DGL	Dienstgruppenleiter
DIN	Deutsches Institut für Normung e. V.
EA	Einsatzabschnitt
ELW	Einsatzleitwagen: Feuerwehrfahrzeug nach DIN 14507, ausgestattet mit Kommunikationsmitteln und anderer Ausrüstung zur Führung taktischer Einheiten
FwDV	Feuerwehr-Dienstvorschrift
GTAZ	Gemeinsames Terrorismusabwehrzentrum
HiOrg	Hilfsorganisationen, hier: Arbeiter-Samariter-Bund, Deutsche Lebens-Rettungs-Gesellschaft, Deutsches Rotes Kreuz, Johanniter-Unfall-Hilfe und Malteser Hilfsdienst, gemäß Artikel 26 und 53 des Genfer Abkommens
HLF	Hilfeleistungs-Löschgruppenfahrzeug: Löschgruppenfahrzeug (LF) nach DIN 14530 mit einer festgelegten erweiterten Mindestbeladung für die Technische Hilfeleistung
HRT	Handfunkgerät (Handheld Radio Terminal)
KDD	Kriminaldauerdienst
KdoW	Kommandowagen: Einsatzleitfahrzeug nach DIN 14507, das vorwiegend der Einsatzleitung zur Anfahrt sowie Erkundung von Einsatzstellen dient

Abkürzungsverzeichnis

KTW	Krankentransportwagen: Krankenkraftwagen nach DIN EN 1789, der für den Transport von Patienten, die vorhersehbar nicht Notfallpatienten sind, konstruiert und ausgerüstet ist
LKA	Landeskriminalamt
Lkw	Lastkraftwagen
LF	Löschgruppenfahrzeug: Feuerwehrfahrzeug nach DIN 14530 mit einer vom Fahrzeugmotor angetriebenen Feuerlöschkreiselpumpe, einer Einrichtung zur schnellen Wasserabgabe oder einer Schnellangriffseinrichtung, einem Löschwasserbehälter und einer feuerwehrtechnischen Beladung für eine Gruppe, das überwiegend zur Brandbekämpfung, zum Fördern von Wasser und zum Durchführen einfacher Technischer Hilfeleistungen dient, mit seiner Besatzung eine selbstständige taktische Einheit bildet und dessen Besatzung aus einer Gruppe (1/8) besteht
LNA	Leitender Notarzt
NfD	Nur für den Dienstgebrauch
MEK	Mobiles Einsatzkommando
NEF	Notarzt-Einsatzfahrzeug: Sonderfahrzeug für den Rettungsdienst nach DIN 75079, das sich zum Transport des Notarztes, des Fahrers und einer weiteren Person sowie der medizinischen und technischen Ausrüstung für die Wiederherstellung und Aufrechterhaltung der Vitalfunktionen von Notfallpatienten besonders eignet
OrgL	Organisatorischer Leiter Rettungsdienst
PDV	Polizei-Dienstvorschrift
Pkw	Personenkraftwagen
PSNV	Psychosoziale Notfallversorgung
PSU	Psychosoziale Unterstützung
RTH	Rettungshubschrauber
RTW	Rettungswagen: Krankenkraftwagen nach DIN EN 1789, der für den Transport, die erweiterte Behandlung und Überwachung von Patienten konstruiert ist und ausgerüstet ist
SEK	Spezialeinsatzkommando
SK	Sichtungskategorie
TE	Terrorismus
TEE	Technische Einsatzeinheit

Abkürzungsverzeichnis

THW	Technisches Hilfswerk
USBV	Unkonventionelle Spreng- und Brandvorrichtung
ÖPNV	Öffentlicher Personennahverkehr
VS	Verschlusssache

Literaturverzeichnis

Achatz, G.; Riemert, B. (2017): Sind wir auf einen Terroranschlag vorbereitet? In: Orthopädie und Unfallchirurgie. Ausgabe 4, 2017.
AGBF-Bund (2016): Empfehlungen der AGBF zur Rettungsdienst-Strategie bei Bedrohungs- und großen Polizeilagen.
AGBF-Bund (2017): Empfehlungen der AGBF zur Zusammenarbeit in der Gefahrenabwehr bei Bedrohungs- und großen Polizeilagen. Empfehlung der Arbeitsgemeinschaft der Leiter der Berufsfeuerwehren.
Altenhofen, C. (2017): Komplexe lebensbedrohliche Einsatzlagen (KLE). In: Bundespolizei kompakt. 01/2017.
Anschläge und Amokläufe seit 2002. Entnommen am 19.01.2018, unter: http://www.rp-online.de/panorama/ausland/terror-anschlaege-und-amoklaeufe-in-deutschland-iid-1.6138243.
Aust, S.; Lambs, D. (2014): Heimatschutz: Der Staat und die Mordserie des NSU. Pantheon Verlag.
Backes, T.; Jaschensky, W.; Langhans, K.; Munzinger, H. et al.: Timeline der Panik. Entnommen am 10.11.2017, unter: http://gfx.sueddeutsche.de/apps/57eba578910a46f716ca829d/www/.
Bannenberg, B. (2018): Die Amoktat des David (Ali) Sonboly. Kriminologische Betrachtung der Tat in München am 22. Juli 2016. Gutachten für das Bayerische Landeskriminalamt.
Bayerischer Landtag (2017 a): Abschluss der Ermittlungen zum Anschlag im Umfeld des Münchener Olympia-Einkaufszentrums am 22.07.2016 – Erkenntnisse der Strafermittlungsbehörden I. Antwort des Staatsministeriums des Innern, für Bau und Verkehr auf die schriftliche Anfrage des Abgeordneten Florian Ritter, SPD. Drucksache 17/17957.
Bayerischer Landtag (2017 b): Abschluss der Ermittlungen zum Anschlag im Umfeld des Münchener Olympia-Einkaufszentrums am 22.07.2016 – Erkenntnisse der Strafermittlungsbehörden II. Antwort des Staatsministeriums des Innern, für Bau und Verkehr auf die schriftliche Anfrage des Abgeordneten Florian Ritter, SPD. Drucksache 17/17958.
Bayerischer Landtag (2017 c): Einsatz der Münchener Polizei am 22.07.2016. Antwort des Staatsministeriums des Innern, für Bau und Verkehr auf die schriftliche Anfrage der Abgeordneten Katharina Schulze, Bündnis 90/Die Grünen. Drucksache 17/13129.
Bayerischer Landtag (2017 d): »Amoklauf« am OEZ in München: Weiterhin viele offene Fragen zum rassistischen Motiv des Täters. Antwort des Staatsministeriums des Innern, für Bau und Verkehr auf die schriftliche Anfrage der Abgeordneten Katharina Schulze, Bündnis 90/Die Grünen. Drucksache 17/17018.
Bayerischer Landtag (2017 e): Amoklauf am OEZ in München: Vorbereitung und Hintergründe der Tat. Antwort des Staatsministeriums des Innern, für Bau und Verkehr auf die schriftliche Anfrage der Abgeordneten Katharina Schulze, Bündnis 90/Die Grünen. Drucksache 17/16627.
Beckord, W. (2007): Demonstration. Entnommen am 12.04.2018, unter: http://www.bpb.de/nachschlagen/lexika/handwoerterbuch-politisches-system/202007/demonstration?p=all.
Berkowsky, A. (2016): Active Shooter Event Response. In: Firehouse. 2016.
Besch, F.; Börner, S., Graeger, A.; Henrich, V. (2017): Spezielle Einsatzlagen. Ecomed Sicherheit.
Bicks, M.; Schild, T.; Schell, C.; Richmann, D. (2019): Recklinghausen: Pkw-Fahrer fährt in Bushaltestelle. In: BRANDSchutz/Deutsche Feuerwehr-Zeitung. 3/2019.
Biermann, K.; Geisler, A.; Klaus, J.; Otto, F.; Amjahid, M. (2019): Was über den Terrorangriff von Christchurch bekannt ist. Entnommen am 04.04.2019, unter: https://www.zeit.de/gesellschaft/zeitgeschehen/2019-03/angriff-moscheen-neuseeland-christchurch-terroranschlag-hintergruende#was-ist-ueber-den-tatverlauf-in-christchurch-bekannt.
Binder, S. (1978): Terrorismus. In: Praktische Reihe Demokratie. Verlag Neue Gesellschaft.
Blaschke, S. (2015): Was Japan aus dem Sarin-Anschlag gelernt hat. Entnommen am 27.12.2017, unter: https://www.aerztezeitung.de/panorama/article/881887/katastrophenmedizin-japan-sarin-anschlag-gelernt.html.

Literaturverzeichnis

Bluhm, R.; Boss, L.; Hellwetter, T.; et al. (2009): DRK-DV 400. Der Sanitätseinsatz. Deutsches Rotes Kreuz. Landesverband Westfalen-Lippe e. V.

Bockow, J. (2017): Entschlossenes Handeln zwischen Ethik und Strategie. In: Streife. Das Magazin der Polizei des Landes Nordrhein-Westfalen. 09/2017.

Braziel, R.; Straub, F., Watson, G.; Hoops, R. (2016): Bringing Calm to Chaos. A critical incident review of the San Bernadino public response to the December 2, 2015, terrorist shooting incident at the Inland Regional Center. U. S. Department of Justice.

Bresinski, R. von (2017): Kalaschnikow. Die Waffe der Terroristen. In: Bundespolizei kompakt. 01/2017.

Bruch, K. P.; Jost, B.; Müller, E. (2013): Abschlussbericht der Bund-Länder-Kommission. Ständige Konferenz der Innenminister und -senatoren der Länder.

Bundesamt für Bevölkerungsschutz und Katastrophenhilfe (2016): Verhalten bei besonderen Gefahrenlagen. Bonn.

Bundeskriminalamt (2018): Angriffe auf Geldautomaten. Bundeslagebild 2017.

Burschewski, B. (2018): Was vom G 20-Treffen übrig blieb. In: Rettungs-Magazin. April/Mai 2018.

Brüne, F. (2013): Reale Verteilung von Sichtungskategorien bei MANV Einsätzen – Auswirkungen auf die Schutzziele. Bonn.

Brüne, F.; Polheim, W.; Kalff, D.; Lenz, W. (2013): Die Patientenablage. In: Maurer, K.; Mitschke, T.; Segmente Band 12. 2013.

Bühlmann, C.; Braun, P. (2010): Auftragstaktik in Vergangenheit, Gegenwart und Zukunft. In: Military Power Revue. 50 – 63.

Cannon, W. B. (1915): Bodily changes in pain, hunger, fear, and rage. In: The American Journal of Physiology.

Cermak, R.; Terstappen, J. (2017): Der Amoklauf von München. In: Bevölkerungsschutz 2/2017.

Clausewitz, C. von (1980): Vom Kriege. Ungekürzter Text. Ullstein.

Cwojdzinski, D.; Poloczek, S. (2010): Klinik. In: Luiz, T.; Lackner, C. K.; Peter, H.; Schmidt, J.: Medizinische Gefahrenabwehr. Katastrophenmedizin und Krisenmanagement im Bevölkerungsschutz. Elsevier.

Cwojdzinski, D.; Schneppenheim, U. (2008): Grundlagen der Alarm- und Einsatzplanung. In: Cwojdzinski, D. (Hg.): Leitfaden Krankenhaus-Alarmplanung. Berlin. Grimm.

Da Gloria M.: Herausforderung Social Media. Tagung Polizei und Rechtsextremismus. Entnommen am 09.01.2018, unter: http://www.bpb.de/veranstaltungen/dokumentation/259924/tagungs¬bericht.

Davidson, H. (2017): Met police use »run, hide, tell« warning for first time during London terrorist attack. The Guardian. Entnommen am 31.07.2018, unter: https://www.theguardian.com/uk-news/2017/jun/04/met-police-use-run-hide-tell-warning-for-first-time-after-london-terrorist-at¬tack.

Davies, C. (2018): Situational Awareness in the ED. RCEM Learning.

DIN 13050:2015-04, Begriffe im Rettungswesen. Deutsches Institut für Normung e. V.

Deutsche Bahn (2018): Übersicht-3-S-Zentralen. Entnommen am 03.04.2019, unter: https://www.bahnhof.de/bahnhof-de/ueberuns/3-s-konzept-519192.

Deutscher Bundestag (2017): Verletzte Bundespolizisten bei G 20-Gipfel. Antwort auf eine Kleine Anfrage der Fraktion Bündnis 90/Die Grünen. Entnommen am 08.04.2019, unter: https://www.bundestag.de/presse/hib/2017_09/527010-527010.

Deutschlandfunk (2018): Vorbildlich oder fatal? – Mehr Macht für Bayerns Polizisten. Deutschlandfunk Kontrovers. Radiosendung vom 28.05.2018.

Die Welt (2017): Zahl der Polizisten erreicht neuen Höchststand. Entnommen am 01.04.2019, unter: https://www.welt.de/politik/deutschland/article170625072/Zahl-der-Polizisten-erreicht-neuen-Hoechststand.html

Dombrowski, C. (2012): Taktische Verwundetenversorgung für Militär und Spezialeinheiten der Polizei.

Literaturverzeichnis

Döding, H.; Schipper, D. (1998): Polizeiliches Grundlagenwissen. Verlag Deutsche Polizeiliteratur. 3. Auflage.
Emergency Management Institute (2016): Preparing for Mass Casualty Incidents: A Guide for Schools, Higher Education and Houses of Worhsip. Lesson 4: During an Incident. Entnommen am 12.09.2018, unter: https://training.fema.gov/is/courseoverview.aspx?code=IS-360.
Federal Bureau of Investigation (2014): A study of Active Shooter Incidents in the United States between 2000 and 2013. Entnommen am 07.06.2018, unter: https://www.fbi.gov/file-repository/active-shooter-study-2000-2013-1.pdf/view.
Federal Bureau of Investigation (2016): Active Shooter Incidents in the United States in 2014 and 2015. Entnommen am 24.11.2017, unter: https://www.fbi.gov/file-repository/activeshooterincidentsus_2014-2015.pdf/view.
Federal Bureau of Investigation (2018): Active Shooter Incidents in the United States in 2018. Entnommen am 08.08.2019, unter: https://www.fbi.gov/file-repository/active-shooter-incidents-in-the-us-2018-041019.pdf/view.
Federal Bureau of Investigation (2018): A Study of Pre-Attack Behaviors of Active Shooters In: The United States Between 2000 and 2013.
Feist (2012): Nachbesprechung anlässlich des »Kurdischen Kulturfestivals« am 27.11.2012 beim Polizeipräsidium Mannheim. Internes Protokoll.
FEMA (2018): 1 October. After-Action Report.
Ferazzi, G. (2018): FEMA Releases Report on Vegas Schooting. Firehouse.com.
Feuerwehr Bonn (2009): Amtshilfeersuchen durch die Polizei. Dienstanordnung.
Feuerwehr Bonn (2017): Einsatzbericht.
Feyrer, J.; Gessmann, B. (2017): Feuerwehreinsatz bei Polizeilagen. In: BRANDSchutz/Deutsche Feuerwehr-Zeitung. 4/2017.
Fischer, R. (2014): Aufgaben der Polizei bei Einsätzen der Feuerwehr. Entnommen am 04.03.2019, unter: https://www.feuerwehr-schmallenberg.de/wp-content/uploads/2016/12/Aufgaben-der-Polizei-bei-Einsätzen-der-Feuerwehr.pdf.
Fischer, R. (2016): Zuständigkeit bei Suizidversuch. Entnommen am 21.03.2019, unter: http://feuerwehr-schmallenberg.de/wp-content/uploads/2016/12/Zust%C3%A4ndigkeit-Suizid.pdf.
Fischer, R. (2017): Rechtsfragen beim Feuerwehreinsatz. Kohlhammer.
Fran, C. (2013): Aus Amokläufen lernen. In: Orthopädie und Unfallchirurgie. 02/03.
Franke, A.; Bieler, D.; Friemert, B.; Kollig, E.; Flohe, S. (2017): Prä- und innerklinisches Management bei MANV und Terroranschlag. In: Der Chirurg. 10/2017, unter: https://link.springer.com/article/10.1007/s00104-017-0489-x.
Freudenberg, D. (2013): »Auftragstaktik« bzw. Führen mit Auftrag. In: Bevölkerungsschutz 3. 2013.
Frese, H. (2017): Es kommt komplizierter als man denkt. In: Löschblatt 69
Fritzen, B. (1990): Rettungsdiensteinsatz anlässlich des Attentats auf Ministerpräsident Lafontaine am 25.04.1990 in der Mülheimer Stadthalle in Köln Mülheim. Unveröffentlichter Vermerk vom 04.05.1990.
Fuhrmann, H. (2005): Zur Rechtlichen Zulässigkeit der Verwendung fremder Uniformen durch Angehörige der Polizei. Deutscher Städtetag. Gutachten.
Füllgrabe, U. (2011): Der polizeiliche Umgang mit psychisch Gestörten. In: Die Polizei. 10.
Füllgrabe, U. (2017): Psychologie der Eigensicherung. 7. Auflage. Boorberg.
Fürst, T. (2018): Mikrokosmos »Bewältigung von Terrorlagen« – Führungsfragen sind Vertrauensfragen. In: Crisis Prevention 4/2018.
Gasser, K. H.; Creutzfeldt, M.; Näher, M.; Rainer, R.; Wickler, P. (2004): Bericht der Kommission Gutenberg-Gymnasium. Freistaat Thüringen. Entnommen am 13.11.2017, unter: https://www.thueringen.de/de/publikationen/pic/pubdownload1488.pdf.
Generalzolldirektion (2017): Zentrale Unterstützungsgruppe Zoll. Entnommen am 04.04.2019, unter: https://www.zoll.de/DE/Der-Zoll/Aufgaben/Schutz-fuer-Buerger-Wirtschaft-und-Umwelt/Spezialeinheiten/ZUZ/zuz.html.

Literaturverzeichnis

Goertz, R. (2003): Einsatzbericht Tötungsverbrechen Gutenberg-Gymnaium Erfurt am 26. April 2002. In: Lipp, R.(Hrsg.): Forum Rettungsdienst + Leitstelle 2002. S+K Verlag.

Graeger, A. (1999): Zusammenarbeit zwischen Polizei und Feuerwehr. Erfahrungen und Lehren aus Besetzung des griechischen Konsulats durch kurdische Demonstranten in Düsseldorf. In: Feuermelder. Ausgabe 26.

Groß, H. (2012): Polizeien in Deutschland. Bundeszentrale für politische Bildung. Entnommen am 23.05.2018, unter: http://www.bpb.de/politik/innenpolitik/innere-sicherheit/76660/polizeien-in-deutschland?p=1.

Gustin, J. (2007): Disaster & recovery planning. A guide for facility managers. Lilburn, GA: The Fairmont Press.

Hacker, S. (2012): Einsatzberichte. Person droht zu springen. In: Feuermelder. Ausgabe 60.

Happe, Susanne (2013): »Es war ein Desaster«, Interview mit Winrich Granitzka in der Kölner Rundschau.

Heller, A.; Brüne, F.; Kowalzik, B.; Wurmb, T. (2018): Großschadenslagen: Neue Konzepte zur Sichtung. In: Ärzteblatt.

Helm, M.; Wurmb, T.; Josse, F.; Hossfeld, B. (2017): Notfallmedizinische Versorgung bei konventionellen terroristischen Anschlägen. In: Notfallmedizin up2date. 12(04).

Helmerichs, J. (2017): Einheitlichkeit fehlt. Psychosoziale Notfallversorgung nach Katastrophen noch zu stark vom Einsatz Einzelner abhängig. In: Behördenspiegel. März/2017.

Henke, T.; Freund, F.; Wieprich, D.; Helm, M. et al. (2017): Der Terroranschlag von Berlin – Die Vorgeschichte, der Einsatz und die Konsequenzen aus präklinischer Sicht. In: Der Notarzt 33 (02). Thieme.

Hessisches Ministerium des Innern und für Sport und Hessisches Ministerium für Soziales und Integration (2017): Gemeinsamer Runderlass des Hessischen Ministeriums des Innern und für Sport (HMdIS) und des Hessischen Ministeriums für Soziales und Integration (HMSI) zur Abstimmung von Einsatz- und Eigensicherungsmaßnahmen zwischen Polizei, Rettungsdienst, Feuerwehr, Katastrophenschutz und Hilfsorganisationen bei lebensbedrohlichen Einsatzlagen im Zusammenhang mit bewaffneten Gewalttätern.

Hirsch, M.; Carli, P.; Nizard, R. et al. (2015): The medical response to multisite terrorist attacks in Paris. In: The Lancet. Vol. 386.

Hoffmann, H. (2011): Feuerkampf & Taktik. DWJ Verlags-GmbH.

Homeland Security (2015): First Responder Guide for Improving Survivability in Improvised Explosive Device and/or Active Shooter Incidents.

Honekamp, S. (2018): Immer mehr Menschen werden durch Reizgas verletzt. In: Die Welt. Entnommen am 21.02.2018, unter https://www.welt.de/vermischtes/article173174349/Selbstverteidigung-Immer-mehr-Menschen-werden-durch-Reizgas-verletzt.html.

Horn, P. (2011): Person droht zu springen. Ein Leitfaden zur Verhandlung mit Suizidanten. In: Notfall- und Rettungsmedizin. 14.

Hossfeld, B.; Adams, H. A.; Bohnen, R.; Friedrich, K. et al. (2017): Zusammenarbeit von Rettungskräften und Sicherheitsbehörden bei bedrohlichen Lagen. Ergebnisse eines nationalen Konsensusgesprächs. In: Anästhesie Intensivmedizin. 58.

Igl, A. (2013): Hotlineerfahrungen – Beispiele aus der Hotlinepraxis. Hotlinepraxis im Vergleich. Amoklauf Erfurt 2002 und Einsturz Eissporthalle Bad Reichenhall 2006. In: Hotline im Krisen- und Katastrophenfall: Psychosozialer Gesprächsleitfaden. Bundesamt für Bevölkerungsschutz und Katastrophenhilfe. Band 10.

Innenministerium Nordrhein-Westfalen (2018): Grundsätze für die Zusammenarbeit zwischen Polizei, Feuerwehr, Rettungsdienst und Katastrophenschutz in allgemeinen und besonderen Lagen. Landesteil Nordrhein-Westfalen zur PDV 100. Teil M. Runderlass vom 01.03.2018.

Institute for Economics & Peace (2017): Global Terrorism Index 2017.

Interagency Security Comittee (2015): Planning and Response to an Active Shooter: An Interagency Security Comittee Policy and Best Practices Guide.

Literaturverzeichnis

Jacobsen, A. (2001): Die gesellschaftliche Wirklichkeit der Polizei: Eine empirische Untersuchung zur Rationalität polizeilichen Handelns. Bielefeld. Unter: https://pub.uni-bielefeld.de/rc/2304180/2304193#.

Juncken, K.; Heller, A.; Cwojdzinski, D.; Disch. A. et al. (2018): Verteilung der Sichtungskategorien bei Terroranschlägen mit einem Massenfall von Verletzten (MANV): Analyse und Bewertung der Ereignisse in Europa von 1985 bis 2017. Abstract.

Kaes, W. (2013): Der tödliche Schlussakt im Siebengebirge. Entnommen am 15.05.2018, unter: http://www.general-anzeiger-bonn.de/region/siebengebirge/bad-honnef/Der-t%C3%B6dliche-Schlussakt-im-Siebengebirge-article1112070.html.

Kanz, K.-G. (2013): Schuss- und Explosionsverletzungen. In: Scholz, J.; Sefrin, P. ; Böttiger, B. et al. (2013): Notfallmedizin. 3. Auflage.

Karsten, A. (2012): Neue Herausforderungen im Bevölkerungsschutz bei der Führungs- und Stabsausbildung. In: Crisis Prevention.

Karutz, H. (2018): Akute Bedrohung und Eigengefährdung. In: Rettungsdienst. S&K Verlag. Nr. 5. 05/2018.

Kaufhold, M.-A.; Reuter, C. (2017) The Impact of Social Media in Emergencies: A Case Study with the Fire Department of Frankfurt, Proceedings of Information Systems for Crisis Response and Management (ISCRAM), Tina Comes, Frédérick Bénaben, Chihab Hanachi, Matthieu Lauras (ed.), pp. 603–612. Entnommen am 11.10.2018, unter: http://idl.iscram.org/files/marc-andrekaufhold/2017/1494_Marc-AndreKaufhold+ChristianReuter2017.pdf.

Khoshnevisan, A.; Micklisch, A. (2017): Erste Hilfe. Elemente der taktischen Einsatzmedizin.

Kirchhof, P. (2011): Leitsätze und Schaubilder Nr. 13. Polizeiorganisation im Bundesstaat. Verwaltungsrecht BT I – Polizeirecht. Universität Heidelberg.

Knapp, J. (2018): Tränengas-Einsatz – relevant für die Notfallmedizin? Entnommen am 08.01.2018, unter: http://news-papers.eu/risiko-pfefferspray.

Knelangen, W. (2008): Europäisierung und Globalisierung der Polizei. In: Aus Politik und Zeitgeschichte. Bundeszentrale für politische Bildung. 48/2008.

Knorr, K.-H. (2018): Die Gefahren an der Einsatzstelle. Kohlhammer. Stuttgart.

Kowalzik, B.; Friedrich, D.; Brodala, T.; Weber, M. (2017): Medizinisches Management besonderer Bedrohungs- und Schadenslagen. Eine Einführung. In: Bevölkerungsschutz 2. 2017.

Kupiers, C. (2017): Mein erster Fehler wäre mein letzter. Dem Tod ins Auge blicken. In: Bundespolizei kompakt. 01/2017.

Kurz, J. (2018): Jugendgewalt in den Vororten. In: »Weltspiegel«. ARD-Studio London.

Kuschewski, P. (2013): Polizeiliches Krisenmanagement im Katastrophenschutz – Handeln zwischen Hierarchie und Konsens. In: Lange, H.-J.; Endreß, C.; Wendekamm, M.: Versicherheitlichung des Bevölkerungsschutzes. Studien zur inneren Sicherheit. Band 15. Springer VS.

Kranz, U. (2016): »Lone Wolf« oder »Instant Terrorist«. Effektive Strategien im Kampf gegen Attentäter gefragt. In: Behördenspiegel. Oktober 2016.

Kranz, U. (2017): Terrorszenarien der Zukunft. Was kommt auf uns zu? Präsentation S+K Verlag. 09.11.2018.

Lackner, C. K.; Urban, B. (2010): Explosionsverletzungen. In: Luiz, T.; Lackner, C. K.; Peter, H.; Schmidt, J.: Medizinische Gefahrenabwehr. Katastrophenmedizin und Krisenmanagement im Bevölkerungsschutz. Elsevier.

La Mantia, G. (2017): MCI & MPI Preparations. In: Firehouse. Entnommen am 11.10.2018, unter: https://www.firehouse.com/home/article/12343563/fire-department-response-for-active-shooter-mass-casualty-and-mass-patient-incidents-firefighter-training.

Landeskriminalamt Sachsen-Anhalt (2016): Handlungsrahmen für Maßnahmen im Zusammenhang mit einer Bombendrohung. Entnommen am 16.11.2017, unter: http://www.lictora.de/Downloads;focus=CMTOI_de_dtag_hosting_hpcreator_widget_Download_14392063&path=download.action&frame=CMTOI_de_dtag_hosting_hpcreator_widget_Download_14392063?id=17¬1461.

Literaturverzeichnis

Land Schleswig-Holstein (2017): Einsatzkonzeption LEBE »lebensbedrohliche Einsatzlagen der Polizei« von Polizei, Rettungsdiensten und Feuerwehren in Schleswig-Holstein.

Lippay, C.; Bernhard, H. (2018): »Taktische Lagen« Im Rahmen von Großveranstaltungen. In: Im Einsatz 06/2018.

Lippay, C. (2018): Handlungsempfehlungen für die taktische Verletztenversorgung. In: Im Einsatz 06/2018.

Lübken, F. von; Achatz, G.; Friemert, B. et al. (2018): Update zu Schussverletzungen der Extremitäten: In: Notfall- und Rettungsmedizin. Band 21. Heft 2.

Maniscalco, P.; Christen H. (2011): Homeland Security. Jones and Bartlett Publishers.

Marten, D. (2012): Darstellung einer Methode zur Evaluation des Vorbereitungsstandes von Krankenhäusern auf einen MANV. Masterarbeit. Studiengang Gefahrenabwehr und Sicherheit der Fachhochschule Köln.

Marten, D.; Lechleuthner, A. (2012): LNA und OrgL: Führung im Großschadensfall. In: Notfallmedizin up2date. Thieme. 2012.

Marten, D. (2017): Düsseldorf: Amoklauf am Hauptbahnhof. In: BRANDSchutz/Deutsche Feuerwehrzeitung. 11/2017.

Marten, D.; Arndt, M. (2018): Fachinformation für Integrierte Leitstellen zum Thema »Gewalt gegen Einsatzkräfte«. Arbeitskreis Leitstellen und Informationssysteme. AGBF und VdF NRW.

Martens, J.-U.; Begus, B. (2016): Das Geheimnis seelischer Kraft. Kohlhammer.

Meier, N. (2018): Die Massenvernichtungs-Waffe. In: Die Zeit vom 05.04.2018.

Ministerium für Inneres, Digitalisierung und Migration (2017): Hinweise des Ministeriums für Inneres, Digitalisierung und Migration für die nichtpolizeiliche Gefahrenabwehr bei Einsätzen im Zusammenhang mit Terror- oder Amoklagen. Land Baden-Württemberg.

Ministerium für Inneres und Kommunales (2010): Organisation der Kreispolizeibehörden des Landes Nordrhein-Westfalen. Erlass.

Ministerium für Inneres und Sport (2017): Meldung wichtiger Ereignisse und Erstattung von Verlaufsberichten. Entnommen am 11.01.2017, unter: http://www.nds-voris.de/jportal/?quel¬le=jlink&query=VVND-210210-MI-20120801-SF&psml=bsvorisprod.psml&max=true#ivz1.

Moecke, H.; Wirtz, S.; Schallhorn, J.; Oppermann, S.; Rechenbach, P. (2012): Terroranschläge – Bewältigung aus katastrophenmedizinischer Sicht. In: Notfallmedizin up2date.

Musharbash, Y. (2018): An der Heimatfront. In: Die Zeit vom 25.01.2018.

Mähler, M. (2016): Gemeinsam im Einsatz. Interorganisationale Zusammenarbeit von Polizei und Feuerwehr. Dissertation zur Erlangung des akademischen Grades eines Doctor philosophiae. Universität Jena.

Mähler, M. (2017): Gemeinsam im Einsatz. Internorganisationale Zusammenarbeit von Polizei und Feuerwehr. In: Bevölkerungsschutz 1. 2017.

Müller, A. (2017): Rettungs- und Transporttechniken. Die Roten Hefte 222. Kohlhammer.

Müller-Lange J. (2005): Critical incident stress management. Handbuch Einsatznachsorge 2005.

Müller. S.; Jansch, A.; Tullius, M. (2012): Notarzt und Rettungsassistent beim Terroranschlag. Maurer, K.; Mitschke, Th. (Hrsg.). Segmente 11. S+K Verlag.

Müller-Tischer, J. (2018): Öffentlichkeitsarbeit in Polizeilagen. In: Im Einsatz 06/2018.

National Consortium for the Study of Terrorism and Responses to Terrorism (START) (2018): Global Terrorism Database. Entnommen am 11.10.2018, unter https://www.start.umd.edu/gtd.

Ocansey, V.: Multifunktionales Amok-TE-Trainingszentrum in Selm. Polizei in NRW bereitet sich zielgerichtet und intensiv auf terroristische Anschläge vor. In: Streife. Das Magazin der Polizei des Landes Nordrhein-Westfalen. 09/2017.

Ohne Angabe (2001): Polilex. Polizeiliche Fachbegriffe von A bis Z. 3. Auflage. Boorberg.

Pajonk, F.; Cransac, P. (2010): Arbeitszufriedenheit und psychische Belastung bei Berufsfeuerwehrleuten. In: BRANDSchutz/Deutsche Feuerwehrzeitung. 3/2010.

Paschen, H.-R. (2017): Terrorlagen in Europa. In: Der Notarzt 33 (02). Thieme.

Peters, J. (2018): Erfahrungen der Feuerwehr Hamburg mit Polizeilagen. Gesprächsprotokoll vom 09.09.2018.

Literaturverzeichnis

Peters, J. (2019): Simulierter Terrorangriff. In: Löschblatt. Das Magazin der Feuerwehr Hamburg. 75/2019.

Pfahl-Traughber, A: (2016): Terrorismus – Merkmale, Formen und Abgrenzungsprobleme. In: Aus Politik und Zeitgeschichte. Bundeszentrale für politische Bildung. 24/2016.

Pfahl-Traughber, A. (2017): Autonome und Gewalt. Das Gefahrenpotenzial im Linksextremismus. In: Aus Politik und Zeitgeschichte. Bundeszentrale für politische Bildung. 33/2017.

Poloczek, S. (2017): Teamarbeit – Terroranschlag am Breitscheidplatz – Maßnahmen aus Sicht eines ÄLRD. In: Bevölkerungsschutz 2/2017.

Polizei Nordrhein-Westfalen (2017): Häusliche Gewalt in NRW.

Polizei Nordrhein-Westfalen (2018): Organisierte Kriminalität. Lagebild NRW 2017.

Pressestelle Polizei Köln (2016): Fünf Verletzte bei Verkehrsunfall in Köln-Kalk – Fußgängergruppe von Auto erfasst. Entnommen am 07.09.2018, unter: https://www.presseportal.de/blaulicht/pm/12415/3249232.

Proll, U.; Feldmann, M. (2017): »Wir reißen uns nicht darum«. Gemeinsame Übung von Polizei und Bundeswehr meidet juristische Grenzbereiche. In: Behördenspiegel. März 2017.

Pulm, M. (2017): Einsatztaktik für Führungskräfte. Praxiswissen für Gruppenführer. Kohlhammer.

Pörksen, B. (2018): Grobe Gereiztheit. In: Die Zeit vom 12.04.2018.

Rechenbach, P. (2012): Warnung der Bevölkerung – Erfahrungen mit KATWARN in Hamburg. In: BRANDSchutz/Deutsche Feuerwehr-Zeitung. 10/12.

Reiprich-Meurer, H. (1995): Das traurige Ende einer Stadtrundfahrt: Geiselnahme in Köln. Aspekte der seelischen Betreuung von Opfern und Helfern.

Reuter, C. (2017): Soziale Medien in Krisensituationen. Entnommen am 11.11.2017, unter http://www.uni-siegen.de/start/news/forschungsnews/789524.html.

Ries, R.; Ruhs, A.; Bosenbecker, V.; Both, U. et al. (2015): Blockupy 2015. Extreme Einsatzerfahrungen der Feuerwehr Frankfurt am Main. In: BRANDSchutz/Deutsche Feuerwehr-Zeitung. 8/2015.

Robert-Koch-Institut (2019): Management von Pulverfunden. Entnommen am 29.07.2019, unter: https://www.rki.de/DE/Content/Infekt/Biosicherheit/Poststellen/Pulverfund.pdf;jsessionid=929603D3202B3734A88AF49AEF434B6C.1_cid290?__blob=publicationFile.

Roth, M. (2016): MP 7 für den polizeilichen Anti-Terror-Einsatz. Entnommen am 10.05.2018, unter: https://www.polizeipraxis.de/themen/waffen-und-geraetetechnik/detailansicht-waffen-und-geraetetechnik/artikel/mp-7-fuer-den-polizeilichen-anti-terror-einsatz.html.

Rudolph, S.; Petz, F. (2016): Amoklauf in München. In: Brandwacht 5/2016.

Schäfer, D. (2013): Die Gewaltfalle. Gewalt gegen Polizei – Einsatzbewältigung. Verlag Waldkirch.

Schläfer, H. (1998): Das Taktikschema. 4. Auflage. Kohlhammer.

Schmidt, H. (2017): Wie sicher sind wir? Terrorabwehr in Deutschland. Eine kritische Bilanz. Örell Füssli Verlag.

Schmidt, S.; Röser, S. (2011): Politische Partizipation von Frauen. BPB.de. Entnommen am 09.04.2018, unter: http://www.bpb.de/geschichte/deutsche-einheit/lange-wege-der-deutschen-einheit/47471/politische-partizipation-von-frauen?p=1.

Schulze, M. (2018): Lebensrettendes Verhalten bei Terror- und Amoklagen. Drehpunkt-Verlag.

Schöttler, H. (2017): Krisen an Schulen. In: Crisis Prevention. 2017.

Sefrin, P. (2017): Besondere Lage – Terroranschlag. In: Der Notarzt 33 (02). Thieme.

Settler, H. (2016): Selbstmordattentat in Ansbach. In: Brandwacht 5/2016.

Skrzek, Dr. (1995): Ergebnisprotokoll der Nachbesprechung am Mittwoch, 02.08.1995, von 08.35 bis 11.15 Uhr auf FW5 (Raum A322) zur Geiselnahme am Freitag, 28.07.1995, in Köln-Deutz (Messegelände). Interner Vermerk.

Sladek, Wolfgang; Feyrer, Johannes (1997): Bewährungsprobe: RD-Einsatz bei Geiselnahme. In: Rettungsdienst. Zeitschrift für präklinische Notfallmedizin. Stumpf & Kossendey.

Statista (2019): Entwicklung der Beschäftigten* in der Sicherheitsdienstleistungswirtschaft in Deutschland in den Jahren von 1997 bis 2017 (in 1.000). Entnommen am 29.07.2019, unter: https://de.statista.com/statistik/daten/studie/258508/umfrage/beschaeftigte-in-der-sicherheitsdienstleistungswirtschaft-in-deutschland/.

Literaturverzeichnis

Stocker, J. (2012): Elf Tage im März. Als Einsatzleiter in Winnenden. SCM Hänssler.
Stolt, F., D. (2009): Bombendrohung. Bombenwarnung. Fachverlag Matthias Grimm.
Strehl; Markus (2012): Kapitel 4 – Vollübungen. In: Detlef Cwojdzinski (Hg.): Leitfaden Kranken-Alarmplanung. Band 3 – Training. Grimm.
Taleb, N. N. (2008): Der Schwarze Schwan: Die Macht höchst unwahrscheinlicher Ereignisse. Hanser.
TAG 24 (2019): Chaoten sabotieren Rettungskräfte und zerstören Einsatzfahrzeuge in Leipzig. Entnommen am 03.04.2019, unter: https://www.tag24.de/nachrichten/schwarzer-block-sabotiert-rettungskraefte-und-einsatzfahrzeuge-in-leipzig-plagwitz-918187.
Tierney, M. T. (2016): Faciltating the medical response into an active shooter hot zone. Thesis. Naval Postgraduate school.
Tietz, K.-D. (2010): Polizeiliche Lagen. In: Luiz, T.; Lackner, C. K.; Peter, H.; Schmidt, J.: Medizinische Gefahrenabwehr. Katastrophenmedizin und Krisenmanagement im Bevölkerungsschutz. Elsevier.
Towers, S.; Gomez-Lievano, A.; Khan, M.; Mubayi, A. et al. (2015): Contagion in Mass Killings and School Schootings. PLoS ONE 10(7). Entnommen am 05.01.2018, unter: http://journals.plos.org/plosone/article?id=10.1371/journal.pone.0117259.
Turegano-Fuentes, F.; Perez-Diaz, D.; Sanz-Sanchez, M.; Ortiz, A. J. (2005): Overall Asessment of the Response to Terrorist Bombind in Trains, Madrid, 11 March 2004. In: European Journal of Trauma and Emergency Surgery.
Ulrich, F.; Marten, D. (2019) Gewalt gegen Einsatzkräfte. In: BRANDSchutz/Deutsche Feuerwehr-Zeitung. 1/2019.
Unger, J. O. (2017): Regelgerecht posten. In: Löschblatt 69.
Urban, B.; Meisel, C.; Lackner, C. K.(2008): Alarmierung der Klinikmitarbeiter bei größeren Schadenslagen. Implementierung eines Alarmierungssystems und Ergebnisse der Probealarme im Rahmen der Alarm- und Einsatzpläne. In: Notfall und Rettungsmedizin 1.
Verband der Feuerwehren in NRW (VdF NRW): Polizeilagen. Entnommen am 19.07.2019, unter: https://www.vdf-nrw.de/downloads.
VHW (2018): PsychKG: Medizinische, rechtliche und praktische Fragen der sofortigen Unterbringung. Seminar am 20.11.2018. Bundesverband für Wohnen und Stadtentwicklung e. V.
Vorbereitungsstab G 20/OSZE (2017): Einsatzhandbuch der Feuerwehr Hamburg. G 20-Gipfel.
Wegener, U.; Zander, U.; Biermann, H. (2016): GSG 9 – Stärker als der Terror. LIT Verlag.
Weidringer, J. W.; Weiss, W.; Sefrin, P. (2009): Konsensus-Konferenz zum Prozedere beim Massenanfall von Verletzten und Erkrankten mit der Notwendigkeit überregionaler Unterstützung. Schutzkommission des Innern.
Wenderoth, S.; Peters, J.; Kusch, N.; Siemer, L. (2018): Hamburg: Einsatzplanung- und Einsatzdurchführung beim OSZE-Ministerratstreffen und beim G 20-Gipfel. In: BRANDSchutz/Deutsche Feuerwehr-Zeitung. 1/2018.
Wiegold, T. (2017): Ausnahmefall Deutschland. Die Debatte um einen Einsatz der Bundeswehr im Innern. In: Aus Politik und Zeitgeschichte. Bundeszentrale für politische Bildung. 33/2017.
Wolfskämpf, Börje (2018): Lebensbedrohliche polizeiliche Einsatzlage (LEBE). In: BOS-Leitstelle Aktuell. Jahrgang 8 (1). 2018.
Wunderlich, T.; Josse, F.; Helm, M.; Bernhard, M. et al. (2018): TASER-Einsatz – ein notfallmedizinisches Problemfeld? In: Notfall + Rettungsmedizin. 12/2018.
Wurmb, T.; Hemm, J.; Möldner, G. et al. (2017): Lebensbedrohliche Einsatzlage. In: Bevölkerungsschutz 2.2017.
Wurmb, T.; Schorscher, N.; Justice, P.; et al. (2018): Structured analysis, evaluation and report of the emergency response to a terrorist attack in Wuerzburg, Germany using a new template of standardised quality indicators. In: Scandinavian Journal of Trauma, Resuscitation and Emergency Medicine.
Wroblewski, S.: Neues Regionales Trainingszentrum in Dortmund eingeweiht. In: Streife. Das Magazin der Polizei des Landes Nordrhein-Westfalen. 07/2017.
Zeitner, J. (2015): Einsatzlehre. Verlag Deutsche Polizeiliteratur.

Stichwortverzeichnis

A
Active shooter 88f., 92, 94, 109, 172
Allgemeine Aufbauorganisation 25, 124
Amokfahrten 106
Amoklauf 92, 95, 98, 103, 105, 109, 158, 163, 220
Amoktat 92
Amtshilfe 37f., 50, 121f., 132
Angehörige 102, 214f., 224
Angst 204
Aufklärung 127
Aufmerksamkeit 203
Auftragstaktik 28

B
BAO-Phase-1 26, 29
BAO-Phase-2 26
Bedrohungslage 61, 164, 199
Belastung 105, 205f., 208f., 217, 230
Bereitschaftspolizei 18f., 21f., 36, 67, 76
Besondere Aufbauorganisation 25, 27, 29f., 60, 67, 124, 126, 130, 132
Betroffene 60, 87, 101, 104, 106, 113, 152, 198, 205, 209–213, 215f.
Bombendrohung 56, 143
Brandmeldeanlage 56, 71, 88, 113, 158
Bundespolizei 21, 35f.

C
Crash-Rettung 172

D
Debriefing 217
Deeskalation 80
Delaborieren 128
Demonstration 64, 71, 74–76, 79f.
Dienstgruppenleiter 17, 25, 124–126, 133
Dreckiges Dutzend 44

E
Einheitssystem 15
Einsatzabschnitte 30, 192
Entführung 110
Ermittlungen 216
Erstsprecher 60

F
Feuerwehr- oder rettungsdienstbasierte Rettung 171
Feuerwehrlage 59, 135f.

Freitwittern 225
Führungsstab 199
Führungsstab der Polizei 27, 29f., 34, 126, 132f.
Führungsstruktur 202
Führungsübernahme 26, 29
Führungsunterstützung 126, 132, 179

G
Gefährder 41
Gefahrenmatrix 161f., 205
Geiselnahme 110, 175
Gemeinsames Terrorismusabwehrzentrum 36
Gesicherte Erstversorgung 169
Gesicherte Patientenablage 169
Gewaltmotive 48
Gewaltpotenzial 67
Große Polizeilage 31, 64, 135, 143, 151

H
Haltepunkt 179
Hinterbliebene 214
Hinweise auf Eigensicherung 42

I
Improvised Explosive Device 44
Inselzustand 71f., 78

K
Kampfstoffe 44, 165
Kommunikation 51, 108, 117, 125, 132, 149, 154, 156, 183, 186, 230
Kräftesammelstelle 128
Krankenhaus 201
Krawall 64, 66
Kreispolizeibehörde 16
Kriminaldauerdienst 17
Kriminalhauptstellen 29
Krisenhotline 224

L
Lagebewusstsein 203
Landespolizei 14

M
Massenanfall von Verletzten 112, 188, 192
Medic 169, 199
Mehrorttat 152, 155, 193
Messer 42, 84
Messerattacke 50–52
Mobile Lage 112, 151

Stichwortverzeichnis

Mobilfunk 184, 186

N
Notzugriff 112, 114, 167

O
Öffentliche Personennahverkehr 145, 181

P
Patientenablage 194 f., 197
Patientengruppen 201
Person droht zu springen 60, 62, 247
Pfefferspray 47, 53
Polizei-Dienstvorschrift 100 (PDV 100) 24, 126
Polizeiärztlicher Dienst 22
Polizeibasierte Rettung 170
Polizeikette 64
Polizeilage 48, 123, 135, 143, 156, 158, 163, 230
Polizeiliche Erstversorgung 169
Polizeipräsidium 18
Psychische Störungen 40
Psychosoziale Unterstützung 216
Pulverfunde 54

R
RAUB-Algorithmus 177
Reizstoff 45, 47, 53
Rescue Task Force 172
Ringbereitstellung 180

S
Schildkrötentaktik 172
Schmutzige Bombe 45
Schulen 103, 139, 141
Schusswaffen 42, 226
Selbsteinweiser 86
Selbstmordattentat 89
Selbstverbrennung 59
Sicherer Pfad 171
Sicherheitslage 14, 16, 27, 45
Soziale Medien 219, 225
Sprengstoffe 43
Sprengstoffverdächtige Gegenstände 58
Sprengung von Geldautomaten 55
Stationäre Lage 112, 151
Statische Lage 152

Stichwaffen 42
Störer 67 f., 77, 79, 81
Suizid 58–60, 92 f.

T
Taktische Betreuung 215
Taktische Grundsätze 176, 230
Taktische Kommunikation 225
Taktische Reserven 178
Taktischer Rückzug 173
Täter 40, 131
Technische Einsatzeinheit 18 f.
Teilsicherer Bereich 162
Terroranschlag 82, 140, 152
Trennungssystem 15
Triacetontriperoxid 43
Tumult 48, 64, 66 f., 180

U
Überlebende 214
Überörtliche Kräfte 197
Unkonventionelle Spreng- und Brandvorrichtung 44, 173
Unsicherer Bereich 162
USBV-Team 54
USBV-Verdacht 58, 108

V
Verbindungsbeamte 132
Verhandlungsgruppe 19, 59, 120
Verifizierungsgrad 154, 158 f.
Verletztensammelstelle 128
Vermissende 214
Versammlung 64 f., 70, 77 f., 139
Versammlungsfreiheit 65
Versammlungsleiter 67
Verschlusszustand 78, 145

W
Warnung 223
WE-Meldung 14

Z
Zoll 36
Zugriff 112, 115, 123, 167
Zweitschlag 160, 170, 190, 205

Anhang:
Mögliche Lösungen für die Szenarien

Nachfolgend werden die in den Kapiteln 4.6.1, 4.6.2, 7.1.6 und 8.2.1 dargestellten Szenarien aufgelöst. Es handelt sich jeweils um *einen* möglichen Lösungsweg.

Szenario 1: »Person droht zu springen«

Es besteht die Gefahr, dass die Frau von der Brüstung in die Tiefe springt. Falls Sie sich ebenfalls auf die Brüstung begeben, um die Frau am Springen zu hindern, könnten Sie abstürzen oder von der Frau heruntergeschubst werden.

Tabelle 25: *Erkannte Gefahren*

Priorisierung	Gefahr	bedrohtes Objekt	Wirkweise
III	Erkrankung/Verletzung	Frau (Suizidentin)	durch Sprung vom Balkon
I	Angst- und Panikreaktion	Sie	Herunterschubsen von der Brüstung
II	Erkrankung/Verletzung	Sie	Sturz von der Brüstung

Sie wählen eine defensive Vorgehensweise. Als taktische Möglichkeit bietet sich In-Sicherheit-bringen an, um verbal auf die Frau einzuwirken, damit sie von der Brüstung heruntersteigt. Nach einigen Minuten wird ein Kollege es geschafft haben, sich im Rücken der Frau zu nähern, um sie festzuhalten (Angriff).

Dazu schalten Sie zunächst Ihr Funkgerät aus, um zu verhindern, dass die Frau die weitere Funkkommunikation mitbekommt. Sie nehmen Ihren Helm ab und sprechen die Frau vorsichtig an. Von nun an fokussieren Sie sich auf die Frau und achten nicht mehr auf alles, was außen herum passiert. Schon allein deshalb, um die Aufmerksamkeit der Frau nicht auf die Maßnahmen Ihrer Kollegen zu lenken. Da die Frau augenscheinlich etwas jünger als Sie ist, stellen Sie sich mit Vornamen und ihrer Funktion vor. Sie versuchen, einen Gesprächsfaden aufzubauen. Gleichgültig worüber Sie sprechen, der Kontext lautet: Es ist alles okay und vor allem sie ist okay.

Anhang: Möglche Lösungen für die Szenarien

Szenario 2: Unterstützung einer Ermittlung

Für Auskunftsersuchen gibt es festgelegte Verfahrensweisen, die im Dienstbetrieb sicherstellen, dass die Auskünfte rechtskonform und im Sinne des Datenschutzes gegeben werden.

Im Einsatzdienst oder bei dringenden Anfragen ist für diese zeitintensive Prüfung oftmals keine Zeit. Zwei Fragen sind hierbei hilfreich:
1. Gibt es eine gesetzliche Grundlage für die Auskunft?
2. Handelt es sich beim Anrufer tatsächlich um die Person, für die sie sich ausgibt?

Im konkreten Beispiel: Der Anruf und sein Inhalt machen einen plausiblen Eindruck, eine praktische Zusammenarbeit mit der Polizei ist anzustreben. Dennoch müssen Sie sichergehen, dass es sich wirklich um einen Mitarbeiter des Kommissariats handelt. Sie können versuchen, das Kommissariat anzurufen und sich mit dem Anrufer verbinden zu lassen oder den Anrufer nach seiner dienstlichen Mailadresse fragen, um ihm die Wohnadresse zu übersenden.

Szenario 3: Randalierer

Für Sie sind folgende Fragen wichtig:
- Gefahren
    - Welche Gefahren gehen von dem Täter aus?
    - Wie wird der Täter eingeschätzt?
    - Ist der Täter bewaffnet?
    - Woran kann man den Täter erkennen?
    - Verfügt das Gebäude über eine Gasversorgung?
- Zusammenarbeit mit der Polizei
    - Wie sieht das weitere Vorgehen der Polizei aus?
    - Wie werden Sie informiert, wenn der Täter gefasst ist?
    - Wird der Einsatz als BAO- oder AAO-Lage geführt?
    - Wer ist der zuständige Einsatz(abschnitts)leiter der Polizei?
- Kann Ihnen ein Verbindungsbeamter bereitgestellt werden?
    - Feuerwehreinsatz
    - Welche Gefahren wurden erkannt?
    - Welcher taktische Modus wird gewählt?

Szenario 3: Randalierer

- Wie ist die Zugänglichkeit zum Gebäude?
- Wie werden die Kräfte nach dem Zugriff vorgehen?

Tabelle 26: *Erkannte Gefahren*

Priorisierung	Gefahr	bedrohtes Objekt	Wirkweise
IIII	Erkrankung/Verletzung	Randalierer	Einatmen von Rauchgasen
III	Angst- und Panikreaktion	Randalierer	Sprung vom Balkon
II	Erkrankung/Verletzung	Zugriffskräfte der Polizei	Einatmen von Rauchgasen
V	Ausbreitung	Wohnhaus	Brandentwicklung
I	Erkrankung/Verletzung	Einsatzkräfte der Feuerwehr	Bewurf mit Gegenständen

Der Einsatz eines SEK und der gewählte Absperrradius der Polizei sind schwache Signale dafür, dass die Polizei von einer größeren Gefahr durch den Täter ausgeht als zunächst ersichtlich. Auf Rückfrage erhalten Sie die Information, dass eine Schusswaffe in der Wohnung vermutet wird.

Aufgrund der Gefahr durch den Täter (Schusswaffe oder Werfen von Gegenständen) entscheiden Sie sich zunächst für die taktische Möglichkeit des (taktischen) Rückzugs, indem Sie zunächst nicht innerhalb der Absperrung (Wirkbereich des Täters) tätig werden. Sie teilen den Fahrzeugführern die Erkundungsergebnisse sowie Ihre Absicht mit, nach erfolgtem Zugriff, den Löschangriff durchzuführen. Es erfolgt zunächst ein Einsatz mit Bereitstellung.

Aufgrund des Risikos für die Einsatzkräfte der Feuerwehr wird die taktische Möglichkeit des Angriffs über einen durch Polizeikräfte geschützten Löschangriff verworfen.

Schließlich verlässt der Täter aufgrund der Rauchentwicklung die Wohnung und kann dort durch Kräfte der Polizei festgenommen werden. Nachdem der Verbindungsbeamte dies bestätigt, können Sie Ihren Einsatz starten und die Fahrzeuge vor dem Gebäude in Stellung bringen. Die Trupps gehen über den Korb der Drehleiter sowie über das Treppenhaus vor und können mehrere Brandherde schnell löschen.

Anhang: Mögliche Lösungen für die Szenarien

Bild 70: *Nach dem Zugriff der Polizei wird der Löschangriff über die DLK sowie über das Treppenhaus vorgenommen (Feuerwehr Erkrath).*

Szenario 4:
Überörtliche Hilfe bei einer Polizeilage

Neben den bekannten Bestandteilen eines Befehls (Einheit, Auftrag, Mittel, Ziel, Weg) sind Hinweise zur Durchführung (Unterstellung, Zusammenarbeit mit anderen Kräften), Führung- und Kommunikation (Kommunikationsverbindung, Meldekopf, Befehlsstelle) wichtig.

Konkret können in diesem Fall folgende Fragen gestellt werden:

- Gibt es bereits einen konkreten Einsatzauftrag (z. B. Erstversorgung oder Transport)?
- Wer ist der Ansprechpartner vor Ort?

Szenario 4: Überörtliche Hilfe bei einer Polizeilage

- Soll die Einsatzstelle oder ein Bereitstellungsraum angefahren werden?
- Wurde ein Bereitstellungsraum festgelegt?
- Sollen die Kräfte den Bereitstellungsraum eigenständig anfahren oder sich geschlossen als Verband in Marsch setzen?
- Welche digitale Gesprächsgruppe kann verwendet werden?

Falls die Einsatzstelle angefahren werden soll, müssen aufgrund der Polizeilage auch die Gefahrenlage vor Ort und etwaige Schutzmaßnahmen erfragt werden. Teilweise können diese Fragen auch bereits in der Einsatzplanung geklärt werden, so dass im Einsatz selbst der Kommunikationsaufwand geringgehalten wird.

2019. 148 Seiten. Kart. € 30,–
ISBN 978-3-17-035862-1

Führung

Dr. Jens Müller

Menschenführung in Feuerwehr und Rettungsdienst
Ein persönliches Arbeitsbuch

Dieses Buch ist anders als alle bisherigen Bücher zu dem Thema Menschenführung! Es hilft Ihnen, Ihr eigenes Führungsverhalten auf den Prüfstand zu stellen und in praktischen Schritten entscheidend zu verbessern. Es holt Sie in Ihrer täglichen Funktion in der Feuerwehr oder im Rettungsdienst ab und ermöglicht mit vielen Beispielen und Übungen eine gründliche Selbstreflexion. Der Autor redet erfrischenden Klartext und scheut auch vor „heißen Eisen" und Tabuthemen nicht zurück.

Dr. Jens Müller ist Leiter des Fachbereichs Katastrophenschutz an der Landesfeuerwehr- und Katastrophenschutzschule Sachsen und engagiert sich ehrenamtlich in der Christlichen Feuerwehr-Vereinigung.

Leseproben und weitere Informationen: www.kohlhammer-feuerwehr.de

W. Kohlhammer GmbH
70549 Stuttgart

Kohlhammer